Karl Wohlhart

Statik

Karl Wohlhart

Statik

Grundlagen und Beispiele

Die Deutsche Bibliothek – CIP-Einheitsaufnahme

Wohlhart, Karl:
Statik : Grundlagen und Beispiele / Karl Wohlhart. –
Braunschweig ; Wiesbaden : Vieweg, 1998
 (Uni script)

http://www.vieweg.de

Umschlaggestaltung: Klaus Birk, Wiesbaden

ISBN 978-3-528-03110-7   ISBN 978-3-663-12381-1 (eBook)
DOI 10.1007/978-3-663-12381-1

„and what is the use of a book", thought Alice, „without pictures …"
L. Carroll: Alice in Wonderland.

Vorwort

Das kleine Buch, das Sie, lieber Leser, hier in Händen haben, kann seine Herkunft als Vorlesungsunterlage nicht verleugnen: Die Worte darin sind vorher nicht auf die Goldwaage gelegt worden, die Sätze sind nicht immer hinreichend breit ausformuliert und die Erläuterungen oft nur stenographisch kurz. Ich hoffe, daß Sie das nicht allzusehr verdrießt oder gar davon abhält, das Buch zu kaufen, will sagen, ich hoffe, daß es Ihre Absicht ist, anhand des Buches vor allem „Statik" lernen zu wollen. Daß dies gut möglich ist, glaube ich zuversichtlich, denn Stoffauswahl und Stoffverteilung habe ich in vielen Vorlesungen an der Technischen Universität in Graz erproben können. Die Vorlesungen über Statik richteten sich an die Ingenieurstudenten der verschiedenen Fakultäten im zweiten Semester und im Studienplan der Technischen Universität waren dafür nur drei Wochenstunden Vorlesungen und zwei Übungsstunden vorgesehen. Wenn nicht jedes Detail in aller Ausführlichkeit behandelt wird, läßt sich der hier gebotene Stoff in diesem Zeitrahmen unterbringen.

Die Statik steht in der Mechanik-Ausbildung der Ingenieurstudenten in der Regel an der ersten Stelle. Mit dem pseudoökonomischen Argument, daß die Statik ein Sonderfall der Dynamik sei, könnte die Dynamik auch an den Anfang gesetzt werden: In der Unterweisung der Studienanfänger ist es aber sicher ratsam, der historischen Entwicklung der Mechanik zu folgen und mit der Statik, dem ältesten Teilgebiet der Mechanik zu beginnen. Erfahrungsgemäß bereitet die Mechanik, und zwar bereits auch die Statik, den Studienanfängern (zumindest soweit sie nicht von Technischen Mittelschulen kommen) erhebliche Anfangsschwierigkeiten. Das liegt daran, daß der Schritt von einer realen Problemsituation in eine mathematisch richtig formulierte Modellsituation erst eingeübt werden muß, und es kommt hinzu, daß die Mathematikkenntnisse, und insbesonders die Vektoralgebra – die mathematische Umgangssprache der Statik – erst noch sicherer geistiger Besitz werden müssen.

Inwiefern kann das vorliegende Buch über diese Schwierigkeiten hinweg helfen? Zunächst ist es, glaube ich, der hier gewählte axiomatische Aufbau, der den Zugang zur Statik erleichtert. Die axiomatische Darstellung der Statik ist in der westlichen Lehrbuchliteratur eher selten, in der östlichen (russischen) hat er Tradition. Die fortwährende Rekursion auf die wenigen Axiome der Statik bringt Ordnung und Übersicht in die anfänglich verwirrende Vielzahl der Anwendungsmöglichkeiten. Da Zeichnungen über Problemsituationen viel besser „ins Bild setzen" als das je ein Text könnte, wurde mit Zeichnungen nicht gespart: Im Gegenteil, wenn immer es anging, sind Abbildungen mit möglichst großem Informationsgehalt in den Text eingefügt worden.

Frau cand. Ing. Isolde Rentz hat mein engzeilig handgeschriebenes Skriptum zusammen mit den Freihandzeichnungen in die vorliegende, lesbare Druckform umgesetzt. Für den Eifer, die Geduld und Hingabe, mit der sie bei Sache war, möchte ich mich an dieser Stelle herzlich bedanken.

Graz, September 1997   K. Wohlhart, TU Graz

Inhaltsverzeichnis

1 Vektoralgebra im dreidimensionalen Raum   **1**

1.1 Darstellung des Vektors **a** in der Vektorbasis 1

1.2 Inneres (oder skalares) Produkt zweier Vektoren 2

1.3 Äußeres (Kreuz- oder Vektor-) Produkt zweier Vektoren 3

1.4 Das Raumprodukt dreier Vektoren 5

2 Axiome der Statik   **6**

2.1 Das Trägheitsaxiom 7

2.2 Das Zwei-Kräfte-Gleichgewichtsaxiom 7

2.3 Axiom über das Hinzufügen bzw. Entfernen einer Zweikräfte-Gleichgewichtsgruppe 7

2.4 Das Parallelogramm-Axiom 8

2.5 Axiom über die Wechselwirkung der Kräfte (actio = reactio) 9

2.6 Das Erstarrungsaxiom 9

2.7 Das Befreiungsaxiom 9

3 Kraftsysteme   **10**

3.1 Bindungen 10

3.2 Raumkraftsystem 11

3.3 Ebenes Kraftsystem 11
    3.3.1 Zwei Kräfte am starren Körper, Reduktion, Gleichgewicht 11
    3.3.2 Reduktionsergebnis 13
    3.3.3 Gleichgewichtsbedingungen 14
       3.3.3.1 Zwei Kräfte am starren Körper 14
       3.3.3.2 Drei Kräfte am starren Körper 14
       3.3.3.3 Vier Kräfte am starren Körper 15
       3.3.3.4 Beliebig viele Kräfte am starren Körper (Seileckmethode) 18
       3.3.3.5 Dreigelenkbogen 21
    3.3.4 Mittelpunkt eines ebenen Kraftsystems, Schwerpunkte, Massenzentrum 26
       3.3.4.1 Zeichnerische Ermittlung des Mittelpunktes 26
       3.3.4.2 Rechnerische Ermittlung des Mittelpunktes 27
       3.3.4.3 Das Massenzentrum 28

3.3.4.4 Linienschwerpunkte, Lageberechnung, Anwendungen ... 30
3.3.4.5 Flächenschwerpunkteberechnungen, Konstruktion, Anwendungen ... 35

4 Theorie der (ebenen) Fachwerke   **40**

4.1 Statisch bestimmte, statisch unbestimmte Fachwerke ... 40
    4.1.1 Rechnerische Lösung ... 41
    4.1.2 Zeichnerische Bestimmung der Stabkräfte eines statisch bestimmten
    Stabwerkes (Cremona-Kraftplan) ... 44
        4.1.2.1 Cremonaplan – Reziproker Kraftplan ... 45
        4.1.2.2 Ritterschnitt (Dreistäbeschnitt) ... 45

5 Gerade und eben gekrümmte Balken (Träger), Schnittgrößen   **47**

5.1 Zusammenhang zwischen Last- und Schnittgrößen ... 49
    5.1.1 Zeichnerische Ermittlung der Schnittgrößen (Einzelkräfte) ... 51
        5.1.1.1 Auflagerbestimmung mit Hilfe eines Seileckes ... 51
        5.1.1.2 Verteilung der Biegemomente und der Querkräfte ($N \equiv 0$) ... 52
        5.1.1.3 Berücksichtigung von Momentensprüngen ... 53
        5.1.1.4 Verallgemeinerung auf krumme Balken ... 54
    5.1.2 Zeichnerische Ermittlung der Schnittgrößen bei verteilten Lasten ... 54

5.2 Gerader Balken auf mehr als zwei Stützen (Gerberträger) ... 56

6 Kettenlinie, Seilstatik   **58**

6.1 Gleichgewichtsform ... 59

6.2 Das Seildreieck ... 60
    6.2.1 Numerische Lösung der Seildreiecksformel ... 61
        6.2.1.1 Newtonsches Näherungsverfahren ... 62
        6.2.1.2 Resubstitutionsmethode ... 62
    6.2.2 Bestimmung von $s_1, s_2, x_1, x_2, y_1, y_2, S_1, S_2$ bei bekanntem
    Seilparameter a ... 63

6.3 Einige Aufgaben aus der Seilstatik ... 65

7 Theorie der Reibung   **68**

7.1 Allgemeines ... 69
    7.1.1 Grenzen ... 69
    7.1.2 Experimentelle Bestimmung der Haftreibungskraft $F_{R0} = F_{T,G}$ ... 69
    7.1.3 Gleitreibungskraft bei trockener Reibung ... 70
    7.1.4 Schmiermittelreibung ... 70
    7.1.5 Gemischte Reibung ... 71

7.2 Die trockene Reibung ... 71
    7.2.1 Der Reibungskegel ... 71
        7.2.1.1 Die angelehnte Leiter, $z_{max} = ?$ ... 72
        7.2.1.2 Fahrrad ... 73
        7.2.1.3 Spielzeugauto ... 74
        7.2.1.4 Anheben einer schweren Kette ... 75

7.2.1.5 Steigeisen 75
7.2.1.6 Stromzuführungskabel 76
7.2.1.7 Schleppen auf der schiefen Ebene.. 76
7.2.2 Die Schraube – Kraftverhältnisse... 77
7.2.2.1 Schraube mit Flachgewinde ($\beta = 0$).. 78
7.2.2.2 Schraube mit Trapez- oder Spitzgewinde 80
7.2.3 Seilreibung.. 81
7.2.3.1 Hubkraft 84
7.2.3.2 Haltekraft 84
7.2.3.3 Bandbremse 84
7.2.3.4 Riementrieb 85
7.2.4 Spurzapfenreibung 86
7.2.4.1 Annahmen über Normaldruck-Verteilungen 86
7.2.4.2 Kreissäge 87
7.2.4.3 Schleifscheibe – ein etwas schwierigeres Beispiel 88
7.2.4.4 Dampfwalze – wieder ein ganz leichtes Beispiel 89
7.2.5 Trockene Lagerreibung... 90
7.2.5.1 Feste Rolle.. 90
7.2.5.2 Lose Rolle 94
7.2.6 Rollreibung 99
7.2.6.1 Transport auf Rädern, Inneres Antriebs- bzw. Bremsmoment................ 99
7.2.6.2 Transport auf Rädern, äußerer Antrieb... 101

8 Raumkraftsystem   103

8.1 Eigenschaften des Kraftpaares.. 103
8.1.1 Zusammensetzung zweier Kraftpaare in der gleichen Ebene ($\sigma_1 = \sigma_2$) 104
8.1.2 Verschiebung eines Kraftpaares in eine zu seiner Ebene parallelen Ebene......... 104
8.1.3 Zusammensetzung von zwei Kräften in verschiedenen Ebenen ($\sigma_1 \neq \sigma_2$) 105
8.1.3.1 Parallele Ebenen $\sigma_1 \parallel \sigma_2$... 105
8.1.3.2 Nichtparallele Wirkungsebenen $\sigma_1 \not\parallel \sigma_2$.................................... 105
8.1.4 Der Vektor eines Kraftpaares, der Momentenvektor.................................... 106
8.2 Reduktion des Raumkraftsystems.. 107
8.2.1 Die Dyade.. 107
8.2.2 Die Dyname = Kraftschraube, die Zentralachse 108
8.2.2.1 Die Invarianten des Raumkraftsystems 110
8.2.2.2 Sonderfall des ebenen Kraftsystems... 110
8.3 Die Gleichgewichtsbedingungen für den starren Körper.. 111
8.4 Räumliches Parallelkraftsystem, Mittelpunkt des Parallelkraftsystems.................... 112
8.5 Schwerpunkt, Massenzentrum (Massenmittelpunkt).. 114
8.5.1 Berechnung des Massenzentrums aus Teilmassenzentren............................ 115
8.5.2 Beispiele.. 116
8.5.2.1 Homogenes Prisma (Volumenzentrum) 116
8.5.2.2 Massenzentrum eines homogenen Tetraeders (Volumenzentrum)......... 116
8.5.2.3 Massenzentrum eines allgemeinen homogenen Kegels
(Volumenzentrum).. 117

8.5.2.4 Massenzentrum eines homogenen Rotations-Vollkörpers 118
8.5.2.5 Massenzentrum der Rotationsschalen 118

8.6 Statisch bestimmte Lagerung des starren Körpers 120

8.7 Die infinitesimale Verlagerung eines körperfesten Punktes B 123

8.8 Beispiele 125
8.8.1 Bestimmung der Schwerpunktslage eines Sportlers beim Hochsprung (Lage des Massenzentrums) 125
8.8.2 Falltüre 125

9 Das Prinzip der virtuellen Verschiebungen   128

9.1 Wirkliche, mögliche und „virtuelle" infinitesimale Verschiebungen 130

9.2 Eingeprägte (Aktionskräfte, Quasiaktionskräfte) und Zwangskräfte (Reaktionskräfte) 131
9.2.1 Das Archimedische Hebelgesetz 132
9.2.2 Die Robervalsche Waage 132
9.2.3 Die Nürnberger Schere 133
9.2.4 Die Dezimalwaage 134
9.2.5 Das Zeichenbrett 135
9.2.6 Die Zeichenmaschine 136
9.2.7 Das Torricellische Prinzip (Prinzip der virtuellen Verschiebungen bei Gewichtskräften) 136

9.3 Nachweis der Gleichwertigkeit 137
9.3.1 Ebenes Kraftsystem 137
9.3.2 Nachweis der Äquivalenz $(\mathbf{F} = 0) \wedge (\mathbf{M} = 0) \Leftrightarrow \delta W = 0$ für das Raumkraftsystem 139

9.4 Bestimmung von Reaktionskräften mit $\delta W = 0$ 140

10 Anhang   141

10.1 Ein Blick in die „Analytische Statik" 141
10.1.1 Reihenentwicklung des Potentials 142
10.1.2 Stabilität einer Gleichgewichtslage 143
10.1.2.1 Systeme mit einem Freiheitsgrad 144
10.1.2.2 Systeme mit zwei Freiheitsgraden 146
10.1.2.3 Systeme mit drei Freiheitsgraden 148
10.1.2.4 Systeme mit n Freiheitsgraden 150

10.2 Mathematik Minimum 152
10.2.1 Trigonometrie 152
10.2.2 Reihen 154
10.2.3 Differenzieren 155
10.2.4 Integration 157

Stichwortverzeichnis   159

1 Vektoralgebra im dreidimensionalen Raum

> Der Menschengeist hat nie eine arbeitssparendere Maschine
> erfunden, die der Algebra gleichkommt.
>
> J. W. Gibbs

Vektoren: $\mathbf{a}$ (oder $\vec{a}$),

Vektorlänge (Betrag, Norm): $|\mathbf{a}|$ oder $a, \|\mathbf{a}\|$

Kartesische Vektorbasis: $(0, \mathbf{e}_x \mathbf{e}_y \mathbf{e}_z)$ mit $\mathbf{e}_x \perp \mathbf{e}_y$, $\mathbf{e}_y \perp \mathbf{e}_z$, $\mathbf{e}_z \perp \mathbf{e}_x$ und

$|\mathbf{e}_x| = |\mathbf{e}_y| = |\mathbf{e}_z| = 1$ oder bei Verwendung der Indizesschreibweise: $(0, \mathbf{e}_1 \mathbf{e}_2 \mathbf{e}_3)$ mit $\mathbf{e}_i \perp \mathbf{e}_j$ für $i \neq j$ und $|\mathbf{e}_i| = 1$ für $i = 1, 2, 3$

1.1 Darstellung des Vektors $\mathbf{a}$ in der Vektorbasis

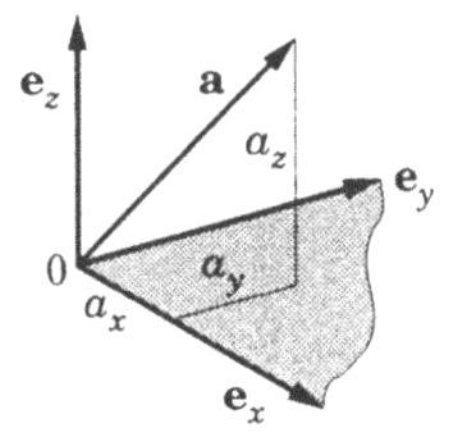
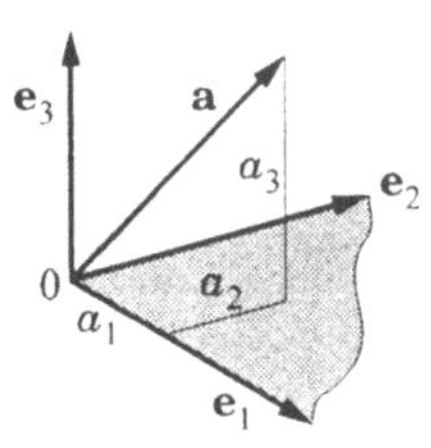

$$\mathbf{a} = a_x \mathbf{e}_x + a_y \mathbf{e}_y + a_z \mathbf{e}_z$$

oder bei Verwendung der Indizesschreibweise:

$$\mathbf{a} = a_1 \mathbf{e}_1 + a_2 \mathbf{e}_2 + a_3 \mathbf{e}_3 = \sum_{1}^{3} a_i \mathbf{e}_i$$

oder noch einfacher

$$\mathbf{a} = a_i \mathbf{e}_i \qquad \text{(Einstein)}$$

Die Koordinaten $a_x\ a_y\ a_z$ (bzw. $a_1\ a_2\ a_3$) des Vektors $\mathbf{a}$ können zu Spalten- bzw. Reihenmatrizen zusammengefaßt werden:

$$\underset{\sim}{a} = \boxed{\begin{array}{c} a_x \\ a_y \\ a_z \end{array}} \quad \text{bzw.} \quad \underset{\sim}{a} = \boxed{\begin{array}{c} a_1 \\ a_2 \\ a_3 \end{array}} \qquad \text{oder:} \qquad \begin{array}{c} \underset{\sim}{a}^{\mathrm{T}} = \boxed{\begin{array}{c|c|c} a_x & a_y & a_z \end{array}} \\[4pt] \text{bzw.} \\[4pt] \underset{\sim}{a}^{\mathrm{T}} = \boxed{\begin{array}{c|c|c} a_1 & a_2 & a_3 \end{array}} \end{array}$$

Multiplikation eines Vektors **a** mit einem Skalar λ :

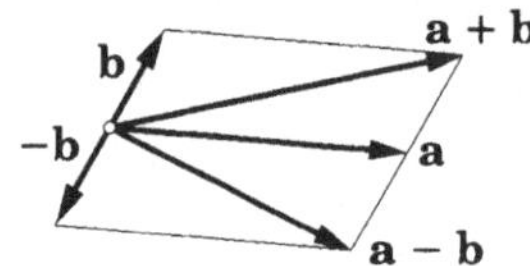

$$\lambda\mathbf{a} = \mathbf{b} \quad \text{d. h.} \quad \lambda\underset{\sim}{a} = \underset{\sim}{b} \quad \text{bzw.} \quad \begin{array}{l} \lambda a_x = b_x \\ \lambda a_y = b_y \\ \lambda a_z = b_z \end{array} \quad \text{oder} \quad \begin{array}{l} \lambda a_i = b_i \\ {\scriptstyle i=1,2,3} \end{array}$$

Addition und Subtraktion zweier Vektoren:

$$\mathbf{a} \overset{\pm}{} \mathbf{b} = \mathbf{c} \quad \text{d. h.} \quad \underset{\sim}{a} \overset{\pm}{} \underset{\sim}{b} = \underset{\sim}{c} \quad \Leftrightarrow \quad \begin{array}{l} a_x \overset{\pm}{} b_x = c_x \\ a_y \overset{\pm}{} b_y = c_y \\ a_z \overset{\pm}{} b_z = c_z \end{array} \quad \text{oder} \quad \begin{array}{l} a_i \overset{\pm}{} b_i = c_i \\ {\scriptstyle i=1,2,3} \end{array}$$

1.2 Inneres (oder skalares) Produkt zweier Vektoren

Den Vektoren **a** und **b** wird ein Skalar c zugeordnet durch:

$$c = \mathbf{a} \circ \mathbf{b} := |\mathbf{a}|\,|\mathbf{b}|\cos\gamma$$
$$= \mathbf{b} \circ \mathbf{a}$$

Sonderfall $\quad \mathbf{a} \circ \mathbf{a} = |\mathbf{a}|^2$

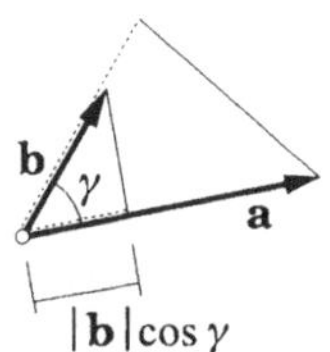

für die Basisvektoren gelten dann:

$$\begin{array}{ll} \mathbf{e}_x \circ \mathbf{e}_y = 0 \quad \text{und} & \mathbf{e}_x \circ \mathbf{e}_x = 1 \\ \mathbf{e}_y \circ \mathbf{e}_z = 0 & \mathbf{e}_y \circ \mathbf{e}_y = 1 \\ \mathbf{e}_z \circ \mathbf{e}_x = 0 & \mathbf{e}_z \circ \mathbf{e}_z = 1 \end{array}$$

bzw. bei Verwendung der Indizesschreibweise:

$$\mathbf{e}_i \circ \mathbf{e}_j = \delta_{ij} = \begin{cases} 1 & \text{für } i = j \\ 0 & \text{für } i \neq j \end{cases} \qquad \underline{\text{Kronecker-Delta}}$$

Damit erhält man für $\mathbf{a} \circ \mathbf{b}$

$$\mathbf{a} \circ \mathbf{b} = \left(a_x\mathbf{e}_x + a_y\mathbf{e}_y + a_z\mathbf{e}_z\right) \circ \left(b_x\mathbf{e}_x + b_y\mathbf{e}_y + b_z\mathbf{e}_z\right) = a_x b_x + a_y b_y + a_z b_z$$

oder in der Indizesschreibweise: $\qquad \mathbf{a} \circ \mathbf{b} = a_i\mathbf{e}_i \circ \mathbf{b} = a_i b_i = a_1 b_1 + a_2 b_2 + a_3 b_3$

Folglich kann das Skalarprodukt auch als Matrizenprodukt dargestellt werden:

$$c = \underset{\sim}{a}^{\mathrm{T}} \, \underset{\sim}{b}$$
$$= \underset{\sim}{b}^{\mathrm{T}} \, \underset{\sim}{a}$$

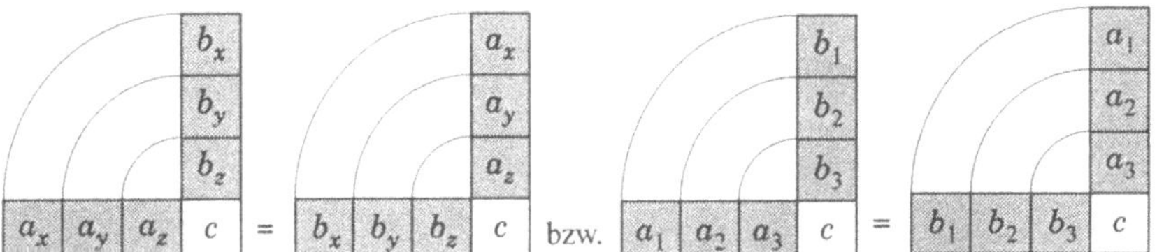

1.3 Äußeres (Kreuz- oder Vektor-) Produkt zweier Vektoren

Zuordnung eines dritten Vektors $\mathbf{c}$ zu den Vektoren $\mathbf{a}$ und $\mathbf{b}$:

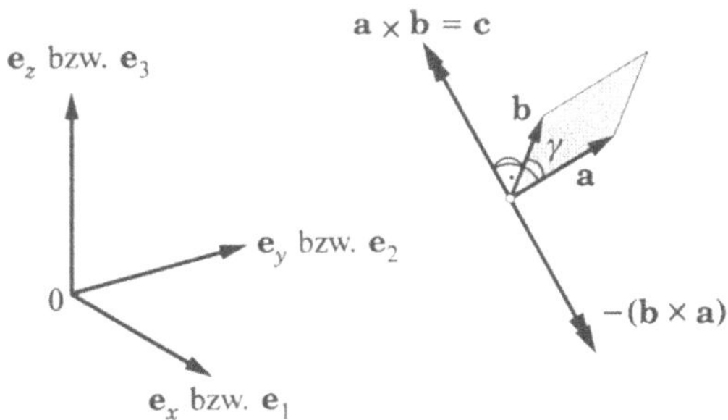

$$\mathbf{a} \times \mathbf{b} = \mathbf{c} = -(\mathbf{b} \times \mathbf{a})$$

wobei $\mathbf{c} \perp \mathbf{a}, \mathbf{b}$

und $|\mathbf{c}| = |\mathbf{a}||\mathbf{b}|\sin\gamma$ und $\mathbf{c}$ in der Fortschreitrichtung einer Rechtsschraube, wenn $\mathbf{a}$ auf kürzestem Weg in die Richtung von $\mathbf{b}$ gedreht wird.

Für die Basisvektoren: $\quad \mathbf{e}_x \times \mathbf{e}_y = \mathbf{e}_z$
$$\mathbf{e}_y \times \mathbf{e}_z = \mathbf{e}_x$$
$$\mathbf{e}_z \times \mathbf{e}_x = \mathbf{e}_y$$
$$\mathbf{e}_x \times \mathbf{e}_x = 0$$
$$\mathbf{e}_y \times \mathbf{e}_y = 0$$
$$\mathbf{e}_z \times \mathbf{e}_z = 0$$

4

bzw.: $\mathbf{e}_i \times \mathbf{e}_j = \mathbf{e}_{ijk}\mathbf{e}_k$ mit dem Permutationssymbol:

$$\mathbf{e}_{ijk} = \begin{cases} 1 & \text{für} & ijk = 123,\, 231,\, 312 \\ -1 & & ijk = 321,\, 213,\, 132 \\ 0 & \text{immer sonst} \end{cases}$$

Damit erhält man für $\mathbf{a} \times \mathbf{b}$ (Das Distributionsgesetz ist in der Definition verankert):

$$\mathbf{c} = \mathbf{a} \times \mathbf{b} = \left(a_x\mathbf{e}_x + a_y\mathbf{e}_y + a_z\mathbf{e}_z\right) \times \left(b_x\mathbf{e}_x + b_y\mathbf{e}_y + b_z\mathbf{e}_z\right)$$

$$\mathbf{c} = \left(a_y b_z - a_z b_y\right)\mathbf{e}_x + \left(a_z b_x - a_x b_z\right)\mathbf{e}_y + \left(a_x b_y - a_y b_x\right)\mathbf{e}_z$$

$$\Rightarrow \quad \begin{aligned} c_x &= \left(a_y b_z - a_z b_y\right) = \begin{vmatrix} a_y & b_y \\ a_z & b_z \end{vmatrix} \\[2ex] c_y &= \left(a_z b_x - a_x b_z\right) = \begin{vmatrix} a_x & b_x \\ a_z & b_z \end{vmatrix} \\[2ex] c_z &= \left(a_x b_y - a_y b_x\right) = \begin{vmatrix} a_x & b_x \\ a_y & b_y \end{vmatrix} \end{aligned}$$

oder bei Verwendung der Indizesschreibweise:

$$\mathbf{c} = \mathbf{a} \times \mathbf{b} = a_i\mathbf{e}_i \times b_j\mathbf{e}_j = a_i\, b_j\, e_{ijk}\, \mathbf{e}_k = c_k\mathbf{e}_k$$

$$\Rightarrow \quad \begin{aligned} c_1 &= a_i\, b_j\, e_{ij1} = a_2 b_3 - a_3 b_2 \\ c_2 &= a_i\, b_j\, e_{ij2} = a_3 b_1 - a_1 b_3 \\ c_3 &= a_i\, b_j\, e_{ij3} = a_1 b_2 - a_2 b_1 \end{aligned}$$

Definiert man die dem Vektor $\mathbf{a}$ zugeordnete Matrix $\underset{\sim}{A}$:

$$\underset{\sim}{A} := \begin{array}{|c|c|c|} \hline 0 & -a_z & a_y \\ \hline a_z & 0 & -a_x \\ \hline -a_y & a_x & 0 \\ \hline \end{array}$$

Dann erhält man die Koordinaten von $\mathbf{a} \times \mathbf{b} = \mathbf{c}$ auch als die Elemente des Matrizenproduktes $\underset{\sim}{A}\,\underset{\sim}{b}$ nach dem folgenden Rechenschema:

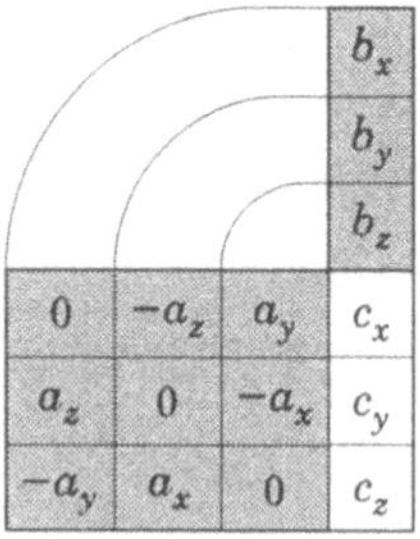

1.4 Das Raumprodukt dreier Vektoren

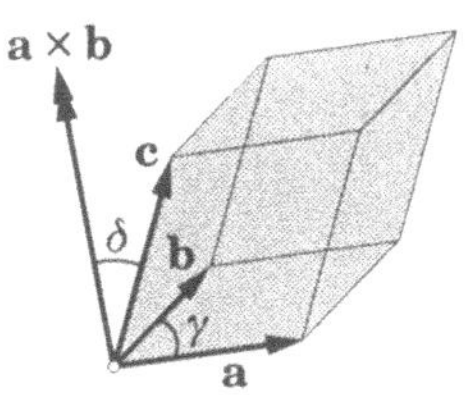

Das Raumprodukt dreier Vektoren ist gleich dem Volumen des Epipeds, das die Vektoren **a**, **b**, **c** bestimmen.

$$V = \underbrace{\left[\,|\mathbf{a}|\,|\mathbf{b}|\,\sin\gamma\,\right]}_{\text{Basisfläche}} \cdot \underbrace{|\mathbf{c}|\cos\delta}_{\text{Höhe}} =$$

$$= |\mathbf{a}\times\mathbf{b}|\cdot|\mathbf{c}|\cos\delta =$$

$$= (\mathbf{a}\times\mathbf{b})\circ\mathbf{c} = (\mathbf{b}\times\mathbf{c})\circ\mathbf{a} = (\mathbf{c}\times\mathbf{a})\circ\mathbf{b}$$

Berechnung von V aus den Koordinaten von **a**, **b**, **c** :

$$V = (\mathbf{a}\times\mathbf{b})\circ\mathbf{c} =$$

$$= \left(a_y b_z - a_z b_y\right)c_x + \left(a_z b_x - a_x b_z\right)c_y + \left(a_x b_y - a_y b_x\right)c_z = \begin{vmatrix} a_x & b_x & c_x \\ a_y & b_y & c_y \\ a_z & b_z & c_z \end{vmatrix}$$

bzw. bei Verwendung der Indizesschreibweise:

$$V = (\mathbf{a}\times\mathbf{b})\circ\mathbf{c} = a_i\, b_j\, e_{ijk}\, \underbrace{\mathbf{e}_k\circ\mathbf{c}}_{c_k} = e_{ijk}\, a_i\, b_j\, c_k$$

2 Axiome der Statik

> Man muß Hypothesen und Theorien haben,
> um seine Erkenntnisse zu organisieren,
> sonst bleibt alles bloßer Schutt.
>
> G. Ch. Lichtenberg

Einzelkräfte

Kräfte, die auf einen als Kontinuum aufgefaßten Körper einwirken, sind im allgemeinen über [äußere (a) bzw. innere (i)] Flächenbereiche ($d\mathbf{F} = \sigma\,dA$; $\sigma(\mathbf{x}) =$ Spannungsvektor) oder Volumenbereiche ($d\mathbf{F} = \mathbf{f}\,dV$; $\mathbf{f}(\mathbf{x}) =$ Kraft pro Volumeneinheit) verteilt. Beim Studium der resultierenden Wirkung dieser Kräfte wird man auf den Begriff der „Einzelkraft" (bzw. des „Kraftmomentes") geführt. Die „Einzelkräfte" sind also eine Fiktion; in erster Annäherung treten sie aber doch unmittelbar auf: Ein gespanntes Seil (mit infinitesimal kleinem Querschnitt) überträgt eine „Einzelkraft" $\mathbf{F}_A$ auf den Körper, an dem es befestigt ist.

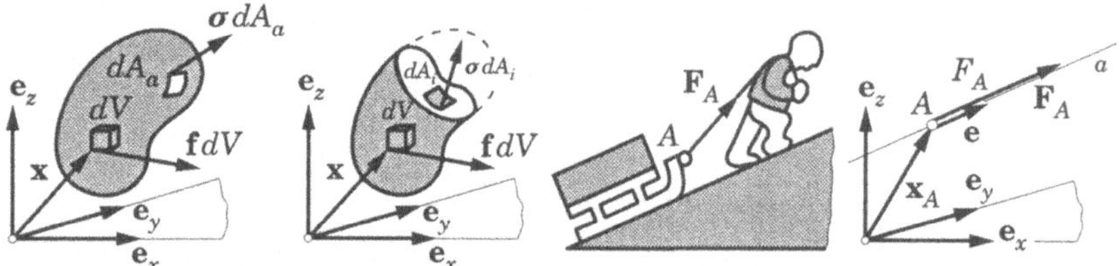

Die Vektoren $\mathbf{x}_A$ und $\mathbf{F}_A$ bestimmen Lage und Größe der Einzelkraft. A ist der Angriffspunkt, a die Wirkungslinie, $F_A = |\mathbf{F}_A|$ die Intensität der Einzelkraft.

Die Axiome der Statik werden in bezug auf Einzelkräfte formuliert. Axiome sind nicht beweisbare Grundannahmen eines Wissensgebietes. Sie werden durch die Erfahrung nahegelegt; sie stellen sozusagen die Summe der bisher gemachten Erfahrungen dar und gestatten logische Folgerungen, d. h., Voraussagen. Stimmten die Voraussagen mit der Erfahrung eines Tages nicht überein, dann wäre der Gültigkeitsbereich des Axiomensystems einzuschränken, oder das Axiomensystem zu ergänzen oder im Extremfall zu verwerfen.

2.1 Das Trägheitsaxiom

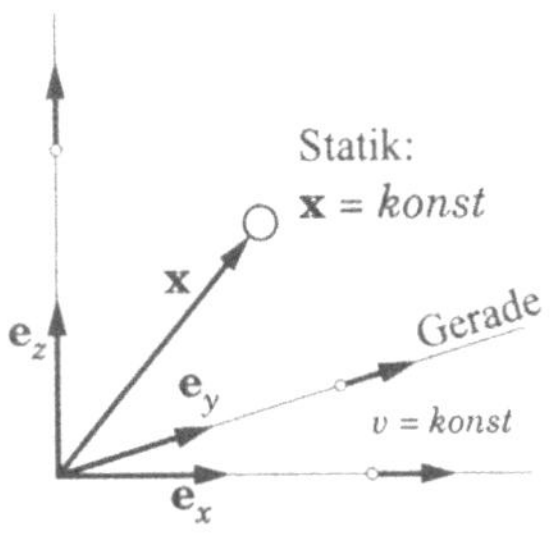

Es existieren Koordinatensysteme (= Inertialsysteme), von denen aus beurteilt ein kräftefreier (von jeder äußeren Einwirkung isolierter) kleiner Körper sich mit konstanter Geschwindigkeit bewegt oder ruht. Für alle Zeitpunkte gilt:

Statik: $\quad (\mathbf{F} = 0) \wedge (\mathbf{v}_{t=0} = 0) \quad \Rightarrow \quad \left(\mathbf{v}_{(t\neq 0)} = 0\right)$

$\mathbf{v}$ bezeichnet die Geschwindigkeit.

Die *Geraden*, die die Basis bilden, werden erst durch das Trägheitsaxiom definiert: Die Bahn eines kräftemäßig vollkommen isolierten Körpers ist eine *Gerade*.

2.2 Das Zwei-Kräfte-Gleichgewichtsaxiom

Am starren Körper ($\overline{AB} = konst$) halten sich zwei entgegen gesetzt gerichtete, gleich große Kräfte ($\mathbf{F}_A$, $\mathbf{F}_B$) auf gleicher Wirkungslinie ($a = b$) im Gleichgewicht. D. h., ist zum Zeitpunkt $t = 0$ der starre Körper in Ruhe (ohne Bewegung) dann bleibt er in Ruhe. Die Bedingung $a = b$ kann (mit $\mathbf{F}_A + \mathbf{F}_B - 0$) ersetzt werden durch

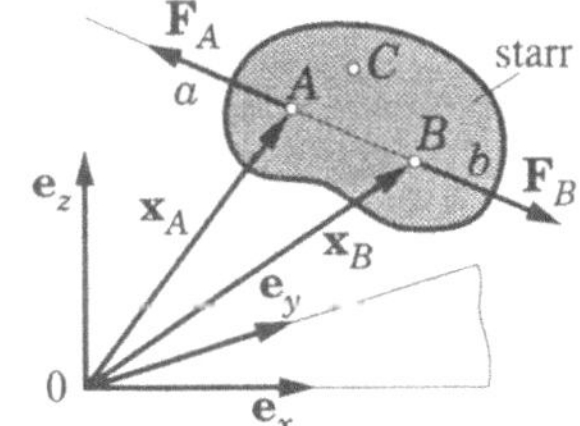

$$\left(\mathbf{x}_A - \mathbf{x}_B\right) \times \mathbf{F}_A = \mathbf{x}_A \times \mathbf{F}_A + \mathbf{x}_B \times \mathbf{F}_B = 0.$$

Formal gilt für alle Punkte C:

$$\left(\mathbf{F}_A + \mathbf{F}_B = 0\right) \wedge \left(\mathbf{x}_A \times \mathbf{F}_A + \mathbf{x}_B \times \mathbf{F}_B = 0\right) \wedge \underset{\forall C}{\left(\mathbf{v}_{(t=0)} = 0\right)} \quad \Rightarrow \quad \underset{\forall C}{\left(\mathbf{v}_{(t\neq 0)} = 0\right)}$$

2.3 Axiom über das Hinzufügen bzw. Entfernen einer Zweikräfte-Gleichgewichtsgruppe

Befindet sich ein starrer Körper (frei oder unter der Einwirkung von Kräften) im Gleichgewichtszustand, dann ändert das Hinzufügen oder Entfernen einer Zweikräftegleichgewichtsgruppe diesen Zustand nicht (⇔ soll „ist äquivalent" besagen).

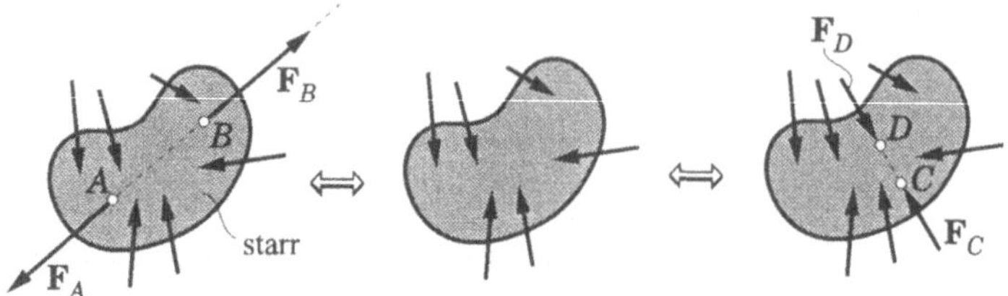

Folgerung:

<u>Verschiebungssatz</u>: Die Einzelkraft am starren Körper ist ein liniengebundener Vektor

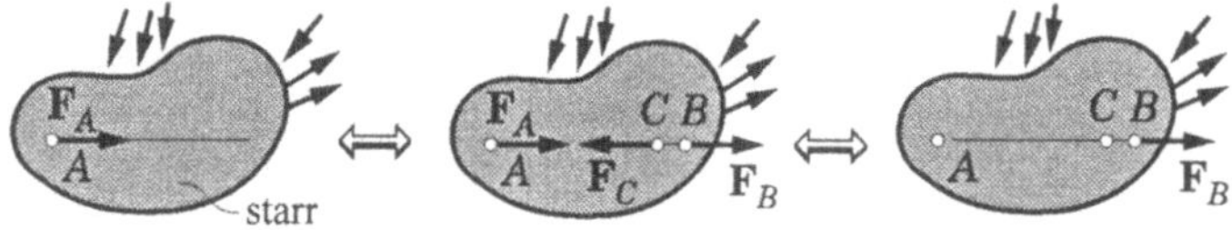

2.4 Das Parallelogramm-Axiom

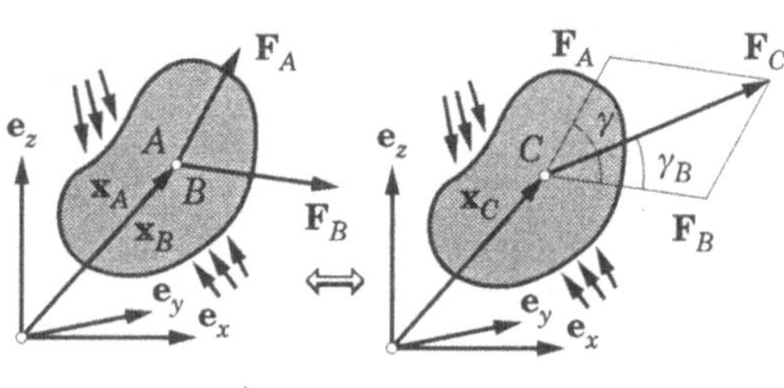

Greifen an einem Punkt A (= $B = C$) eines im Gleichgewicht befindlichen (beliebigen) Körpers die Kräfte $\mathbf{F}_A$ und $\mathbf{F}_B$ an, dann ändert sich am Zustand des Gleichgewichtes nichts, wenn $\mathbf{F}_A$ und $\mathbf{F}_B$ durch die Kraft $\mathbf{F}_C = \mathbf{F}_A + \mathbf{F}_B$ im gleichen Punkt $C = A = B$ angreifend, ersetzt werden.

$$F_C = \sqrt{F_A^2 + F_B^2 + 2F_A F_B \cos\gamma} \quad ; \qquad \gamma_B = \arcsin\left(\frac{F_A \sin\gamma}{F_C}\right)$$

Die wiederholte Anwendung des Parallelogrammaxioms auf beliebig viele, in einem (gleichen) Körperpunkt $A = A_\alpha\,(\alpha = 1 \div n)$ angreifenden Kräfte $\mathbf{F}_\alpha\,(\alpha = 1 \div n)$ ergibt die Äquivalenz dieser Kräfte mit der Resultierenden $\mathbf{F} = \sum \mathbf{F}_\alpha$. Im Sonderfall $\sum \mathbf{F}_\alpha = 0$ ist die Summenwirkung gleich Null, d. h. der Körper verhält sich so „als ob" in A keine Kraft auf ihn einwirken würde.

2.5 Axiom über die Wechselwirkung der Kräfte (actio = reactio)

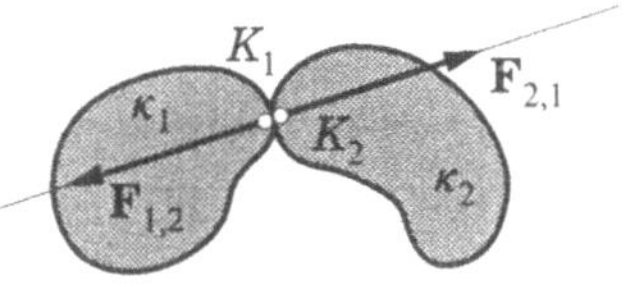

Berühren sich zwei Körper κ_1 und κ_2, und wirkt κ_1 auf κ_2 mit der Kraft $\mathbf{F}_{2,1}$, so wirkt der Körper κ_2 mit der Kraft $\mathbf{F}_{1,2} = -\mathbf{F}_{2,1}$ auf κ_1 in der gleichen Wirkungslinie zurück. D. h. $\mathbf{F}_{1,2}$ und $\mathbf{F}_{2,1}$ bilden ein Zwei-Kräftegleichgewichtssystem.

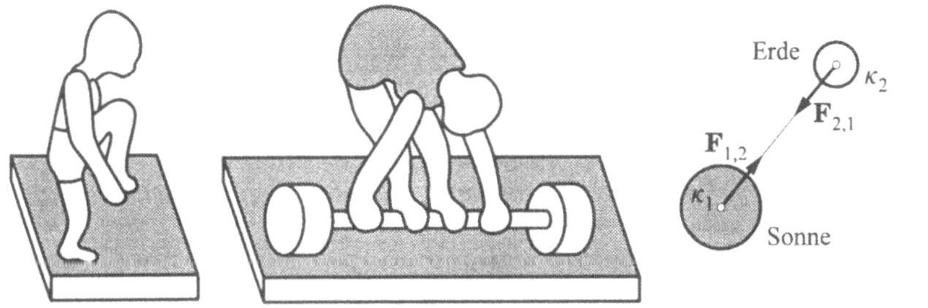

Newton postulierte die Gültigkeit dieses Axioms auch für „Fernkräfte". Kräfte sollen in der Natur also überhaupt nur paarweise auftreten. Das setzt allerdings unendlich große Wirkungs-Ausbreitungsgeschwindigkeit voraus.

2.6 Das Erstarrungsaxiom

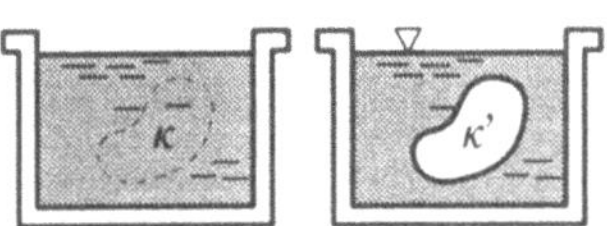

Ein deformierbarer Körper (κ), der sich unter der Einwirkung von irgendwelchen Kräften im Gleichgewichtszustand befindet, bleibt auch dann im Gleichgewicht, wenn er vollkommen erstarrt. *Beispiel:* Flüssigkeitskörper κ und erstarrter Körper κ' (Eiskörper ohne Dichteänderung!)

2.7 Das Befreiungsaxiom

Ein Körper, der irgendwelchen geometrischen Bindungen (Wand, Boden) unterworfen ist, ist äquivalent dem von den Bindungen befreiten Körper, wenn anstelle der Bindungen sogenannte Reaktionskräfte angebracht werden.

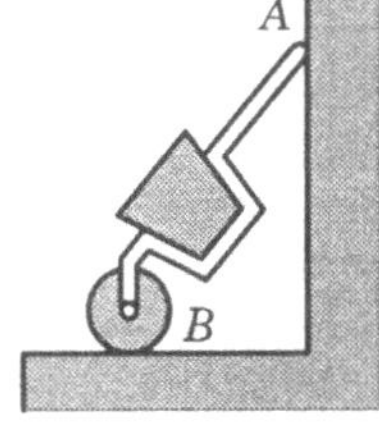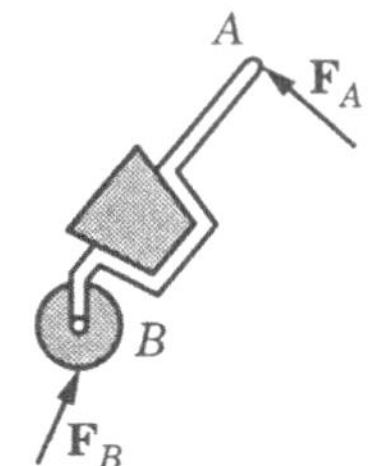

3 Kraftsysteme

3.1 Bindungen

Das Befreiungsaxiom bezieht sich auf „geometrische Bindungen", die einzelne Punkte eines Körpers zu erfüllen haben. Wir sprechen dann vom Vorliegen von Bindungen. Diese Bindungen können materialisiert durch andere Körper vorgegeben sein. Berühren sich zwei Körper (der Körper und der die Bindung verwirklichende Körper), so wirken sie aufeinander gemäß dem actio = reactio-Axiom. Das Befreiungsaxiom ist beim „Befreien des Körpers von einer Bindung" immer anzuwenden. Wir unterscheiden ideale und nichtideale (reibungsbehaftete) Flächen- bzw. Linienbindungen.

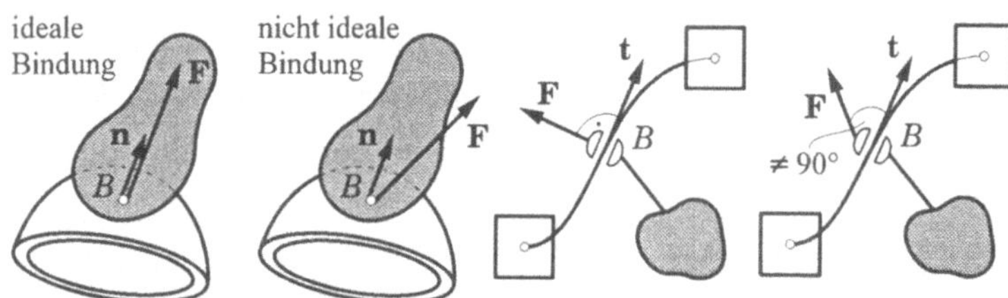

Die Bedingung, die die Reaktionskraft im Falle einer idealen Bindung bei Flächenbindung bzw. bei Linienbindungen erfüllen muß, lautet:

$$\mathbf{n} \times \mathbf{F} = 0 \qquad \text{oder} \qquad \mathbf{F} = \mathbf{n} \cdot F \qquad \text{bzw.} \qquad \mathbf{F} \circ \mathbf{t} = 0$$

wobei $\mathbf{n}$ den Flächennormalen-(Einheits-)Vektor und $\mathbf{t}$ den Tangenten-(Einheits-)Vektor bezeichnen. Bei nicht idealer Bindung werden von dem einen auf den anderen Körper (über die kleinen Verzahnungen der rauhen Oberflächen) auch Kräfte in tangentieller Richtung übertragen:

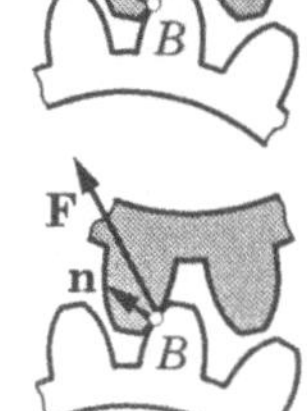

$$\mathbf{n} \times \mathbf{F} \neq 0 \; ; \quad \mathbf{F} \circ \mathbf{t} \neq 0$$

3.2 Raumkraftsystem

Am starren oder erstarrt gedachten Körper greifen in $\mathbf{x}_\alpha$ die Kräfte $\mathbf{F}_\alpha (\alpha = 1 \div n)$ an, wobei die Wirkungslinien dieser Kräfte windschief zueinander sind oder räumlich verteilt und zueinander parallel oder auch räumlich verteilt aber in einem Punkt zusammentreffen.

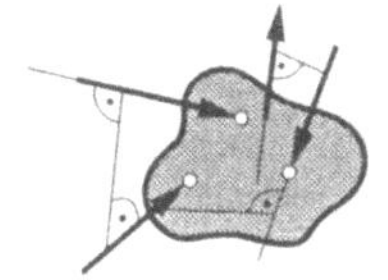

Sonderfälle:
räumliches
Parallelkraftsystem

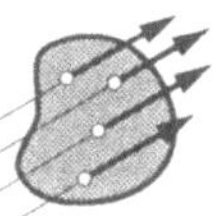

räumliches
Kraftbüschel

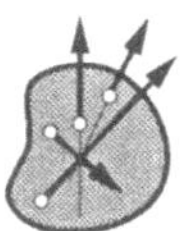

3.3 Ebenes Kraftsystem

Alle Wirkungslinien sind in eine Ebene (σ) eingebettet. Wir befassen uns im folgenden zunächst ausführlicher mit diesem Sonderfall und versuchen das Kraftsystem zu reduzieren, d. h. auf die äquivalente einfachste Belastung zuruckzuführen.

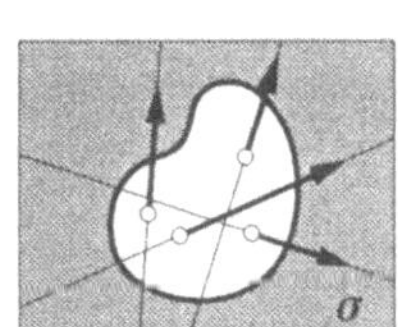

Sonderfall:
Parallel-
kraft-
system

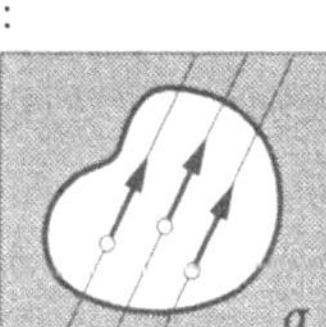

Sonderfall:
Ebenes
Kraft-
büschel

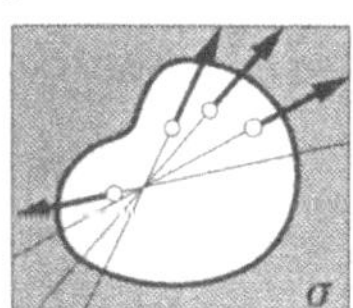

3.3.1 Zwei Kräfte am starren Körper, Reduktion, Gleichgewicht

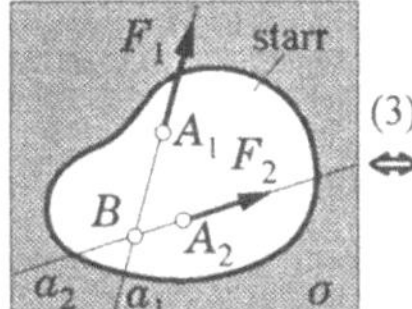

(3) $\Leftrightarrow$

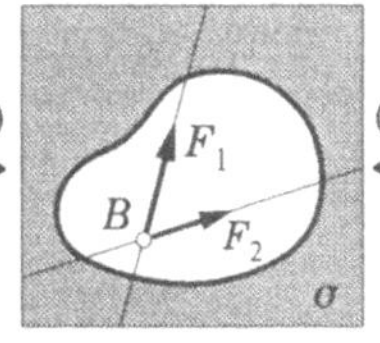

(4) $\Leftrightarrow$

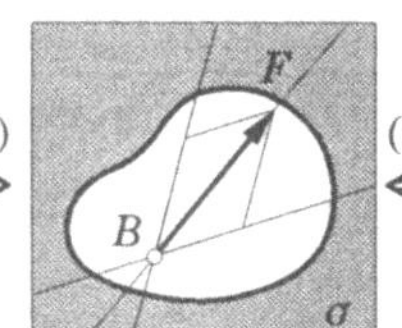

(3) $\Leftrightarrow$

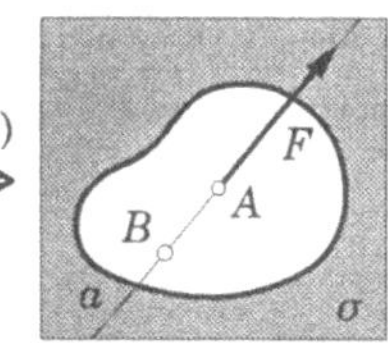

Die Wirkungslinien a_1 und a_2 schneiden sich in B. Axiom (3) erlaubt die Verschiebung von F_1 und F_2 in a_1 bzw. a_2 und Axiom (4) gestattet den Ersatz von F_1 und F_2 durch F. Axiom (3) wiederum läßt die Verschiebung von F auf a zu. Sind die Wirkungslinien a_1 und a_2 zueinander parallel, dann ist ein Zwischenschritt nötig, nämlich das Anbringen einer Zweikräftegleichgewichtsgruppe $(F, 0)$. Den Reduktionsvorgang zeigt folgende Bildserie:

12

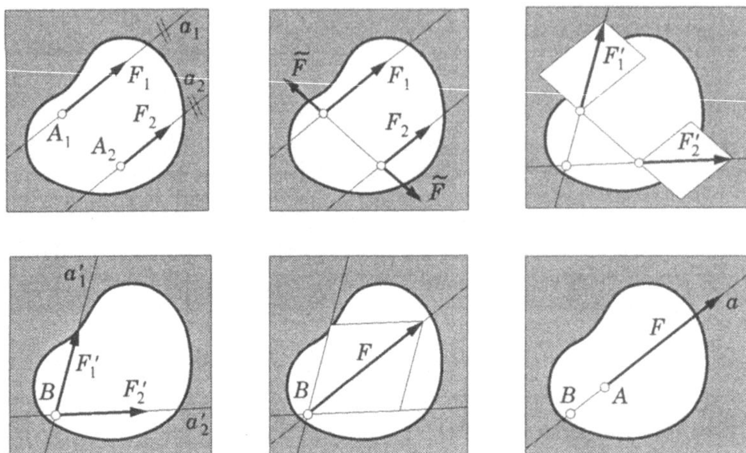

Das Kraftpaar

Wenn $a_1 \parallel a_2$ und außerdem $\mathbf{F}_2 = -\mathbf{F}_1$, dann ist auch $\mathbf{F}_2' = -\mathbf{F}_1'$ und $a_1' \parallel a_2'$. Dann aber existiert B nicht eigentlich, und die Reduktion eines solchen Kraftpaares wird unmöglich. Dieses „Kraftpaar" ist als selbständiges, nichtreduzierbares Gebilde aufzufassen. Das Hinzufügen des Gleichgewichtskräftepaares $\left(\widetilde{\mathbf{F}}, -\widetilde{\mathbf{F}}\right)$ bewirkt eine Umwandlung des Kraftpaares (F, h) in ein anderes Kraftpaar (F', h'), wobei $Fh = F'h' = M$ gilt. Wir nennen h die Öffnung des Kraftpaares, F den Betrag der Kraft des Kraftpaares und das Produkt

$$F \cdot h = F' \cdot h' = M$$

das Moment des Kraftpaares. Die Invarianz des Produktes Fh ist einfach nachzuweisen: Die Fläche des Dreieckes $\triangle A_1 A_2 K$ ist $k'h'/2 = kh/2 \Rightarrow k/k' = h'/h$. Mit $k/k' = F/F'$ wird $h'/h = F/F'$ und damit $Fh = F'h' = M$. Ein Kraftpaar ist durch Angabe von M und dem dazugehörigen Drehsinn $\circlearrowright$ vollkommen bestimmt.

Merken: Ein Kraftpaar kann in seiner Wirkungsebene (σ) beliebig verschoben werden.

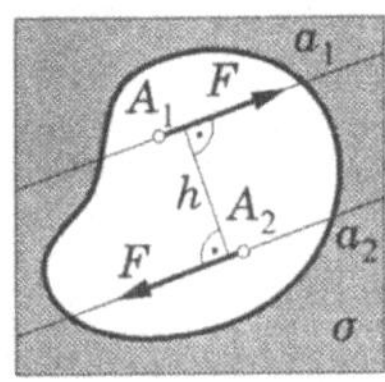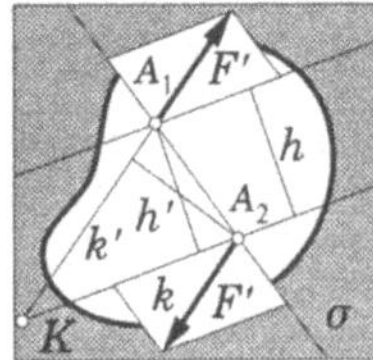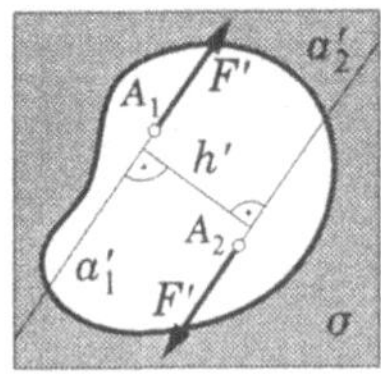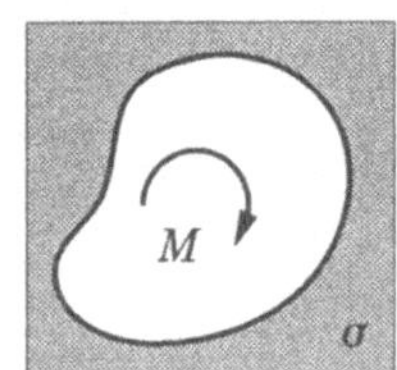

3.3.2 Reduktionsergebnis

Verfährt man schrittweise mit je zwei Kräften eines ebenen Kraftsystems in der dargestellten Weise, dann kommt man zu folgendem Ergebnis: Das Reduktionsergebnis eines ebenen Kraftsystemes ist entweder eine Einzelkraft (die Resultierende des ebenen Kraftsystems) in ganz bestimmter Lage oder ein Kraftpaar mit bestimmtem Drehsinn, bestimmtem Moment aber unbestimmter Lage.

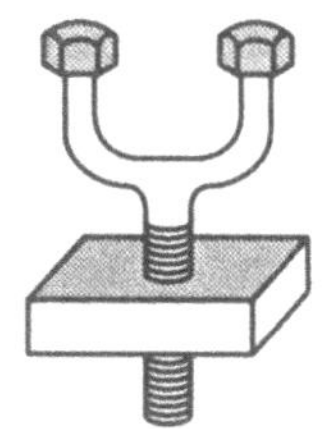

Das (Dreh-)Moment einer Einzelkraft

Die Invariante M des Kraftpaares legt es nahe, den Begriff des Momentes auf eine Einzelkraft zu übertragen. Wir wollen unter dem (Dreh-)Moment M_0 einer Kraft bezüglich des Aufpunktes 0 das Produkt $F \cdot f$ verstehen, wobei f der Normalabstand des Punktes 0 von der Wirkungslinie der Kraft ist. Das Drehmoment M_0 ist gleich der doppelten Fläche des Dreiecks $\triangle AB0$.

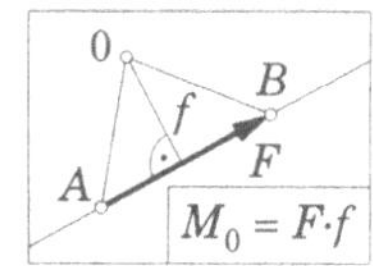

Der Satz von Varignon

„Die Summe der Drehmomente der Kräfte F_1 und F_2 (bezüglich 0) ist gleich dem Drehmoment der Resultierenden F dieser Kräfte (bezüglich 0)."

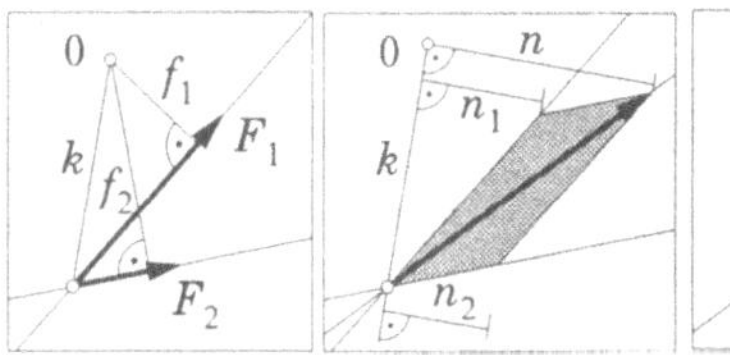

Beweis: Aus $\;n_1 + n_2 = n \;\Rightarrow\; kn_1 + kn_2 = kn$

folgt $\;F_1 f_1 + F_2 f_2 = F f \;\Rightarrow\; M_{01} + M_{02} = M_0$

Drehmoment eines Kraftpaares

Das Drehmoment eines Kraftpaares ist unabhängig von der Lage des Bezugspunktes 0 und gleich der Invarianten (dem Moment) des Kraftpaares.

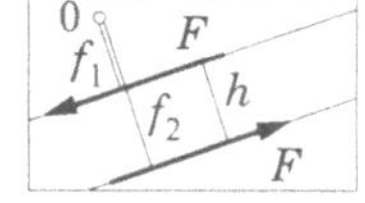

Beweis: $\;M_0 = M_{01} + M_{02} = -F f_1 + F f_2 = F(f_2 - f_1) = F \cdot h\,.$

Rechnerische Bestimmung des Momentes einer Kraft

Aus der Angabe der Lage des Angriffspunktes (x, y) und den Komponenten der Kraft $\left(F_x, F_y\right)$ erhält man (mit dem Satz von Varignon) für das Drehmoment von F bezüglich 0 :

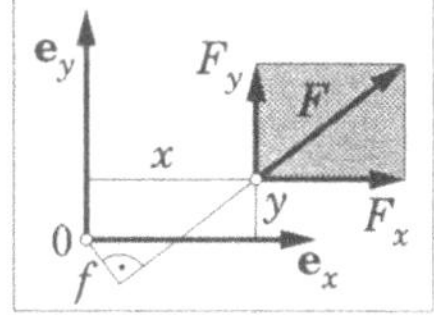

$$\boxed{M_0 = F \cdot f = F_y \cdot x - F_x \cdot y}$$

Das ist gleich dem Betrag von $\mathbf{x} \times \mathbf{F}$ in der z-Richtung.

3.3.3 Gleichgewichtsbedingungen

3.3.3.1 Zwei Kräfte am starren Körper

Unter der Einwirkung von nur **einer Kraft** $(\mathbf{F} \neq 0)$ kann ein Körper seinen Ruhezustand nicht aufrecht erhalten, Gleichgewicht ist unmöglich. Wirken auf den Körper **zwei Kräfte**, so können diese äquivalent durch eine Kraft ersetzt werden oder sie stellen bereits ein nicht weiter reduzierbares Kraftpaar dar. Im Gleichgewicht halten sich zwei Kräfte (nach Axiom 2) nur dann, wenn ihre geometrische Summe $\mathbf{F}_1 + \mathbf{F}_2$ gleich Null ist und ihre Wirkungslinien sich decken. Letzteres kann auch so formuliert werden:

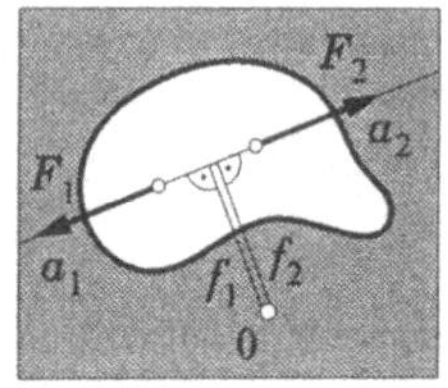

Es muß das Moment der Kräfte bezüglich jedes beliebigen Punktes 0 verschwinden. Denn aus $f_1 = f_2$ folgt mit $F_1 = F_2$

$$M_0 = F_1 f_1 - F_2 f_2 = 0 \;\Rightarrow\; \boxed{\text{Gleichgewicht:}\; \left(\mathbf{F} := \sum_1^2 \mathbf{F}_\alpha = 0\right) \wedge \left(M_0 := \sum_1^2 M_{0\alpha} = 0\right)}$$

3.3.3.2 Drei Kräfte am starren Körper

Drei Kräfte am starren Körper sind entweder einer Einzelkraft (in bestimmter Lage) oder einem Kraftpaar (in unbestimmter Lage) äquivalent. Im Gleichgewicht halten sie sich nur dann, wenn die Teilresultierende aus zwei Kräften (z. B. $\mathbf{F}_1 + \mathbf{F}_2 := \mathbf{F}_{12}$) mit der dritten $(\mathbf{F}_3)$ ein Zweikräftegleichgewichtspaar bilden.

Kraftplan

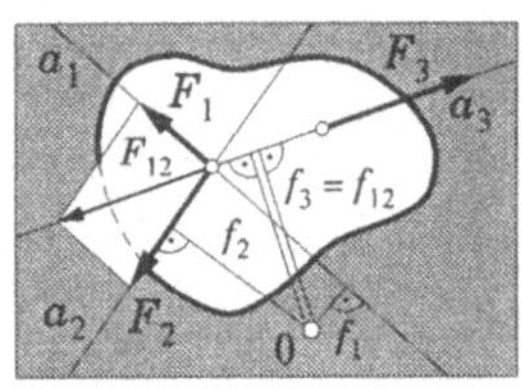

Dazu müssen sich offensichtlich einmal die Wirkungslinien in einem Punkt schneiden und die Kraftsumme muß verschwinden. Mit $f_3 = f_{12}$ und $F_{12} = F_3$ ergibt sich

$$M_0 = F_{12} f_{12} - F_3 f_3 = 0 = F_1 f_1 + F_2 f_2 - F_3 f_3 = \sum_1^3 M_{0\alpha} = 0,$$

d. h. in bezug auf beliebigen Punkt 0 muß $M_0 = 0$ sein.

$$\boxed{\text{Gleichgewicht:}\; \left(\mathbf{F} := \sum_1^3 \mathbf{F}_\alpha = 0\right) \wedge \left(M_0 := \sum_1^3 M_{0\alpha} = 0\right)}$$

Beispiele:

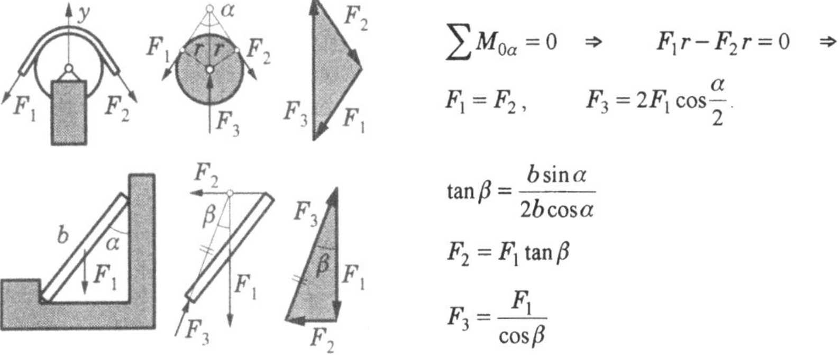

$$\sum M_{0\alpha} = 0 \quad \Rightarrow \quad F_1 r - F_2 r = 0 \quad \Rightarrow$$

$$F_1 = F_2, \qquad F_3 = 2F_1 \cos\frac{\alpha}{2}.$$

$$\tan\beta = \frac{b\sin\alpha}{2b\cos\alpha}$$

$$F_2 = F_1 \tan\beta$$

$$F_3 = \frac{F_1}{\cos\beta}$$

3.3.3.3 Vier Kräfte am starren Körper

Vier Kräfte am starren Körper sind entweder einer Einzelkraft in bestimmter
Lage oder einem Kraftpaar (in unbestimmter Lage) äquivalent. Im Gleichgewicht halten sich vier Kräfte nur dann,
wenn je zwei Kräfte zusammengefaßt
(z. B. $\mathbf{F}_1 + \mathbf{F}_2 = \mathbf{F}_{12}$ und $\mathbf{F}_3 + \mathbf{F}_4 = \mathbf{F}_{34}$) ein Zweikräftegleichgewichtspaar
bilden.

Kraftplan

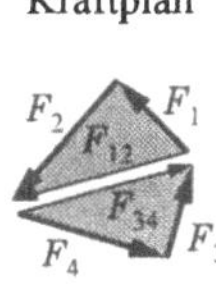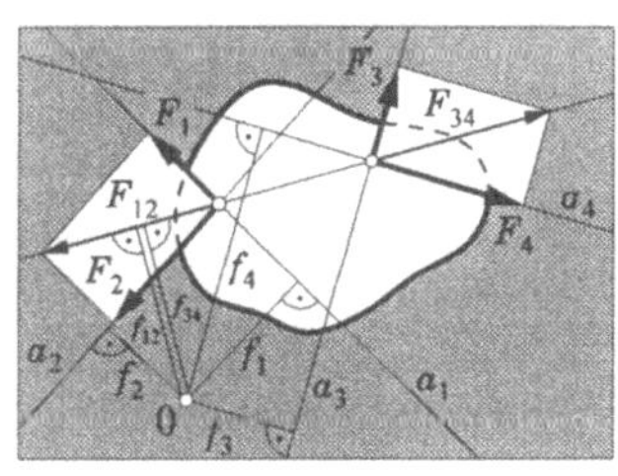

Es muß also $\mathbf{F}_{12} + \mathbf{F}_{34} = \mathbf{F}_1 + \mathbf{F}_2 + \mathbf{F}_3 + \mathbf{F}_4 = 0$ sein, und es muß die Momentensumme
bezüglich eines beliebig gewählten Punktes 0 verschwinden. Aus $f_{12} = f_{34}$ folgt mit $F_{12} = F_{34}$
⇒

$$F_{12}f_{12} - F_{34}f_{34} = F_1 f_1 + F_2 f_2 + F_3 f_3 - F_4 f_4 = \sum_1^4 M_{0\alpha} = M_0 = 0.$$

Wieder lauten die Gleichgewichtsbedingungen in Kurzform geschrieben:

$$\boxed{\text{Gleichgewicht:} \quad \left(\mathbf{F} = \sum_1^4 \mathbf{F}_\alpha = 0\right) \wedge \left(M_0 = \sum_1^4 M_{0\alpha} = 0\right)}$$

CULMANNsche Methode

Gegeben: Vier Wirkungslinien (a_1, a_2, a_3, a_4) und in a_1 die Kraft F_1. Wie groß sind die
Kräfte $F_2\,F_3\,F_4$ in $a_2\,a_3\,a_4$, die zusammen mit F_1 ein Kräftegleichgewichtssystem bilden?

16

Zeichnerische Lösung

Vorbemerkung: Die vier Geraden schneiden sich in sechs Punkten (A_{12} A_{13} A_{14} A_{23} A_{24} A_{34}), wodurch drei Vierecksdiagonalen c_I, c_{II} und c_{III} festgelegt sind, die wir CULMANN-Geraden nennen. Wählt man eine davon z. B. c_I, dann können mit $F_1 \rightarrow F_2$ und F_{12} bestimmt werden und dann mit $F_{12} = F_{34}$ (im Gegensinne) auch F_3 und F_4.

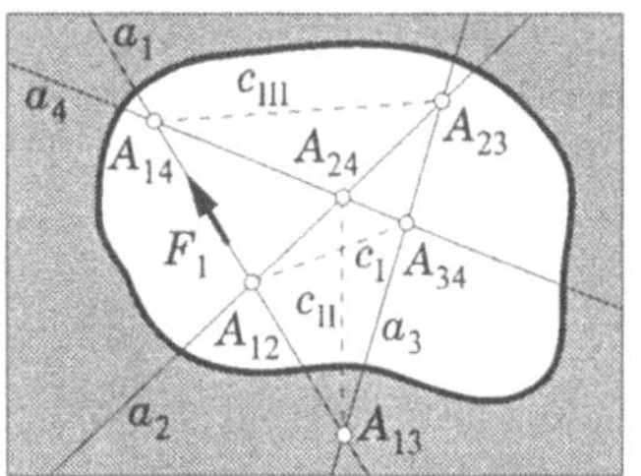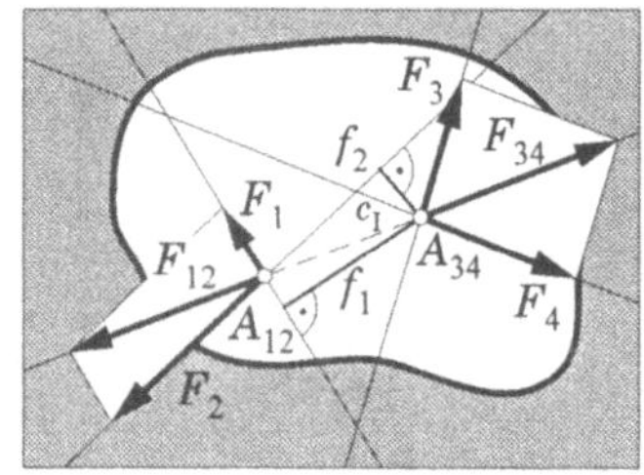

Rechnerische Lösung:

Mit $\sum_1^4 \mathbf{F}_\alpha = 0$ und $\sum_1^4 M_{0\alpha} = 0$ stehen zur Bestimmung von F_2, F_3 und F_4 (bei gegebenem F_1) drei lineare Gleichungen zur Verfügung. Durch geschickte Wahl des Momenten-Bezugspunktes kann man aus jeweils einer Gleichung bereits eine Unbekannte bestimmen: Wählt man z. B. A_{34} als Momentenbezugspunkt 0, dann erhält man für F_2 sofort: $F_2 = F_1 f_1 / f_2$ (siehe Skizze).

Beispiel: **Scheibe auf drei Pendelstützen**

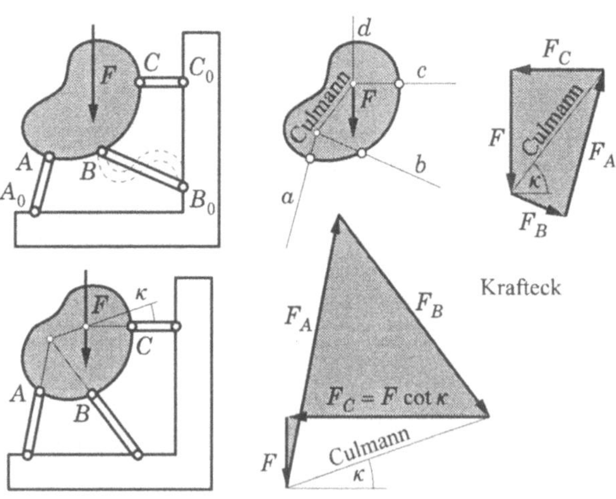

Gegeben ist F, gesucht sind die Auflagerkräfte F_A, F_B und F_C. Pendelstützen können, soferne sie selbst unbelastet sind, nur Kräfte in der Verbindungslinie der beiden Gelenke übertragen

z. B.: 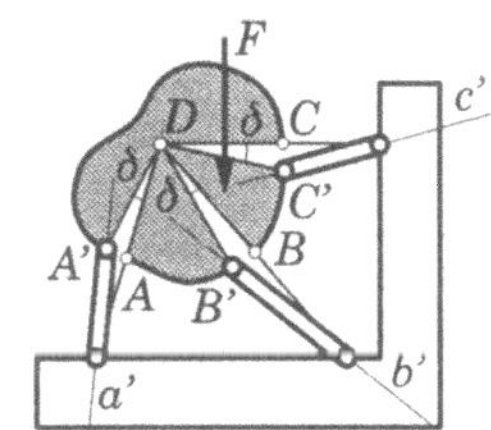

Damit kennt man also bereits die Wirkungslinien (a, b, c) der Auflagerkräfte F_A, F_B und F_C. Wählt man als CULMANNsche Gerade die Verbindungslinie der Schnittpunkte von a und b bzw. von c mit d, dann können F_C durch die Summenkraft in der CULMANNschen Geraden und anschließend die Kräfte F_B und F_A bestimmt werden. Durchführung geschieht am besten in einem eigenen Krafteck. Für kleinen Winkel κ werden F_A, F_B und F_C sehr groß, und für $\kappa \Rightarrow 0$ tritt **der kritische Lagerungsfall** ein. κ wird gleich 0, wenn sich die Wirkungslinien a, b, c in einem Punkt D schneiden. Dieser Fall muß unbedingt vermieden werden, da dann selbst bei kleiner Belastung $(F \neq 0)$ die Auflagerkräfte zumindest theoretisch über alle Grenzen anwachsen. Praktisch allerdings wird sich die Scheibe geringfügig um D (durch den Winkel δ) drehen. Die neuen Wirkungslinien a', b', c' schneiden sich nicht mehr in einem Punkt, deshalb werden die Kräfte F_A, F_B, F_C zwar $\neq \infty$, aber sehr groß sein!

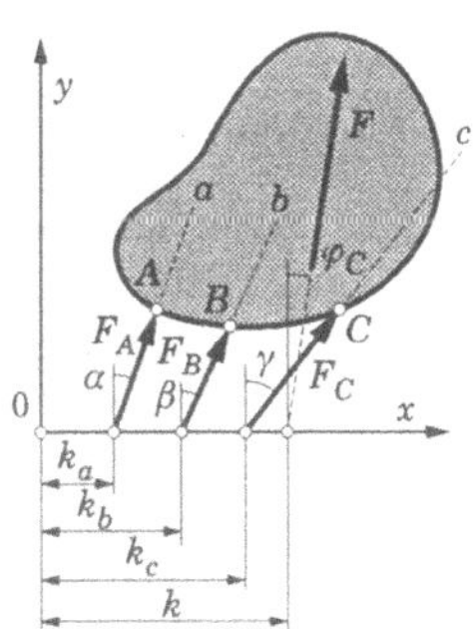

Rechnerische Lösung

Nehmen wir jetzt an, daß die Wirkungslinien der vier Kräfte durch die Abstände k_a, k_b, k_c und k sowie die Winkel α, β, γ und φ festgelegt seien (siehe Skizze). Wieder seien F gegeben und die Auflagerkräfte F_A, F_B und F_C gesucht. Die Gleichgewichtsbedingungen $\sum \mathbf{F} = 0$ und $\sum M_0 = 0$ liefern dann die folgenden drei in den Unbekannten lineare Bestimmungsgleichungen für F_A, F_B und F_C.

Aus $\sum \mathbf{F} = 0$ erhält man:
$$\begin{cases} F_A \sin\alpha + F_B \sin\beta + F_C \sin\gamma = -F \sin\varphi \\ F_A \cos\alpha + F_B \cos\beta + F_C \cos\gamma = -F \cos\varphi \end{cases}$$

und aus $\sum M_0 = 0$ folgt:
$$F_A k_a \cos\alpha + F_B k_b \cos\beta + F_C k_c \cos\gamma = -kF \cos\varphi .$$

Mit
$$\underset{\sim}{A} = \begin{vmatrix} \sin\alpha & \sin\beta & \sin\gamma \\ \cos\alpha & \cos\beta & \cos\gamma \\ k_a \cos\alpha & k_b \cos\beta & k_c \cos\gamma \end{vmatrix} = \begin{vmatrix} \underset{\sim}{a_1} & \underset{\sim}{a_2} & \underset{\sim}{a_3} \end{vmatrix}, \quad \underset{\sim}{b} = \begin{vmatrix} -\sin\varphi \\ -\cos\varphi \\ -k\cos\varphi \end{vmatrix} \quad \text{und} \quad \underset{\sim}{x} = \begin{vmatrix} F_A \\ F_B \\ F_C \end{vmatrix}$$

kann man dieses Gleichungssystem in Matrizenform wie folgt anschreiben:
$$\underset{\sim}{A}\,\underset{\sim}{x} = F\,\underset{\sim}{b}$$

Die Auflösung mit Hilfe der CRAMERschen Regel ergibt formal für F_A, F_B und F_C:

$$F_A = F \det\left| \underset{\sim}{b}\ a_2\ a_3 \right| \Big/ \det \underset{\sim}{A}, \qquad F_B = F \det\left| a_1\ \underset{\sim}{b}\ a_3 \right| \Big/ \det \underset{\sim}{A}$$

und $\quad F_C = F \det\left| a_1\ a_2\ \underset{\sim}{b} \right| \Big/ \det \underset{\sim}{A}$

Die Stützkräfte wachsen linear mit F. Für $\det \underset{\sim}{A} = 0$ werden, wenn gleichzeitig $F \neq 0$, F_A, F_B, F_C „unendlich groß". Es käme unweigerlich zum Bruch der Pendelstützen.

Kritischer Lagerungsfall

Wenn a, b, c sich in einem Punkt schneiden gelten:

$$k_a = x_D - y_D \tan\alpha,$$
$$k_b = x_D - y_D \tan\beta$$
$$k_C = x_D - y_D \tan\gamma$$

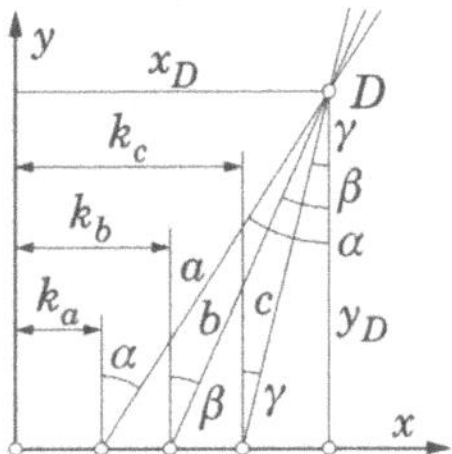

$$\det \underset{\sim}{A} = - \frac{\cos\alpha \cos\beta \cos\gamma}{x_D y_D} \det$$

$- y_D \tan\alpha$	$- y_D \tan\beta$	$- y_D \tan\gamma$
x_D	x_D	x_D
k_a	k_b	k_c

D. h. die dritte Zeile ist gleich der Summe der ersten beiden Zeilen, also wird $\det \underset{\sim}{A} = 0$ und F_A, F_B, $F_C \Rightarrow \infty$.

3.3.3.4 Beliebig viele Kräfte am starren Körper (Seileckmethode)

Wirken auf einen starren Körper N Kräfte $\mathbf{F}_\alpha (\alpha = 1 \div N)$, deren Wirkungslinien a_α in einer Ebene liegen, dann kann man schrittweise diese Kräfte zusammensetzen, und das Reduktionsergebnis wird entweder eine Einzelkraft mit festgelegter Wirkungslinie sein oder ein Kraftpaar (u. z. immer dann, wenn die geometrische Summe $\sum \mathbf{F}_\alpha = 0$ ist), dessen Lage in der Wirkungsebene beliebig angenommen werden kann. Ist N groß, dann wird das Zusammensetzen der Kräfte im Lageplan unübersichtlich und man bedient sich dann des Vorteils, den die Seileckmethode bietet.

Lageplan	**Kraftplan** ($N = 4$)	**Lageplan**	**Kraftplan**

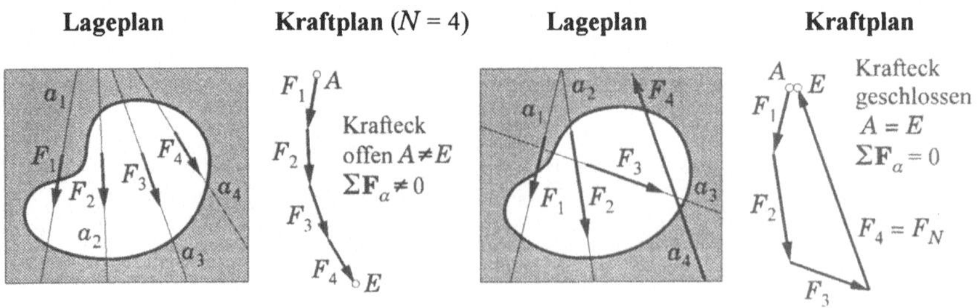

Wir wählen einen Anfangspunkt A, reihen die Kräfte aneinander und erhalten auf diese Weise ein „Krafteck" mit dem Endpunkt E. Der Vektor $\overrightarrow{AE} = \sum \mathbf{F}_\alpha = \mathbf{F}$ ist die Resultierende des Kraftsystems nach Größe und Richtung – unbekannt ist noch ihre Lage im Lageplan. Ist das Krafteck geschlossen $(A = E)$, dann ist die Resultierende des Kraftsystems gleich Null und wir erhalten ein Kraftpaar als Reduktionsergebnis.

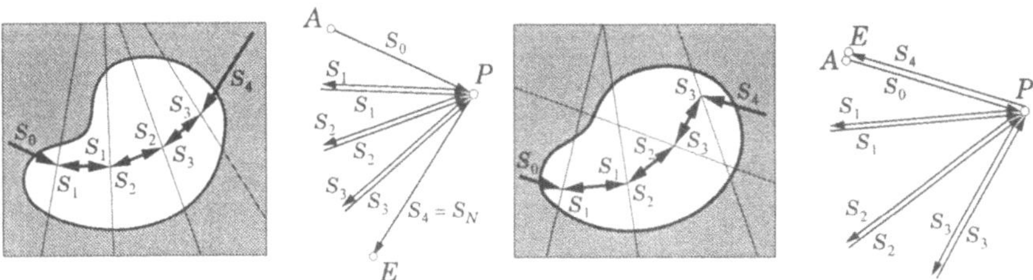

Wählen wir nun den Punkt P im Kraftplan und bezeichnen $\overrightarrow{AP} = \mathbf{S}_0$. Jede Kraft $\mathbf{F}_\alpha$ kann nun äquivalent durch zwei andere Kräfte $(\mathbf{S}_{\alpha-1}$ und $\mathbf{S}_\alpha)$ ersetzt werden (Axiom 4), nämlich $\mathbf{F}_1$ durch $\mathbf{S}_0 + \mathbf{S}_1$; $\mathbf{F}_2$ durch $-\mathbf{S}_1 + \mathbf{S}_2$, $\mathbf{F}_3$ durch $-\mathbf{S}_2 + \mathbf{S}_3$ usw. bis $\mathbf{F}_N = -\mathbf{S}_{N-1} + \mathbf{S}_N$.

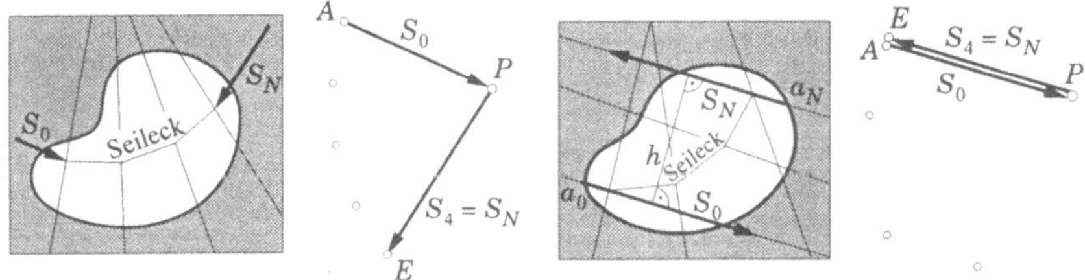

Die $(N-1)$ Gleichgewichtskräftepaare $(\mathbf{S}_\alpha$ und $-\mathbf{S}_\alpha)$ können nun aber auch entfernt werden (Axiom 3), sodaß die N Kräfte $\mathbf{F}_\alpha$ jetzt ersetzt sind durch (äquivalente) zwei Kräfte, nämlich $\mathbf{S}_0$ und $\mathbf{S}_N$.

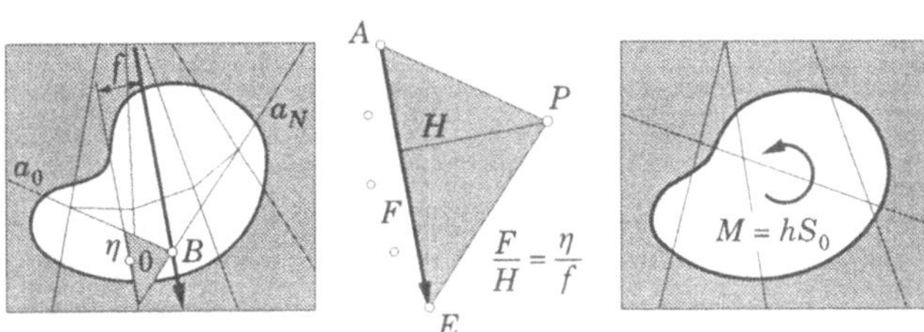

Ergebnis der Reduktion ist das Kraftpaar $(\mathbf{S}_0, \mathbf{S}_N)$ mit der Öffnung h. Sein Moment ist (im Gegenuhrzeigersinn drehend) gleich

$$M = h\,S_0.$$

Die Resultierende von $\mathbf{S}_0$ und $\mathbf{S}_N$ ist gleich der Resultierenden $\mathbf{F} = \sum \mathbf{F}_\alpha$, ihre Lage ist bestimmt durch den Schnittpunkt B. Das Moment $\sum M_{0\alpha} = M_0 = F f = \eta H$ (siehe Skizze).

Die Durchführung der Bestimmung der Resultierenden nach Größe, Richtung und Lage kann natürlich in einem Bild geschehen:

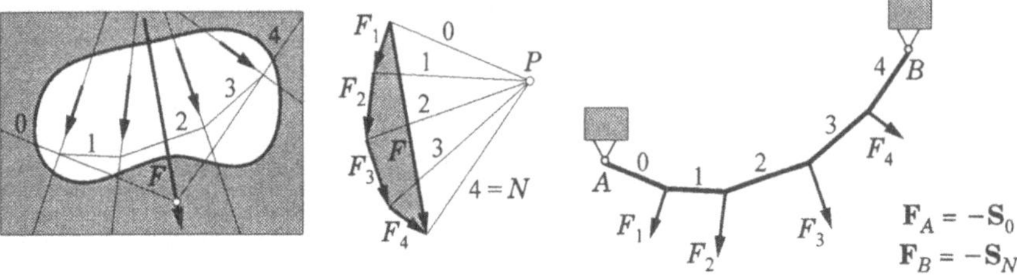

Warum „Seileck"?

Weil es die Gleichgewichtsfigur eines mit den $\mathbf{F}_\alpha$ belasteten wirklichen Seiles (oder Stabsystems) darstellt.

Gleichgewichtsbedingungen

Die N-Kräfte $\mathbf{F}_\alpha$ können immer äquivalent auf zwei Kräfte zurückgeführt werden. Bei der Seileckmethode sind das die Kräfte $\mathbf{S}_0$ und $\mathbf{S}_N$. Gleichgewicht herrscht nach Axiom 2, wenn diese zwei Kräfte ein Gleichgewichtskräftepaar bilden, d. h. wenn $\mathbf{S}_0 + \mathbf{S}_N$ $= 0 = \Sigma\mathbf{F}_\alpha$ ist, und die Wirkungslinien

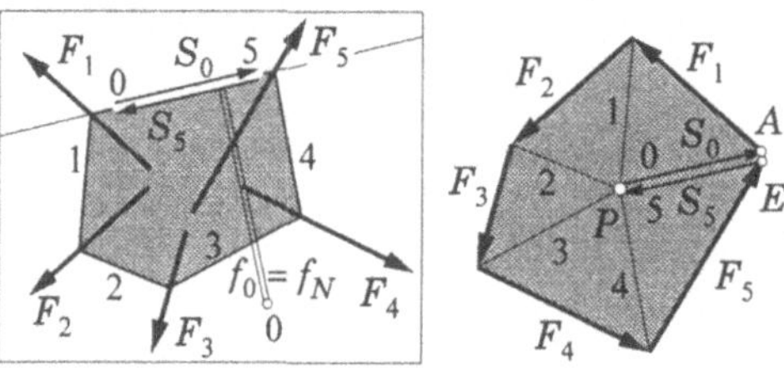

a_0 (von $\mathbf{S}_0$) und a_N (von $\mathbf{S}_N$) – „der erste und der letzte Seilstrahl" sich decken. Damit können die Gleichgewichtsbedingungen <u>geometrisch</u> formuliert werden:

> N Kräfte, deren Wirkungslinien in einer Ebene liegen, halten sich am starren **Körper im Gleichgewicht, wenn sich das Krafteck und das Seileck schließen.**

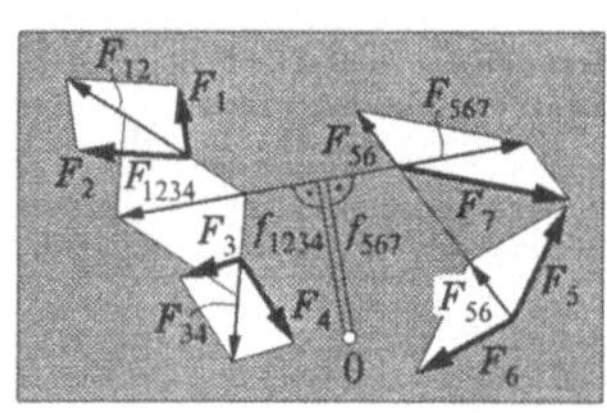

Letztere Bedingung ist gleichwertig der Forderung, daß das resultierende Moment aller Kräfte bezogen auf einen beliebigen Punkt 0 gleich Null ist. Das folgt unmittelbar daraus, daß neben $S_0 = S_N$ auch $f_0 = f_N$ ist, somit also $M_0 = S_N f_N - S_0 f_0 = 0$ ist. Nebenstehende Skizze zeigt denselben Sachverhalt noch einmal etwas anders: Faßt man von den 7 Kräften die ersten vier zu F_{1234} zusammen, den Rest zu F_{567}, dann gilt für Gleichgewicht (mit dem Satz von Varignon):

$$f_{1234} \cdot F_{1234} - f_{567} \cdot F_{567} = 0 = F_{12}f_{12} + F_{34}f_{34} + F_{56}f_{56} - F_7f_7 =$$

$$= -F_1f_1 + F_2f_2 + F_3f_3 + F_4f_4 + F_5f_5 - F_6f_6 - F_7f_7 = \sum M_{0\alpha} = 0$$

<u>*Analytische Formulierung der Gleichgewichtsbedingungen*</u>

Wir haben nachgewiesen, daß für $N = 2, 3, 4$ und schließlich für beliebig viele Kräfte folgende Gleichgewichtsbedingungen gelten müssen:

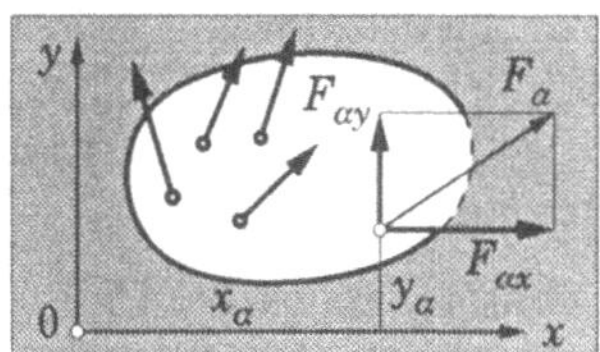

$$\mathbf{F} := \sum_1^N \mathbf{F}_\alpha = 0 \begin{cases} F_x := \sum_1^N F_{\alpha x} = 0 \\ F_y := \sum_1^N F_{\alpha y} = 0 \end{cases},$$

$$F = \sqrt{F_x^2 + F_y^2} = 0$$

$$M_0 := \sum_1^N M_{0\alpha} = 0 = \sum_1^N \left(F_{\alpha y}\, x_\alpha - F_{\alpha x}\, y_\alpha \right) = 0 \;;\quad M_0 = F \cdot f = 0$$

Das sind drei Gleichungen. Eine „statisch bestimmte" Aufgabe darf demnach nur drei Unbekannte enthalten. Die Unbekannten können Kräfte oder Lageparameter sein.

Aus einem alten Mechanikbuch:

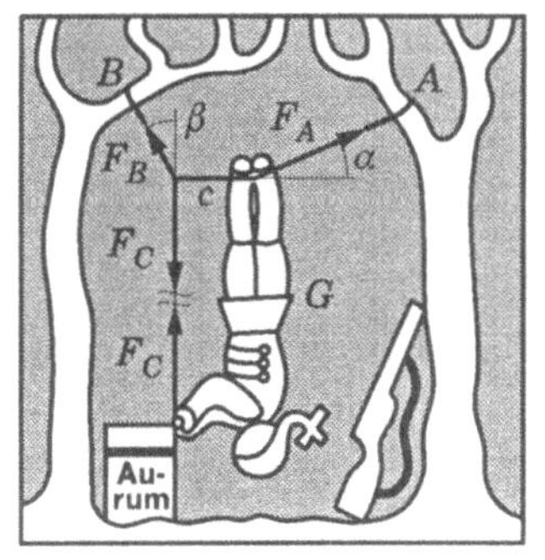

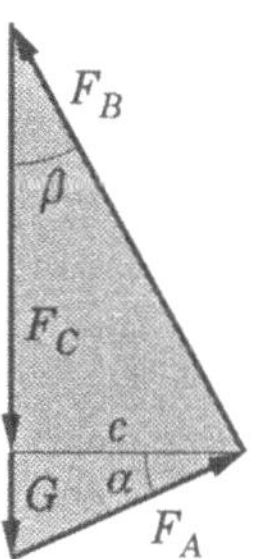

Um eine gestohlene Kiste aufzubrechen, befestigt der Räuber Janoš die Enden A und B eines Seiles an den Ästen zweier starken Bäume, verbindet durch ein anderes Seil den Deckel der Kiste mit demselben und zieht, indem er sich an dem ersten Seil aufhängt, dasselbe durch sein eigenes Gewicht G vertikal abwärts. Wie groß ist F_C?

$$\tan\alpha = \frac{G}{c} \qquad \tan\beta = \frac{c}{F_C} \qquad \Rightarrow \qquad F_C = G\cot\alpha \cdot \cot\beta$$

Mit $\quad \alpha = \beta = 10° \quad \Rightarrow \quad F_C = 32{,}2 \cdot G$. $\qquad$ Der Verstärkungsfaktor ist > 30!

3.3.3.5 Dreigelenkbogen

Zwei „Scheiben" K_1 und K_2 seien in C miteinander drehgelenkig verbunden und in A bzw. B drehgelenkig an den Bodenkörper angeschlossen. Es sollen zeichnerisch bzw. rechnerisch die in den Gelenken A, B und C übertragenen Kräfte (die auch mit A, B und C bezeichnet werden sollen) ermittelt werden.

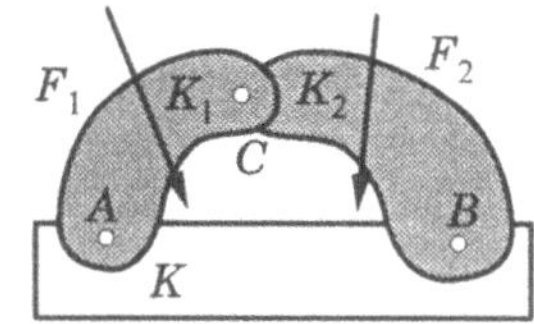

Graphische Lösung (Superpositionsmethode)

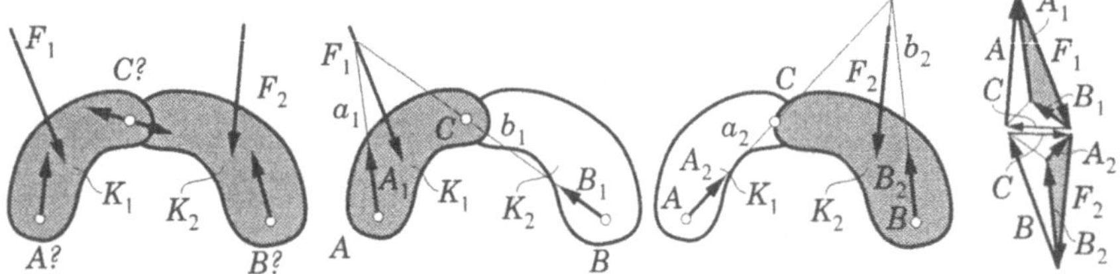

Wir nehmen zuerst an, daß nur K_1 mit F_1 belastet sei. Die Wirkungslinie b_1 der Auflagerkraft in B ist dann die Verbindungslinie von C und B. Die Wirkungslinien der drei auf K_1 wirkenden Kräfte A_1, F_1 und B_1 müssen sich in einem Punkte schneiden, womit a_1 festliegt. Damit kann F_1 in A_1 und B_1 zerlegt werden. Nehmen wir sodann K_1 als unbelastet an, dann können in entsprechender Weise A_2 und B_2 ermittelt werden. Die Zusammensetzung von A_1 und A_2 bzw. von B_1 und B_2 ergibt A und B. Die Gelenkskraft in C erhält man aus der Gleichgewichtsbedingung für die rechte oder die linke Scheibe allein. Anmerkung: Für $a_1 \cong b_1$, $a_2 \cong b_2 \Rightarrow A, B, C \Rightarrow \infty$!

Rechnerische Lösung

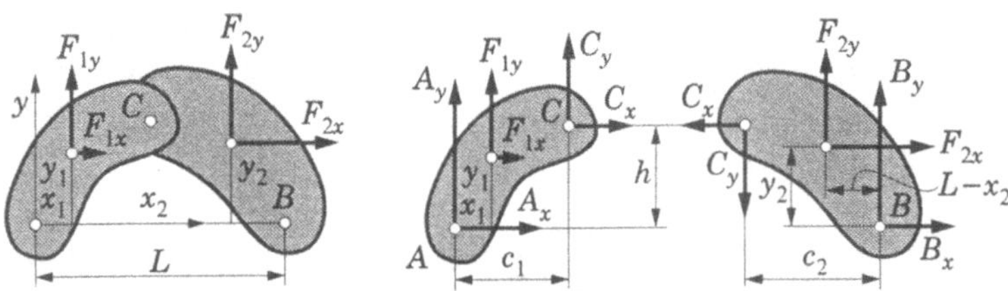

Wir lösen die wechselseitige Verbindung von K_1 und K_2 und die Verbindungen mit dem Bodenkörper und ersetzen diese Bindungen durch Reaktionskräfte. Die Gleichgewichtsbedingungen für K_1 und K_2 lauten:

$$\sum \mathbf{F}_{\langle K_1 \rangle} = 0 \quad \Rightarrow \quad \begin{cases} \sum F_x = 0 = A_x + F_x + C_x = 0 \quad \dots\dots\dots 1) \\[2mm] \sum F_y = 0 = A_y + F_y + C_y = 0 \quad \dots\dots\dots 2) \end{cases}$$

$$\sum M_{A \langle K_1 \rangle} = 0 \quad \Rightarrow \quad C_y c_1 - C_x h - F_{1x} y_y + F_{1y} x_1 = 0 \quad \dots\dots\dots 3)$$

$$\text{bzw.} \quad \sum \mathbf{F}_{\langle K_2 \rangle} = 0 \quad \Rightarrow \quad \begin{cases} \sum F_x = -C_x + B_x + F_{2x} = 0 \quad \dots\dots\dots 4) \\[2mm] \sum F_y = -C_y + B_y + F_{2y} = 0 \quad \dots\dots\dots 5) \end{cases}$$

$$\sum M_{B \langle K_2 \rangle} = 0 \quad \Rightarrow \quad C_y c_2 + C_x h - F_{2x} y_y - F_{2y} (L - x_2) = 0 \quad \dots\dots 6)$$

Das sind $2 \times 3 = 6$ Gleichungen zur Bestimmung von $A_x\, A_y\, B_x\, B_y\, C_x$ und C_y. Aus 3) und 6) erkennt man, daß für $h = 0$ C_x und $C_y \Rightarrow \infty$ und in der Folge auch $A_x\, A_y\, B_x\, B_y \Rightarrow \infty$. Die drei Gelenke dürfen also nicht auf einer Geraden liegen (kritischer Fall).

Optimales Vorgehen zur Bestimmung der Gelenkskräfte:

Nach dem Erstarrungsaxiom (6) kann man sich die Scheiben K_1 und K_2 zu einer starren Scheibe $(K_1 + K_2)$ zusammengefaßt denken und für diese die Gleichgewichtsbedingungen formulieren: Aus $\sum M_{A\langle K_1 + K_2 \rangle} =$
$= B_y L + F_{1y} x_1 + F_{2y} x_2 - F_{1x} y_1 - F_{2x} y_2 = 0$ kann sofort B_y berechnet werden. Die zweite Komponente B_x kann aus $\sum M_{C\langle K_2 \rangle} = 0$ direkt berechnet werden (da B_y dann schon bekannt ist).

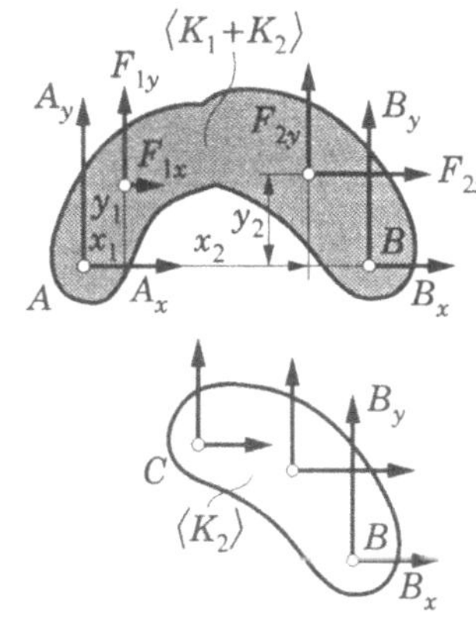

Entsprechend folgt aus $\sum M_{B\langle K_1 + K_2 \rangle} = 0 \Rightarrow A_y$ und damit aus $\sum M_{C\langle K_1 \rangle} = 0 \Rightarrow A_x$. Aus $\sum \mathbf{F}_{\langle K_1 \text{ oder } K_2 \rangle} = 0$ folgen C_x, C_y.

Symmetrischer Dreigelenkbogen

Besitzt der Dreigelenkbogen hinsichtlich Geometrie und Belastung eine Symmetrielinie, dann ist die Wirkungslinie der Gelenkskraft C horizontal (d. h. $\perp$ zur Symmetrielinie) gerichtet:

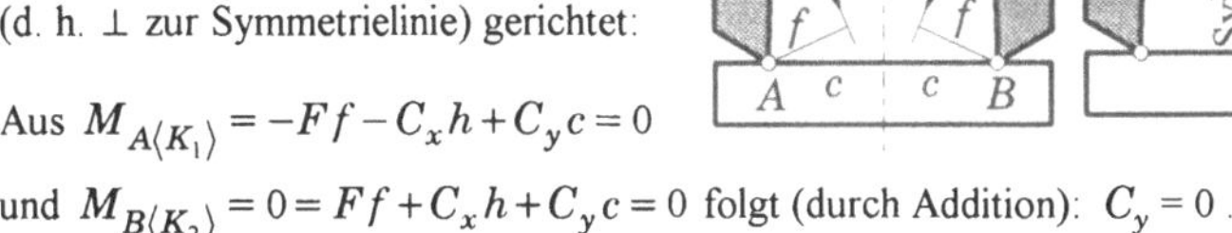

Aus $M_{A\langle K_1 \rangle} = -Ff - C_x h + C_y c = 0$
und $M_{B\langle K_2 \rangle} = 0 = Ff + C_x h + C_y c = 0$ folgt (durch Addition): $C_y = 0$.

Sonderfälle von Dreigelenkbögen, kritische Lagerungen

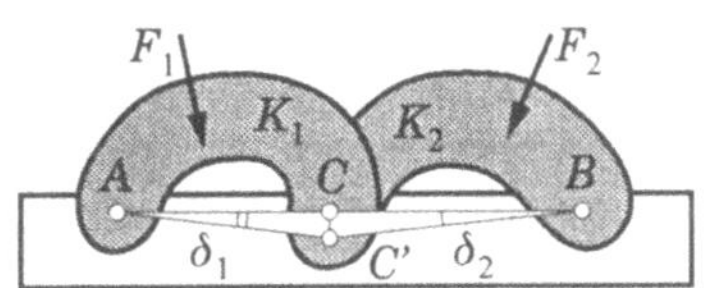

Wir haben schon festgestellt, daß, wenn die drei Gelenke auf einer Geraden liegen, alle Gelenkskräfte „unendlich groß" werden. Außerdem ist dann der Dreigelenkbogen wackelig, d. h. infinitesimale Drehungen δ_1 bzw. δ_2 der Scheiben K_1 bzw. K_2 sind trotz der Konstanz von AC und CB möglich.

Ersatzgelenke

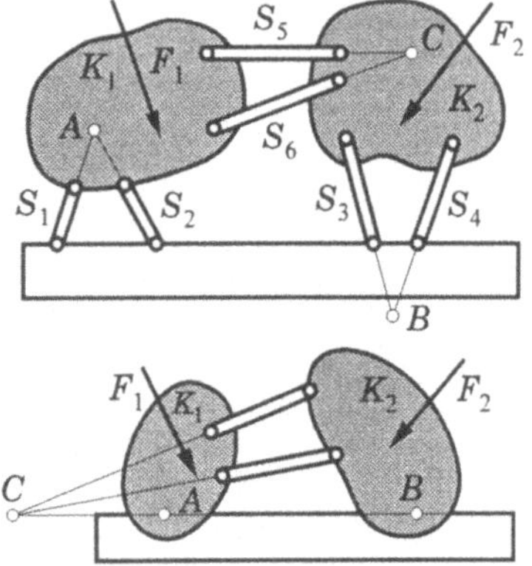

Nebenstehend skizziertes Gelenksystem kann durch Einführung von Pseudogelenken (A, B, C) auf einen Dreigelenkbogen zurückgeführt werden. Die unbelasteten Pendelstützen können nur Kräfte in der Verbindungsgeraden der Gelenke übertragen. Die Resultierende S_{12} von S_1 und S_2 geht bei beliebiger Belastung durch A, ebenso wie S_{34} durch B und S_{56} immer durch C:

Mit der bereits bekannten Superpositionsmethode können die Gelenkskräfte A, B und C bestimmt werden, die dann in die Kräfte S_1 und S_2 bzw. S_3, S_4 und S_5, S_6 zerlegt werden können. Liegen die Gelenke auf einer Geraden, dann tritt der kritische Fall ein:

$$\Rightarrow \qquad S_1, S_2, S_3, S_4, S_5, S_6 \Rightarrow \infty$$

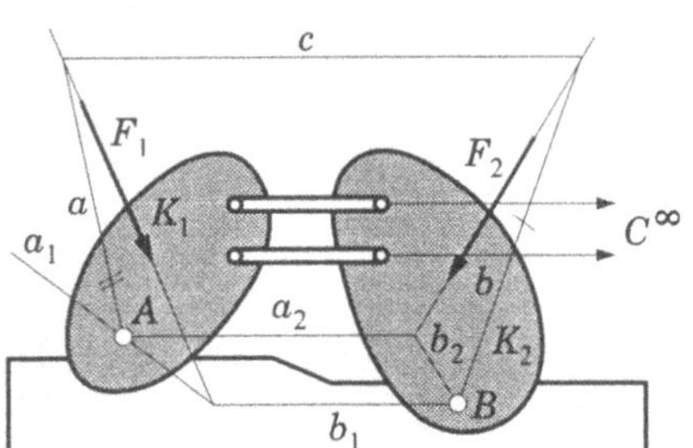

Sind zwei Stäbe parallel, dann liegt das entsprechende Pseudogelenk im Unendlichen $\left(C^{\infty}\right)$. Die Auflagerkräfte A, B und C können in regulärer Weise bestimmt werden.

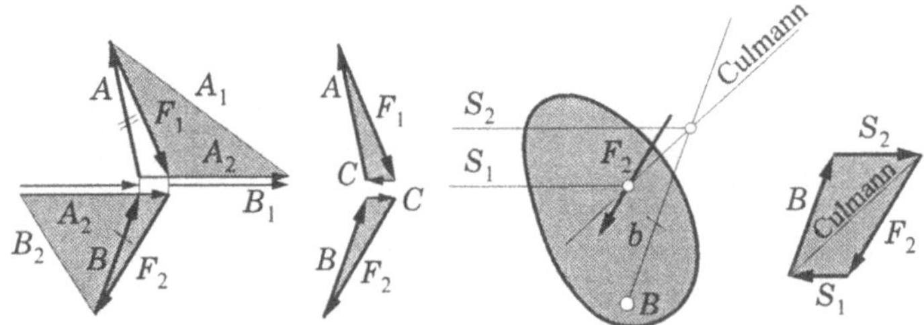

Auf die Scheibe K_1 wirken dann die vier Kräfte F_1, A, S_1 und S_2, auf die Scheibe K_2 wirken F_2, B, S_1 und S_2. Mit der Methode von Culmann können S_1 und S_2 bestimmt werden (Kontrolle für A bzw. B).

Kritischer Fall:

$$a_1 \equiv b_1 \equiv a_2 \equiv b_2 \parallel c \quad \Rightarrow \qquad S_1, S_2, A, B \Rightarrow \infty$$

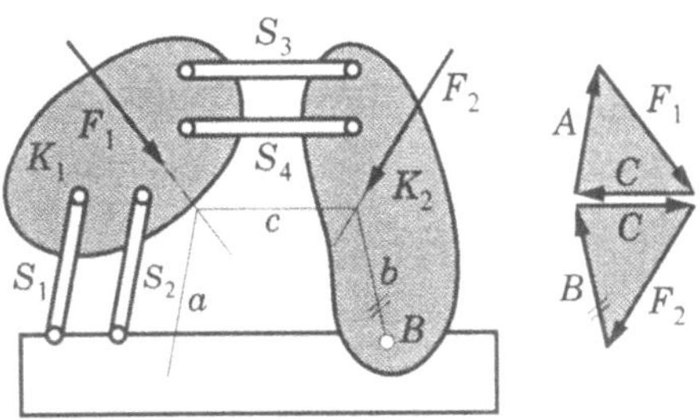

In nebenstehender Skizze liegen zwei Pseudogelenke im Unendlichen (C^∞, A^∞). Da A und C richtungsmäßig bekannt sind, können A, C und B im Kraftplan bestimmt werden und damit auch a, b, c im Lageplan. Auf K_2 wirken F_2, B, S_3 und S_4 ⇒ CULMANN Methode erlaubt S_3, S_4 (und B) aus F_2 zu bestimmen. Auf K_1 wirken S_1, S_2, F_1 und C ⇒ CULMANN ⇒ S_1, S_2.

Liegen alle drei Gelenke im Unendlichen, dann ist das System wackelig und alle Stützkräfte werden unendlich groß.

Statische Bestimmtheit eines Gelenksystems

Sind n Scheiben (einschließlich des Bodenkörpers) über g Gelenke miteinander verbunden, dann ist die Anzahl der Unbekannten $2g$ und es stehen $3(n-1)$ Gleichungen die Gleichgewichtsbedingungen für die $(n-1)$ Scheiben zur Verfügung. Die Unbekannten sind mit diesen Gleichungen zu bestimmen, wenn:

$$\boxed{2g = 3(n-1)}$$

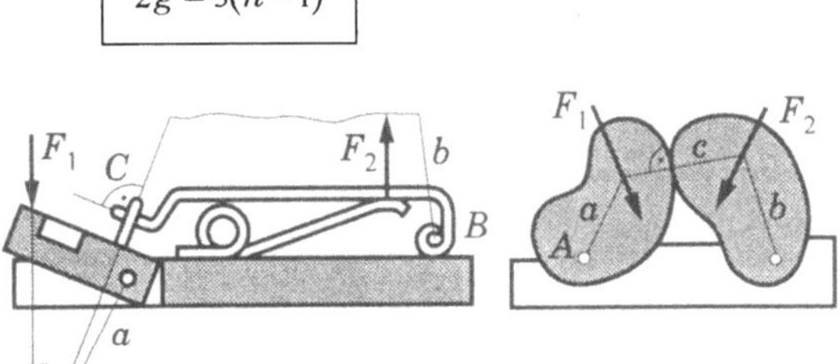

Ist die Richtung von C vorgegeben, dann können F_1 und F_2 nicht beliebig vorgegeben werden. Ist F_2 gegeben, so kann F_1 für den Gleichgewichtsfall bestimmt werden. Mausefalle: *gegeben F_2, gesucht F_1*.

3.3.4 Mittelpunkt eines ebenen Kraftsystems, Schwerpunkte, Massenzentrum

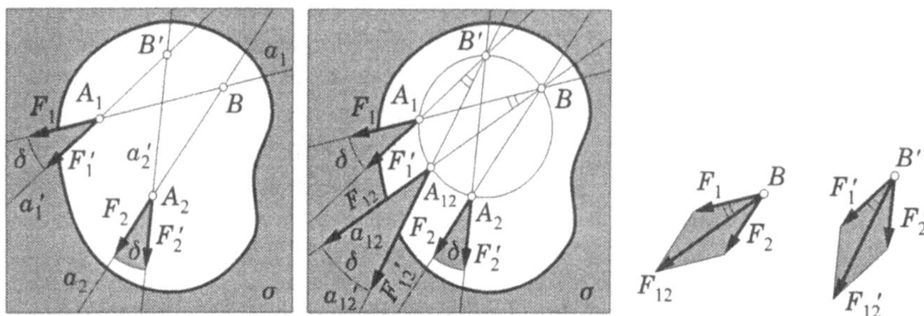

Gegeben seien zwei Kräfte F_1 und F_2 mit ihren Angriffspunkten A_1 und A_2. Ihre Wirkungslinien a_1 und a_2 liegen in einer Ebene σ. Die Resultierende $F_{12} = F_1 + F_2$ geht durch den Schnittpunkt B der Wirkungslinien a_1 und a_2. Werden die Kräfte F_1 und F_2 um ihre Angriffspunkte in der Ebene durch den gleichen Winkel δ verdreht, dann geht F_1 in F_1' und F_2 in F_2' über, deren Wirkungslinien a_1' und a_2' sich in B' treffen. Die Resultierende F_{12}' der gedrehten Kräfte verläuft durch B'. Es ist unschwer zu erkennen, daß die Punkte A_1, A_2, B, B' und der Schnittpunkt A_{12} der Wirkungslinien von F_{12} und von F_{12}' auf einen Kreis liegen. Ist nun eine dritte Kraft F_3 vorhanden, die um A_3 durch δ gedreht in F_3' übergeht, so können wir F_{12} und F_3 bzw. F_{12}' und F_3' so behandeln, wie zuerst F_1 und F_2: die Wirkungslinie von $F_{123} = F_1 + F_2 + F_3$ und von $F_{123}' = F_1' + F_2' + F_3'$ schneiden sich in einem von δ unabhängigen Punkt A_{123} und F_{123}' schließt natürlich mit F_{123} den Winkel δ ein. Folgende Verallgemeinerung liegt dann auf der Hand:

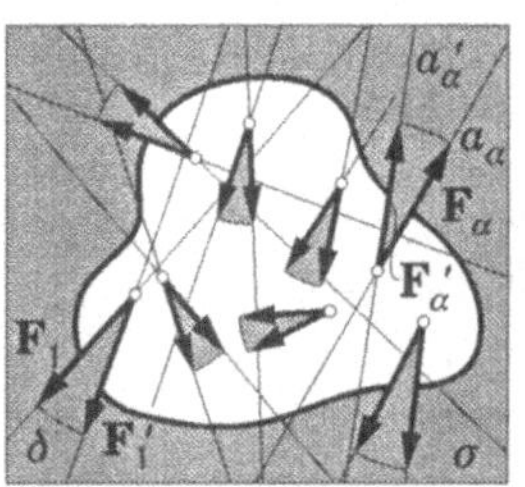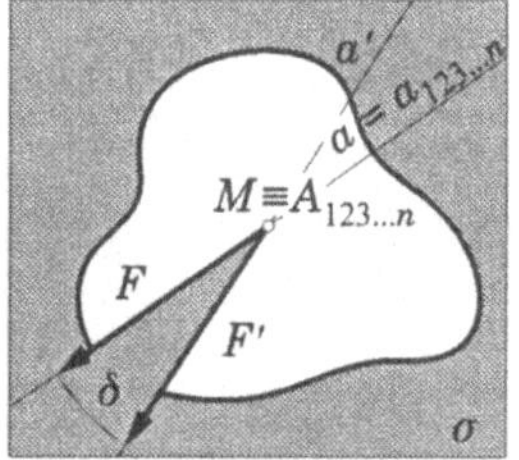

Werden die n Kräfte F_α, deren Wirkungslinien a_α in einer Ebene σ liegen, um ihre Angriffspunkte A_α in der Ebene σ durch den gleichen Winkel δ verdreht, dann dreht sich die Resultierende $F = \sum_1^N F_\alpha$ um einen von δ unabhängigen Punkt $M \equiv A_{123\dots n}$, den Mittelpunkt des ebenen Kraftsystems, durch den Winkel δ.

3.3.4.1 Zeichnerische Ermittlung des Mittelpunktes

Man kann mit Hilfe der Seileckmethode einmal die Lage der Resultierenden $\sum F_\alpha = F$ im Lageplan bestimmen und dann die Lage der Resultierenden der (durch einen beliebigen Winkel δ) gedrehten Kräfte $\sum F_\alpha' = F'$. Der Schnittpunkt der Wirkungslinien der beiden Resultierenden im Lageplan ist der Mittelpunkt M.

3.3.4.2 Rechnerische Ermittlung des Mittelpunktes

Größe, Richtung und Lage der Resultierenden $\mathbf{F}$ sind festgelegt durch F, φ, f:

$$\mathbf{F} = \sum \mathbf{F}_\alpha = \begin{cases} \sum F_{\alpha x} = F_x \\ \sum F_{\alpha y} = F_y \end{cases} \Rightarrow F = \sqrt{F_x^2 + F_y^2}, \quad \varphi = \arctan\left(\frac{F_y}{F_x}\right)$$

$$F \cdot f = M_0 = \sum\left(F_{\alpha y} x_\alpha - F_{\alpha x} y_\alpha\right) \Rightarrow f = \frac{M_0}{F}$$

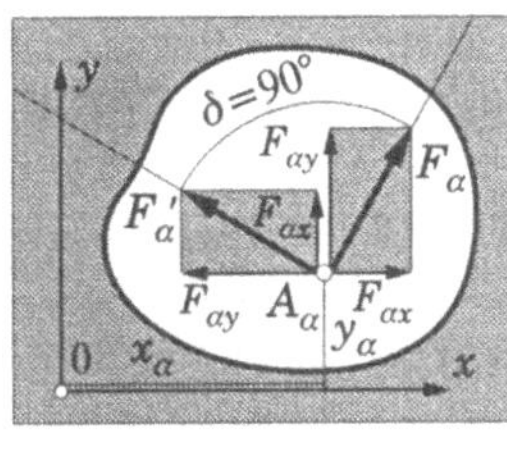

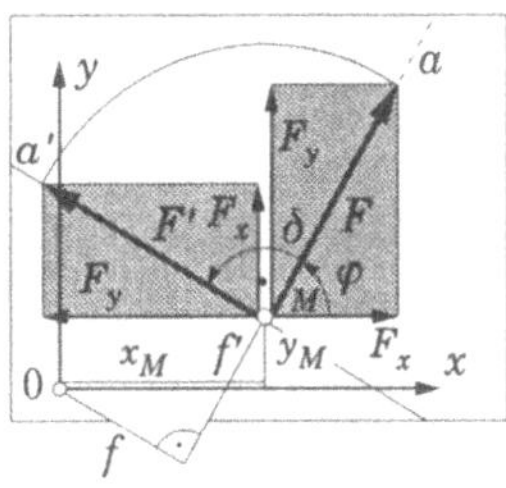

Da die Lage des Mittelpunktes M von dem Verdrehwinkel δ unabhängig ist, wählen wir $\delta = 90°$. Die Größe der Resultierenden $\mathbf{F}'$ ist $F' = F$ und der Winkel φ' ist $\varphi' = \varphi + 90°$ und der Abstand f' errechnet sich aus

$$M_0' = \sum\left(F_{\alpha y} y_\alpha + F_{\alpha x} x_\alpha\right) = F' \cdot f' = F \cdot f' \qquad \text{zu} \qquad f' = M_0'/F \,.$$

Mit φ, f und f' können die Koordinaten des Mittelpunktes berechnet werden:

$$x_M = f \sin\varphi + f' \cos\varphi = \left(\frac{M_0}{F}\right)\left(\frac{F_y}{F}\right) + \left(\frac{M_0'}{F}\right)\left(\frac{F_x}{F}\right) = \frac{\left(M_0 F_y + M_0' F_x\right)}{F^2} \quad \text{und}$$

$$y_M = -f \cos\varphi + f' \sin\varphi = -\left(\frac{M_0}{F}\right)\left(\frac{F_x}{F}\right) + \left(\frac{M_0'}{F}\right)\left(\frac{F_y}{F}\right) = \frac{\left(-M_0 F_x + M_0' F_y\right)}{F^2}$$

***Sonderfall:* Parallelkraftsystem**

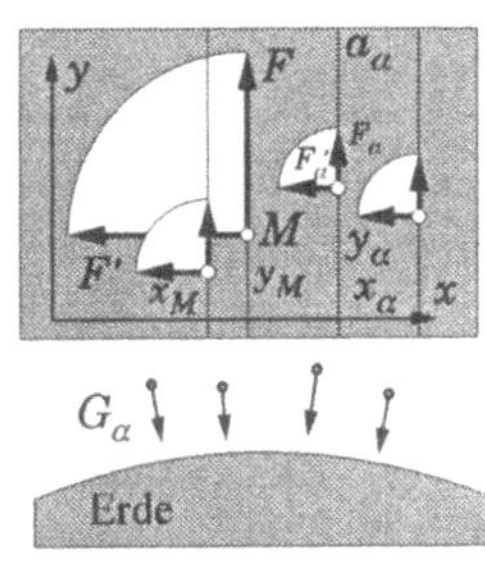

Sind die Wirkungslinien a_α der Kräfte $\mathbf{F}_\alpha$ zueinander parallel, dann vereinfachen sich die Formeln für F und M_0 bzw. $\mathbf{x}_M$ zu:

$$F = \sum F_\alpha = F_1 + F_2 \dots F_N = F'$$

$$M_0 = \sum x_\alpha F_\alpha = F x_M \Rightarrow x_M = \frac{\sum x_\alpha F_\alpha}{\sum F_\alpha}$$

$$M_0' = \sum y_\alpha F_\alpha = F y_M \Rightarrow y_M = \frac{\sum y_\alpha F_\alpha}{\sum F_\alpha}$$

Zusammengefaßt zu einer Vektorformel: $\quad \mathbf{x}_M = \dfrac{\mathbf{x}_1 F_1 + \mathbf{x}_2 F_2 + \dots \mathbf{x}_N F_N}{F_1 + F_2 + F_3 + \dots F_N} = \dfrac{\sum \mathbf{x}_\alpha F_\alpha}{\sum F_\alpha}$

Gewichtskräfte $F_\alpha = G_\alpha = m_\alpha g_\alpha$ stellen angenähert ein Parallelkraftsystem dar. In diesem Fall nennen wir den Mittelpunkt *Schwerpunkt*.

$$\mathbf{x}_S = \frac{\mathbf{x}_1 G_1 + \mathbf{x}_2 G_2 \ldots \mathbf{x}_N G_N}{G_1 + G_2 + \ldots G_N} = \frac{\sum \mathbf{x}_\alpha G_\alpha}{\sum G_\alpha}$$

3.3.4.3 Das Massenzentrum

$$\mathbf{x}_C = \frac{\mathbf{x}_1 m_1 + \mathbf{x}_2 m_2 + \ldots \mathbf{x}_N m_N}{m_1 + m_2 + \ldots m_N} = \frac{\sum \mathbf{x}_\alpha m_\alpha}{\sum m_\alpha}$$

Hier soll auch gleich das sogenannte *Massenzentrum* (oder der *Massenmittelpunkt*) definiert werden. Sind N „Punkte" mit der Masse m_α und ihren Ortskoordinaten $\mathbf{x}_\alpha$ gegeben, dann soll durch $\mathbf{x}_C = \sum m_\alpha \mathbf{x}_\alpha / \sum m_\alpha$ das Massenzentrum C eingeführt werden. Dieser Punkt besitzt in der Dynamik große Bedeutung. Er fällt, wenn die Gewichtskräfte als parallelgerichtet und die Fallbeschleunigung als konstant angesehen werden können, mit dem Schwerpunkt zusammen: $\mathbf{x}_C \approx \mathbf{x}_S$. Im Folgenden identifizieren wir S und C.

Massenzentrum (Schwerpunkt) von ebenen massebehafteten Linien

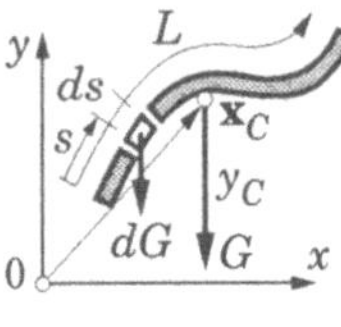

Ist von einer Linie das Gewicht pro Längeneinheit $q = dG/ds$ als Funktion von s gegeben, dann berechnet sich $\mathbf{x}_C$ aus:

$$\mathbf{x}_C = \frac{\int_L \mathbf{x}\, q\, ds}{\int_L q\, ds} \quad \Rightarrow \quad \begin{cases} x_C = \dfrac{\int x\, q\, ds}{\int q\, ds} \\[2ex] y_C = \dfrac{\int y\, q\, ds}{\int q\, ds} \end{cases}$$

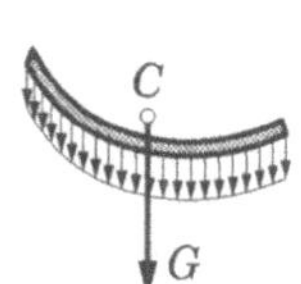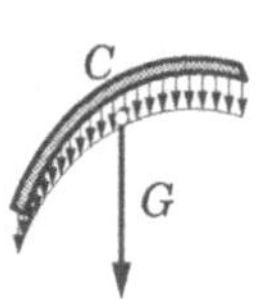

Ist $q = $ konst. $\quad \Rightarrow \quad \mathbf{x}_C = \dfrac{\int_L \mathbf{x}\, ds}{\int_L ds}$

Nach dem Satz vom Mittelpunkt eines ebenen Kraftsystems ändert sich die Lage des Mittelpunktes nicht, wenn die Kräfte gleichsinnig gedreht werden. D. h. das Massenzentrum ist im starren Körperverband ein fester Punkt.

Symmetrielinie ist Schwerlinie

Wenn $dG(x) = dG(-x)$, dann liegt ihre Resultierende $2dG$
und damit die Gesamtresultierende G auf der Symmetrielinie (y)
$\Rightarrow x_C = 0$.

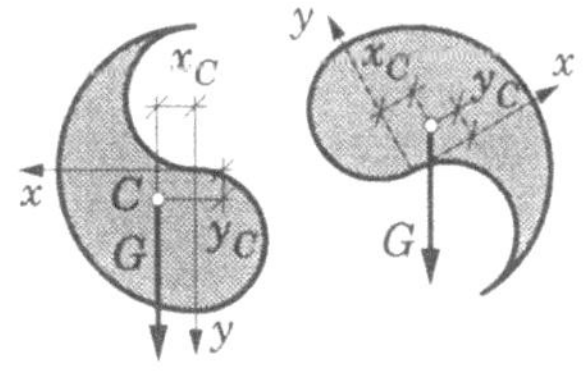

Linienzug mit zentrischer Symmetrie

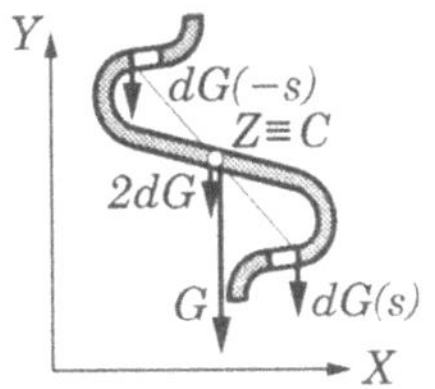

Wenn $dG(s) = dG(-s)$, dann liegt die Resultierende $2dG$ in Z
und damit auch die Gesamtresultierende G: $C \equiv Z$.

Massenzentrum (Schwerpunkt) ebener massebehafteter Flächen

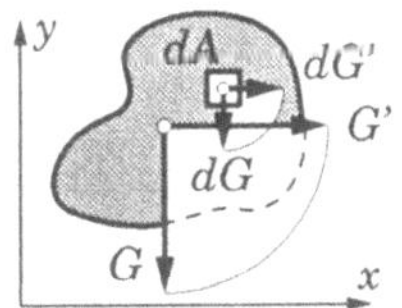

Ist die Belastung pro Flächeneinheit $q = \dfrac{dG}{dA}$ als Funktion von x
und y gegeben, dann folgt für die Massenzentrumskoordinaten

$$\mathbf{x}_C = \frac{\iint \mathbf{x}\, q\, dA}{\iint q\, dA} \quad \Rightarrow \quad \begin{cases} x_C = \dfrac{\iint x\, q\, dA}{\iint q\, dA} \\[2ex] y_C = \dfrac{\iint y\, q\, dA}{\iint q\, dA} \end{cases}$$

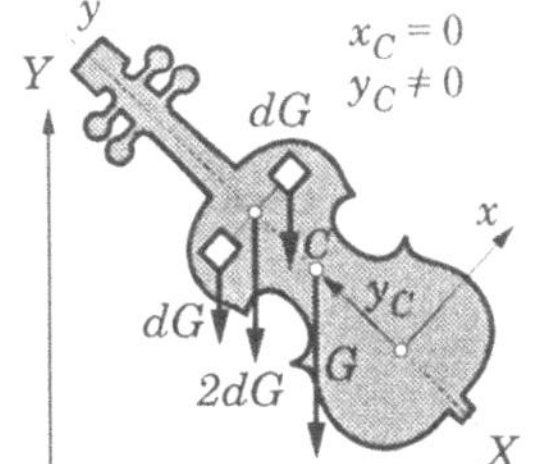

Symmetrielinie ist Schwerlinie

Ist $dG(x,y) = dG(-x,y)$, dann liegt die Resultierende jedes
dG-Paares auf der y-Achse, d. h. die Gesamtresultierende (G)
liegt ebenfalls auf der Symmetrieachse x.

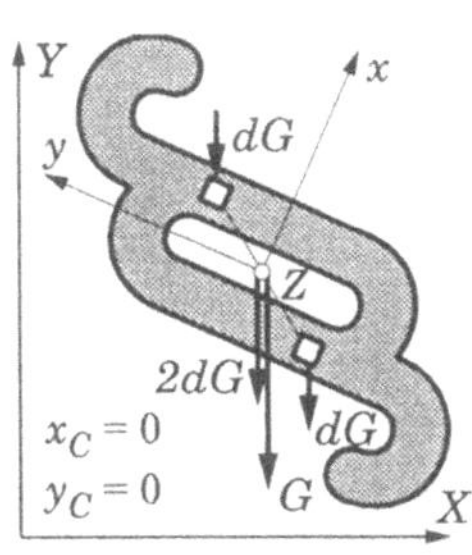

Zentrische Symmetrie

Ist $dG(x,y) = dG(-x,-y)$, dann geht die Resultierende jedes
dG-Paares durch das Zentrum Z. Daraus folgt, daß das Sym-
metriezentrum identisch ist mit dem Massenzentrum: $Z \equiv C$.

3.3.4.4 Linienschwerpunkte, Lageberechnung, Anwendungen

Gleichmäßig belastete gerade Linie

Aus $y_C = \int 0\,q\,ds \big/ \int q\,ds = 0$ und der Symmetrie $dG(x) = dG(-x)$ folgt, daß der Schwerpunkt in der Mitte der Strecke $\overline{\text{III}}$ liegt, d. h.:

$$\boxed{\mathbf{x}_C = \frac{\mathbf{x}_\text{I} + \mathbf{x}_\text{II}}{2}}$$

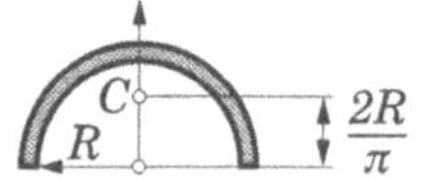

Gleichmäßig belasteter Kreisbogen

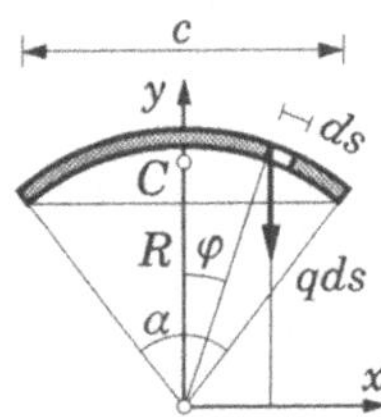

Die y-Achse ist Symmetrielinie, d. h. $x_C = 0$, und y_C berechnet sich aus $y_C = \int y\,dG \big/ \int dG$ zu:

$$y_C = \frac{\int y\,q\,ds}{\int q\,ds} = \frac{\int y\,ds}{\int ds} = \frac{2\int_0^{\alpha/2} R\cos\varphi\,R\,d\varphi}{R\alpha} =$$

$$\boxed{R\,\frac{\sin(\alpha/2)}{(\alpha/2)} = \frac{c}{\alpha} = y_C}$$

für $\alpha = 180°$ wird $y_C = \dfrac{2R}{\pi}$

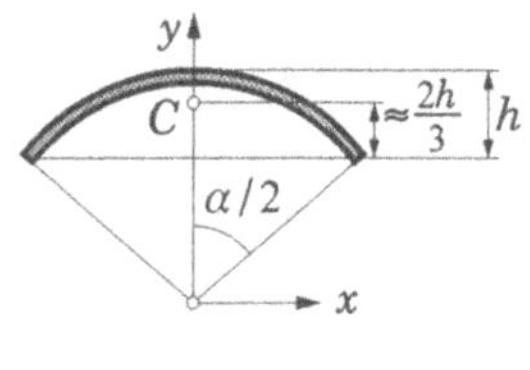

Näherungsformel

$\alpha°$	$(\tilde{y}_C - y_C)/y_C$
30	0,0000263
60	0,0000432
90	0,00228
180	0,0472

$$\tilde{y}_C = \frac{2}{3}h + R\cos\frac{\alpha}{2}$$

$$= R\left[\frac{2}{3}\left(1 - \cos\frac{\alpha}{2}\right) + \cos\frac{\alpha}{2}\right]$$

$$y_C \approx \tilde{y}_C = R\left(\frac{2}{3} + \frac{1}{3}\cos\frac{\alpha}{2}\right)$$

Der Näherungswert ist etwas zu groß:

$$\Delta y = \tilde{y}_C - y_C = R\left[\frac{2}{3} + \frac{1}{3}\cos\frac{\alpha}{2} - \frac{\sin(\alpha/2)}{(\alpha/2)}\right] =$$

$$= R\left\{\frac{2}{3} + \frac{1}{3}\left[1 - \frac{1}{2!}\left(\frac{\alpha}{2}\right)^2 + \frac{1}{4!}\left(\frac{\alpha}{2}\right)^4 - \dots\right] - \left[\frac{\alpha}{2} - \frac{1}{3!}\left(\frac{\alpha}{2}\right)^3 + \frac{1}{5!}\left(\frac{\alpha}{2}\right)^5 - \dots\right]\Big/\frac{\alpha}{2}\right\} =$$

$$= R\left(\frac{1}{3} - \frac{1}{5}\right)\frac{1}{4!}\left(\frac{\alpha}{2}\right)^4 = \frac{R}{180}\left(\frac{\alpha}{2}\right)^4 - \dots$$

Der relative Fehler ist bei $\alpha = \pi/2$ immer noch nicht größer als 2 Promille.

Anwendung Symmetrischer Dreigelenkbogen

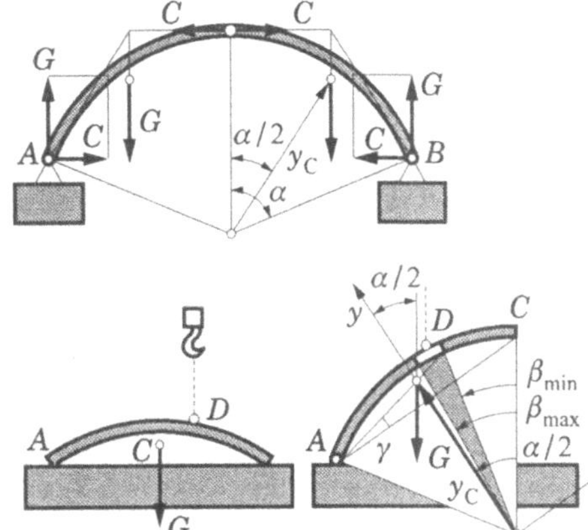

Die Gelenkkraft C ergibt sich mit $G = \alpha R q$ aus

$$CR(1-\cos\alpha) =$$

$$= GR\left[\sin\alpha - \frac{\sin\alpha/2}{\alpha/2}\sin\frac{\alpha}{2}\right] \Rightarrow$$

$$C = G\left(\cot\frac{\alpha}{2} - \frac{1}{\alpha}\right) = qR\left[\alpha\cot\frac{\alpha}{2} - 1\right]$$

Problem bei der Montage:

Soll bei der Montage der Bogenträger in A nicht abheben und nicht aus seiner Ebene herauskippen, dann muß folgende Bedingung für D bzw. β gelten:

$$\beta_{\min} \leq \beta \leq \beta_{\max}$$

wobei $\beta_{\min}$ aus $\tan\left(\dfrac{\beta_{\min}}{2}\right) = \tan\gamma = \left(y_C - R\cos\dfrac{\alpha}{2}\right) \Big/ R\sin\dfrac{\alpha}{2}$

und $\beta_{\max}$ aus $R\sin\beta_{\max} = y_C\sin\dfrac{\alpha}{2}$ zu berechnen sind.

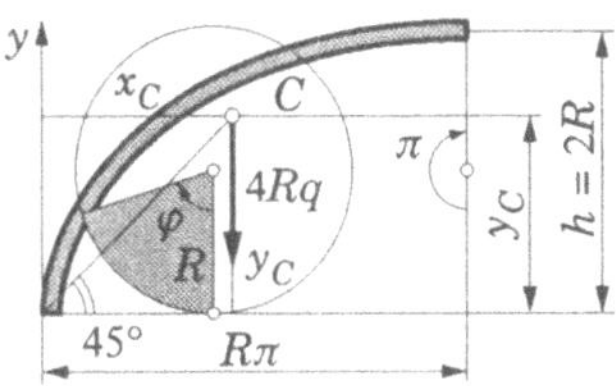

<u>*Gleichmäßig belasteter Zykloidenbogen*</u>

Die gemeine (gespitzte) Zykloide ist die von einem Punkte des Umfangs, eines auf einer Geraden abrollenden Rades beschriebene Kurve. Ihre Gleichung (in Parameterform) lautet:

$$L = 4R$$

$$x_C = \frac{4R}{3} = \frac{2}{3}h$$

$$y_C = \frac{4R}{3} = \frac{2}{3}h$$

$$x(\varphi) = R(\varphi - \sin\varphi) \quad \Rightarrow \quad dx = R(1-\cos\varphi)d\varphi$$
$$y(\varphi) = R(1-\cos\varphi) \quad \Rightarrow \quad dy = R\sin\varphi\, d\varphi$$

Das Bogenelement $ds = \sqrt{dx^2 + dy^2}$ berechnet sich zu

$$ds = R\,d\varphi\sqrt{(1-\cos\varphi)^2 + \sin^2\varphi} = R\,d\varphi\sqrt{2(1-\cos\varphi)} = 2R\,d\varphi\sin(\varphi/2),$$

woraus sich für die Bogenlänge $L = \displaystyle\int ds = 4R\int_{\varphi=0}^{\pi}\sin\left(\frac{\varphi}{2}\right)d\left(\frac{\varphi}{2}\right) = \left.-4R\cos\left(\frac{\varphi}{2}\right)\right|_0^\pi = 4R$

ergibt.

32

Bei gleichmäßiger Massebelegung findet man dann für das Massenzentrum:

$$x_C = \frac{1}{L}\int_L x\,ds = \frac{1}{4R}\int_0^\pi R(\varphi - \sin\varphi)4R\sin\left(\frac{\varphi}{2}\right)d\left(\frac{\varphi}{2}\right) =$$

$$= R\left[\int_0^\pi 2\left(\frac{\varphi}{2}\right)\sin\left(\frac{\varphi}{2}\right)d\left(\frac{\varphi}{2}\right) - 2\int_0^\pi \sin^2\frac{\varphi}{2}\,d\left(\sin\frac{\varphi}{2}\right)\right] =$$

$$= 2R\left[-\frac{\varphi}{2}\cos\frac{\varphi}{2} + \sin\frac{\varphi}{2} - \frac{1}{3}\sin^3\frac{\varphi}{2}\right]_{\varphi=0}^{\varphi=\pi} = 2R\frac{2}{3} = \frac{4R}{3} = h\frac{2}{3}$$

$$y_C = \frac{1}{L}\int_L y\,ds = \frac{1}{4R}\int_0^\pi R(1-\cos\varphi)4R\sin\left(\frac{\varphi}{2}\right)d\left(\frac{\varphi}{2}\right) =$$

$$= R\int_0^\pi 2\sin^2\left(\frac{\varphi}{2}\right)\sin\left(\frac{\varphi}{2}\right)d\left(\frac{\varphi}{2}\right) = -2R\int_0^\pi\left(1-\cos^2\frac{\varphi}{2}\right)d\left(\cos\frac{\varphi}{2}\right)$$

$$= -2R\left[\cos\frac{\varphi}{2} - \frac{1}{3}\cos^3\frac{\varphi}{2}\right]_{\varphi=0}^{\varphi=\pi} = \frac{4R}{3} = h\frac{2}{3} = x_C$$

Mathematische Fingerübungen (aufbehalten für später)

<u>Parabelbogen</u> $y = hx^2/b^2$

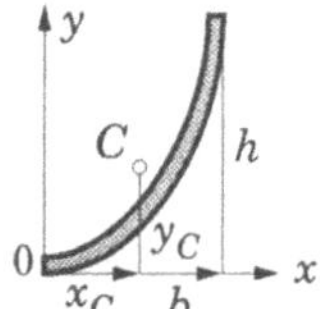

Hilfsformeln: $\cosh^2 v = 1 + \sinh^2 v$,

$\cosh 2v = \cosh^2 v + \sinh^2 v = 1 + 2\sinh^2 v = 2\cosh^2 v - 1$,

$\sinh 2v = 2\sinh v\cosh v$

Bogenlänge: $L = \int ds = \int\sqrt{1+(dy/dx)^2}\,dx = \int\sqrt{1+\left(2hx/b^2\right)^2}\,dx$

mit $2hx/b^2 = \sinh v$ $\Rightarrow$

$$L = \frac{b^2}{2h}\cdot\int\cosh^2 v\,dv = \frac{b^2}{4h}\int(\cosh 2v + 1)dv = \frac{b^2}{4h}\left(\frac{\sinh 2v}{2} + v\right)\Bigg|_0^{x=b}$$

$$= \frac{b^2}{4h}\left\{\frac{2h}{b}\sqrt{1+\left(\frac{2h}{b}\right)^2} + \operatorname{arcsinh}\frac{2h}{b}\right\} = L\,.$$

Schwerpunkt: $x_C = \dfrac{1}{L}\int x\,ds = \dfrac{1}{L}\int x\sqrt{1+\left(2hx/b^2\right)^2}\,dx = \dfrac{b^4}{8Lh^2}\cdot\dfrac{2}{3}\cdot\left[1+\left(\dfrac{2hx}{b^2}\right)^2\right]^{3/2}\Bigg|_0^b$

$$x_C = \frac{b^4}{12Lh^2}\left\{\left[1+\left(\frac{2h}{b}\right)^2\right]^{3/2} - 1\right\}$$

$$y_C = \frac{1}{L}\int y\,ds = \frac{1}{L}\frac{h}{b^2}\int x^2\sqrt{1+\left(2hx/b^2\right)^2}\,dx = \frac{1}{L}\frac{h}{b^2}\left(\frac{b^2}{2h}\right)^3\int \sinh^2 v\,\cosh^2 v\,dv =$$

$$= \frac{b^4}{Lh^2}\frac{1}{64}\int \sinh^2(2v)\,d(2v) = \frac{b^4}{Lh^2}\frac{1}{64}\int \frac{1}{2}(\cosh 4v - 1)\,d\frac{4v}{2} =$$

$$= \frac{b^4}{Lh^2}\frac{1}{64}\left[\frac{\sinh 4v}{4} - v\right]_0^{x=b} = \frac{b^4}{Lh^2}\frac{1}{64}\left\{\frac{2h}{b}\sqrt{1+\left(\frac{2h}{b}\right)^2}\left[1+2\left(\frac{2h}{b}\right)^2\right] - \operatorname{arcsinh}\left(\frac{2h}{b}\right)\right\}$$

<u>*Die Cosinushyperbolicus-Linie*</u> $y = a\cosh(x/a)$

Bogenlänge: $L = \int ds = \int \sqrt{1+(dy/dx)^2}\,dx =$

$$= \int \sqrt{1+\sinh^2(x/a)}\,dx = a\int \cosh\left(\frac{x}{a}\right)d\left(\frac{x}{a}\right) =$$

$$= a\sinh\left(\frac{h}{a}\right) = L\ .$$

Schwerpunkt: $x_C = \frac{1}{L}\int x\,ds = \frac{1}{L}\int x\sqrt{1+\sinh^2(x/a)}\,dx$

$$x_C = \frac{a^2}{L}\int \frac{x}{a}\cosh\frac{x}{a}\,d\frac{x}{a} = \frac{a^2}{L}\left[\frac{b}{a}\sinh\frac{b}{a} - \left(\cosh\frac{b}{a}-1\right)\right] = b - h\frac{a}{L} = b - h\tan\varphi$$

(siehe Skizze!)

$$y_C = \frac{1}{L}\int y\,ds = \frac{a^2}{L}\int \cosh\frac{x}{a}\sqrt{1+\sinh^2\frac{x}{a}}\,d\frac{x}{a} = \frac{a^2}{L}\int \cosh^2\frac{x}{a}\,d\frac{x}{a} =$$

$$= \frac{a^2}{2L}\int\left(\cosh 2\frac{x}{a}+1\right)d\left(\frac{x}{a}\right) = \frac{a^2}{2L}\left[\sinh 2\frac{x}{a}+\frac{x}{a}\right]_0^{x=b} = \frac{a^2}{2L}\left[\sinh\frac{b}{a}\cosh\frac{b}{a}+\frac{b}{a}\right] =$$

$$= \frac{1}{2}[y + b\tan\varphi] = \frac{\overline{0H}}{2}\ .$$

<u>*Linienschwerpunkt aus Teilschwerpunkten*</u>

Ein Linienzug von der Länge L sei in n Teillinienstücke (der Länge L_α) geteilt. Für ein Teillinienstück gelten:

$$G_\alpha = \int_{L_\alpha} q\,ds\ ,\quad \mathbf{x}_\alpha = \frac{\int_{L_\alpha}\mathbf{x}\,q\,ds}{G_\alpha}\ .$$

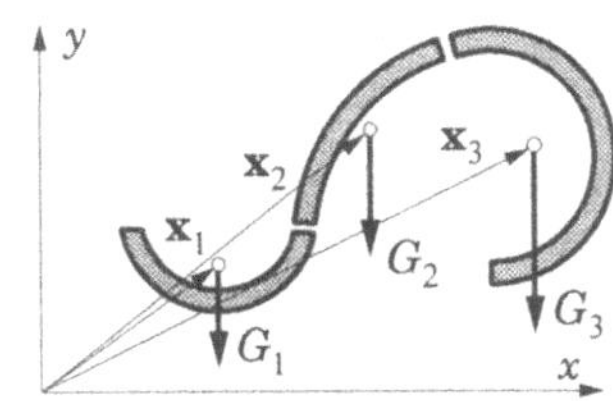

Der Gesamtschwerpunkt ergibt sich aus

$$\mathbf{x}_C = \frac{\int_L \mathbf{x}\,q\,ds}{\int_L q\,ds} = \frac{\sum\limits_\alpha \int_{L_\alpha} \mathbf{x}\,q\,ds}{\sum\limits_\alpha \int_{L_\alpha} q\,ds} = \boxed{\frac{\mathbf{x}_1 G_1 + \mathbf{x}_2 G_2 + \cdots + \mathbf{x}_n G_n}{G_1 + G_2 + \cdots + G_n} = \mathbf{x}_C}$$

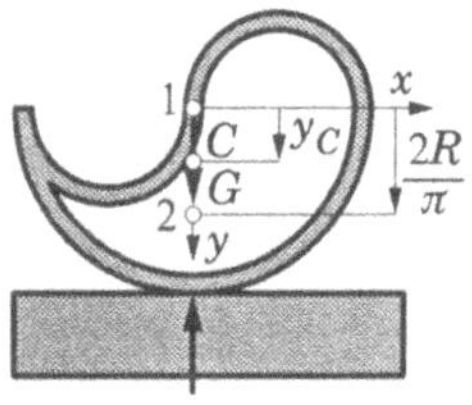

Für die YIN-YANG-Drahtlinie gilt:

$$G_1 = 2\left(\frac{R}{2}\pi\right)q \;;\quad G_2 = R\pi = G_3$$

$$x_C = 0\;,\quad y_C = \frac{G_2 y_2}{2G_1} = \frac{R}{\pi}$$

Einführung negativer Gewichte

Zuweilen ist es ein Rechenvorteil, „negative Gewichte" einzuführen. Im Beispiel: Wegen der Symmetrie ist

$$x_C = 0 \text{ und}$$

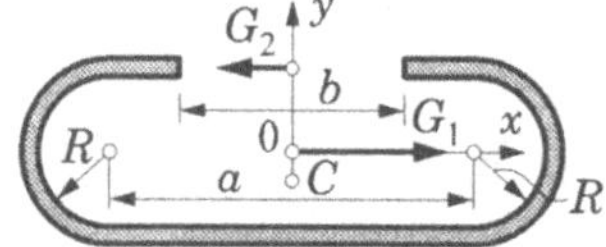

$$y_C = \big[0\cdot G_1 + y_2 \cdot(-G_2)\big]\big/\big[G_1 + (-G_2)\big] = -bR/(2R\pi + 2a - b)$$

Die erste GULDINsche Regel

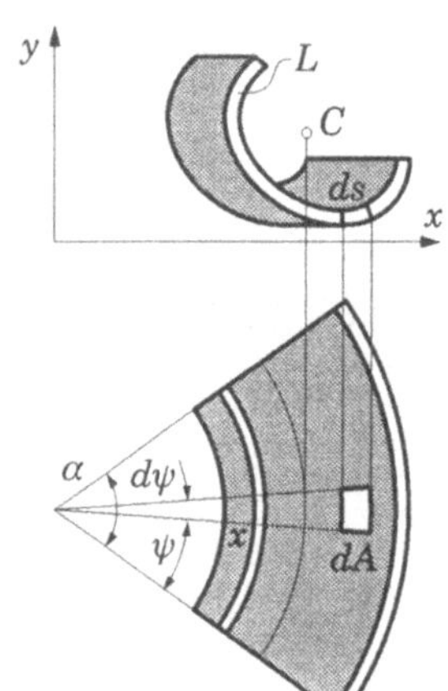

Sei in der Ebene xy eine krumme Linie von der Länge L gegeben: Bei Drehung dieser Linie um die y-Achse (durch den Winkel α) erzeugt sie eine Fläche A, die berechnet werden soll. Aus $dA = ds\,x\,d\psi$ folgt

$$A = \iint\limits_{\alpha\,L} x\,ds\,d\psi = \boxed{(\alpha x_C)L = A}$$

D. h., die Drehfläche ist gleich dem Weg des Linienschwerpunktes (αx_C) multipliziert mit der erzeugenden Länge L.

Kugeloberfläche:

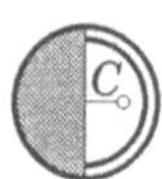

$$A = 2\pi\,\frac{2R}{\pi}\,R\pi \qquad \boxed{A = 4R^2\pi}$$

Torusoberfläche:

$$A = 2R\pi\,2r\pi \qquad \boxed{A = 4Rr\pi^2}$$

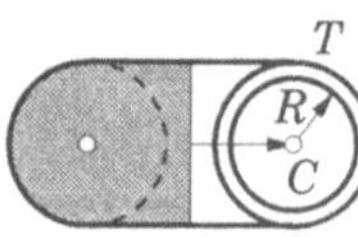

Zykloidenkorbfläche:

$$A = 2\left(R\pi - \frac{4R}{3}\right)\pi \cdot 4R \qquad \boxed{A = 8\left(\pi - \frac{4}{3}\right)R^2}$$

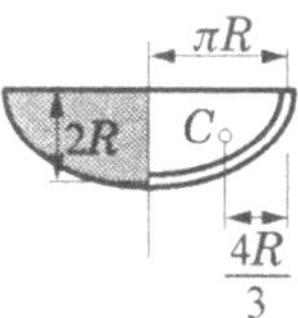

3.3.4.5 Flächenschwerpunkteberechnungen, Konstruktion, Anwendungen

Berechnung des Gesamtschwerpunktes aus Teilschwerpunkten

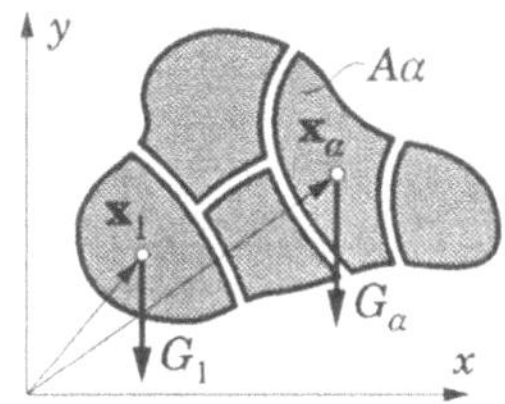

Wir denken uns eine Fläche A in Teilflächen A_α zerlegt und den Schwerpunkt $\mathbf{x}_\alpha = \int_{A_\alpha} \mathbf{x}\, q\, dA \big/ \int_{A_\alpha} q\, dA$ jeder Teilfläche berechnet. Der Gesamtschwerpunkt der belasteten Fläche ergibt sich aus:

$$\mathbf{x}_C = \frac{\int_A \mathbf{x}\, q\, dA}{\int_A q\, dA} = \frac{\int_{A_1} \mathbf{x}\, q\, dA + \int_{A_2} \mathbf{x}\, q\, dA + \dots + \int_{A_n} \mathbf{x}\, q\, dA}{\int_{A_1} q\, dA + \int_{A_2} q\, dA + \dots + \int_{A_n} q\, dA} =$$

$$= \frac{\mathbf{x}_1 G_1 + \mathbf{x}_2 G_2 + \dots + \mathbf{x}_n G_n}{G_1 + G_2 + \dots + G_n}$$

d. h. der Gesamtschwerpunkt kann so berechnet werden, als ob die Gewichte G_α in den Teilschwerpunkten $\mathbf{x}_\alpha$ angreifen würden.

Dreiecksfläche

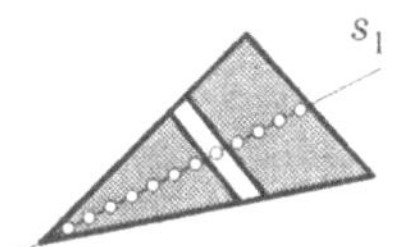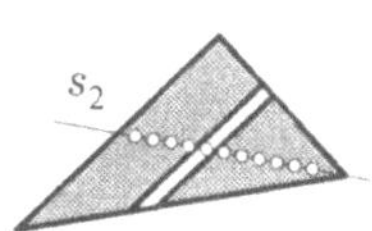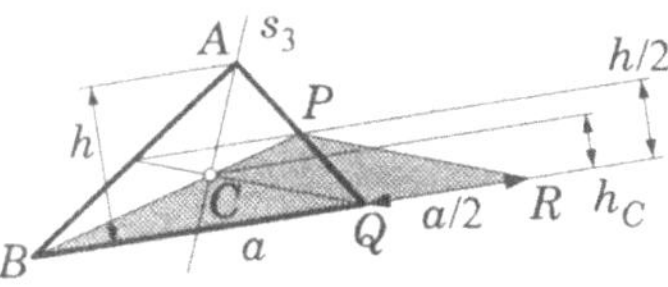

Die Dreieckfläche kann in dreifacher Weise in infinitesimale Streifen zerlegt gedacht werden. Die Streifenschwerpunkte liegen, bei gleichmäßiger Flächenbelastung $q = \text{konst}$ auf den Streckensymmetralen des Dreiecks $(s_1\, s_2\, s_3)$.

Ähnlichkeit der Dreiecke $\triangle PBQ \approx \triangle CBQ$: $\quad \dfrac{h}{2}\bigg/\dfrac{3}{2}a = \dfrac{h_C}{a} \Rightarrow \quad \boxed{h_C = \dfrac{h}{3}}$

Der Gesamtschwerpunkt liegt von jeder Basis aus gemessen in der Drittelhöhe $(h_C = h/3)$. Daraus ist folgende Formel abzuleiten:

$\mathbf{x}_C = \mathbf{x}_M + \dfrac{1}{3}(\mathbf{x}_{II} - \mathbf{x}_M)$. Mit $\mathbf{x}_M = (\mathbf{x}_I + \mathbf{x}_{II})/2$ erhält man:

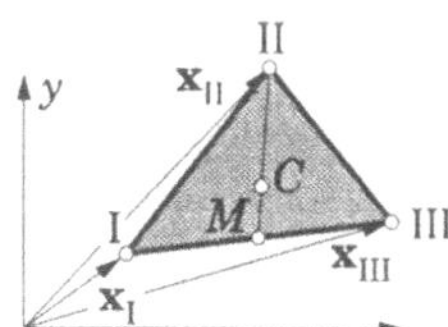

$$\boxed{\mathbf{x}_C = \frac{\mathbf{x}_I + \mathbf{x}_{II} + \mathbf{x}_{III}}{3}}$$

36

Viereckfläche

Von WEISBACH wurde folgende Schwerpunktskonstruktion angegeben, die aus dem Vorange-
gangenem verstanden werden kann: Bei q = konst. ist der Schwerpunkt der Viereckfläche
$(A_1\,A_2\,A_3\,A_4)$ identisch mit dem der Dreieckflächen $(A_2\,A_4\,B_3)$ und $(B_1\,B_2\,B_3)$.

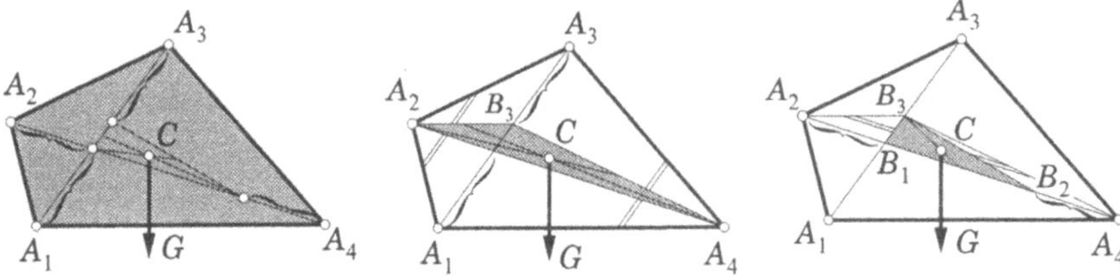

Trapezfläche

Der Schwerpunkt liegt auf der Streckensymmetralen in der Höhe

$$y_C = \frac{y_1 G_1 + y_2 G_2}{G_1 + G_2}$$

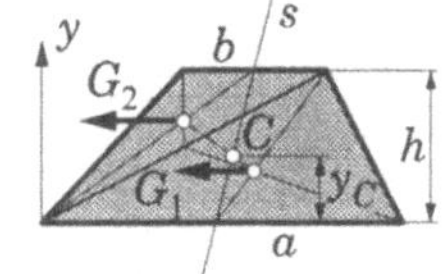

Mit q = konst und $G_1 = qah/2$, $y_1 = h/3$, $G_2 = qbh/2$ und $y_2 = 2h/3$ wird

$$y_C = \frac{(h/3)(2b+a)}{a+b}$$

Schwerpunkt eines Kreissektors

Der Kreissektor kann in (unendlich viele) infinitesimale Dreiecke
zerlegt gedacht werden. Bei gleichmäßiger Flächenbelastung
kann das Gewicht jedes infinitesimalen Dreieckes im Dreieck-
schwerpunkt vereinigt gedacht werden. So gelangt man zu einem
gleichmäßig belasteten Kreisbogen mit dem Radius $R = 2R/3$

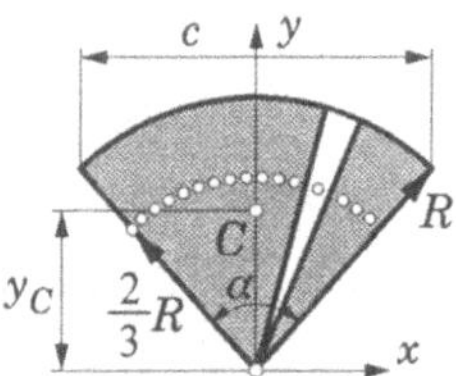

$$\Rightarrow \quad y_C = \frac{2}{3}R\,\frac{\sin\frac{\alpha}{2}}{\frac{\alpha}{2}} = \frac{2}{3}\cdot\frac{c}{\alpha}$$

Einführung negativer Gewichte, Kreisabschnittschwerpunkt

Fläche des Kresiabschnittes A : $\quad A = R^2\left[\frac{\alpha}{2} - \sin\frac{\alpha}{2}\cdot\cos\frac{\alpha}{2}\right]$.

Die Lage des Schwerpunktes ergibt sich aus

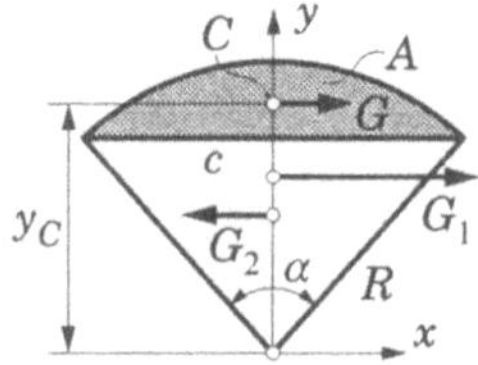

$$y_C = \frac{y_1 G_1 + y_2(-G_2)}{G_1 + (-G_2)} \,.$$

Mit $q = \text{konstant}$, $G_1 = \dfrac{R^2}{2}\alpha q$, $y_1 = \dfrac{2}{3}R\sin(\alpha/2)\big/(\alpha/2)$, $G_2 = R^2\sin\dfrac{\alpha}{2}\cdot\cos\dfrac{\alpha}{2}\cdot q$,

$y_2 = \dfrac{2}{3}R\cos\dfrac{\alpha}{2}$ erhält man $y_C = \left[\left(R^2\dfrac{\alpha}{2}\right)\left(\dfrac{2c}{3\alpha}\right) - \left(\dfrac{c}{2}R\cos\dfrac{\alpha}{2}\right)\dfrac{2}{3}R\cos\dfrac{\alpha}{2}\right]\Big/A = \dfrac{R^2 c}{3A}\sin^2\dfrac{\alpha}{2}$

$$\Rightarrow \qquad \boxed{\,y_C = \dfrac{c^3}{12A}\,}$$

Mikrobeispiele

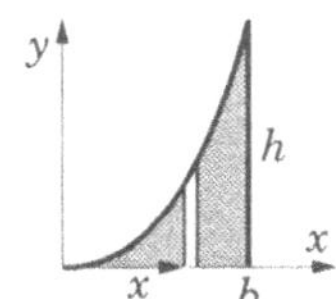

$$G_1 = \left(R^2\pi/2\right)q \qquad G_2 = \left[(R/2)^2\pi/2\right]q \qquad G_3 = G_2$$

$$x_1 = 0\,, \qquad y_1 = 4R/3\pi$$

$$x_2 = \dfrac{R}{2}\,, \qquad y_2 = -2R/3\pi$$

$$x_3 = -\dfrac{R}{2}\,, \qquad y_3 = 2R/3\pi$$

$$x_C = \frac{G_2\,R/2 + (-G_2)(-R/2)}{G} = \frac{RG_2}{G_1} = \frac{R}{4}$$

$$y_C = \frac{(4R/3\pi)G_1 + (-2R/3\pi)G_2 + (2R/3\pi)(-G_2)}{G} = \frac{R}{\pi}$$

$$\tan\varphi = \frac{x_C}{y_C} = \frac{R/4}{R/\pi}$$

$$\varphi = \arctan\frac{\pi}{4} = 38{,}15^\circ$$

$$A = G\left[(5/6) - \frac{1}{3\pi\sqrt{2}}\right]$$

$$B = G\left[(1/6) + \frac{1}{3\pi\sqrt{2}}\right]$$

Parabelfläche:

Allgemeine Parabel-Begrenzung

Begrenzung: $\quad y = h\left(x/b\right)^n$

Fläche $\quad A = \int y\,dx = \left(h/b^n\right)\int x^n dx = \dfrac{hb}{n+1}$

38

Schwerpunkt: $x_C = \dfrac{1}{A}\int x\,y\,dx = \dfrac{h}{Ab^n}\int x^{n+1}dx = b\,\dfrac{n+1}{n+2}$

$$y_C = \dfrac{1}{A}\int y\,\dfrac{y}{2}\,dx = \dfrac{h^2}{2Ab^{2n}}\int_0^b x^{2n}dx = h\,\dfrac{n+1}{2(2n+1)}$$

Mathematische Fingerübungen (aufbehalten für später)

Cykloidenfläche

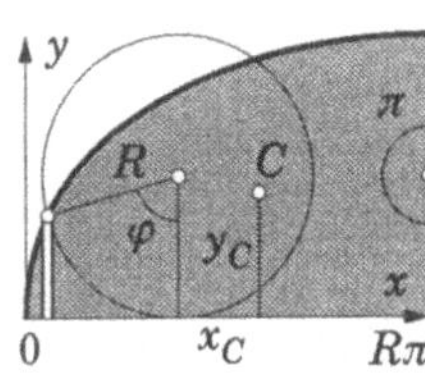

Begrenzung: $x(\varphi) = R(\varphi - \sin\varphi)$, $y(\varphi) = R(1-\cos\varphi)$,

$$dx = R(1-\cos\varphi)\,d\varphi$$

Fläche $A = \displaystyle\int y\,dx = R^2\int_0^\pi (1-\cos\varphi)^2\,d\varphi =$

$$= R^2\int_0^\pi \left(1 - 2\cos\varphi + \cos^2\varphi\right)d\varphi = \boxed{\dfrac{3}{2}R^2\pi = A}$$

Schwerpunkt: $x_C = \dfrac{1}{A}\displaystyle\int x\,y\,dx = \dfrac{R^3}{A}\int_0^\pi (\varphi - \sin\varphi)(1-\cos\varphi)^2\,d\varphi =$

$$x_C = \dfrac{R^3}{A}\left\{\int_0^\pi \varphi\left[1 - 2\cos\varphi + \dfrac{1+\cos 2\varphi}{2}\right]d\varphi - \int_0^\pi (1-\cos\varphi)^2\,d(1-\cos\varphi)\,d\varphi\right\} =$$

$$= \dfrac{R^3}{A}\left\{\dfrac{3}{2}\dfrac{\pi^2}{2} - 2\int_0^\pi \varphi\cos\varphi\,d\varphi + \dfrac{1}{2}\int_0^\pi \varphi\cos 2\varphi\,d\varphi - \dfrac{(1-\cos\varphi)^3}{3}\bigg|_0^\pi\right\} =$$

$$x_C = \dfrac{2R^3}{3R^2\pi}\left[\dfrac{3}{2}\dfrac{\pi^2}{2} - 2(\varphi\sin\varphi + \cos\varphi)\big|_0^\pi + \dfrac{1}{2}\left\{\varphi\dfrac{\sin 2\varphi}{2} + \dfrac{1}{4}\cos 2\varphi\right\}\bigg|_0^\pi - \dfrac{8}{3}\right] =$$

$$= \dfrac{2R}{3\pi}\left[\dfrac{3\pi^2}{4} + 4 - \dfrac{8}{3}\right] =$$

$$\boxed{x_C = R\left[\dfrac{\pi}{2} + \dfrac{8}{9\pi}\right]}$$

$$y_C = \dfrac{1}{A}\int \dfrac{y}{2}\,y\,dy = \dfrac{R^3}{2A}\int (1-\cos\varphi)^3\,d\varphi = \dfrac{R^3}{2A}\int_0^\pi \left(1 - 3\cos\varphi + 3\cos^2\varphi - \cos^3\varphi\right)d\varphi =$$

$$= \dfrac{R}{3\pi}\left[\pi + 3\dfrac{\pi}{2}\right] =$$

$$\boxed{y_C = \dfrac{5}{6}R}$$

Cosinushyperbolicusfläche

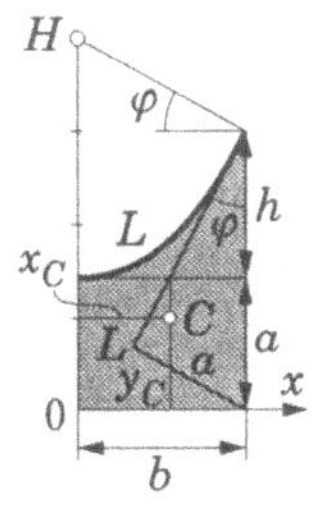

Begrenzung: $y = a\cosh\dfrac{x}{a}$

Fläche: $A = \int y\,dx = a^2\int\limits_{0}^{b}\cosh\dfrac{x}{a}\,d\!\left(\dfrac{x}{a}\right) = a^2\sinh\dfrac{b}{a} = \boxed{A = aL}$

Schwerpunkt: $x_C = \dfrac{1}{A}\int x\,y\,dx = \left(\dfrac{a^3}{A}\right)\int\limits_{0}^{b/a}\dfrac{x}{a}\cosh\dfrac{x}{a}\,d\!\left(\dfrac{x}{a}\right) =$

$$x_C = \dfrac{a^3}{aL}\left[\dfrac{x}{a}\sinh\dfrac{x}{a} - \cosh\dfrac{x}{a}\right]_{0}^{x=b} = \dfrac{a^2}{L}\left[\dfrac{b}{a}\sinh\dfrac{b}{a} - \left(\cosh\dfrac{b}{a} - 1\right)\right] = \boxed{x_C = b - h\tan\varphi}$$

$$y_C = \dfrac{1}{A}\int y\,\dfrac{y}{2}\,dx = \dfrac{a^2}{2A}\int \cosh^2\dfrac{x}{a}\,d\!\left(\dfrac{x}{a}\right) = \dfrac{a}{4L}\left[\dfrac{b}{a} + \dfrac{\sinh(2\,b/a)}{2}\right] =$$

$$\boxed{y_C = \dfrac{1}{4}\left[y + b\tan\varphi\right] = \dfrac{\overline{0H}}{4}}$$

Die zweite Guldinsche Regel:

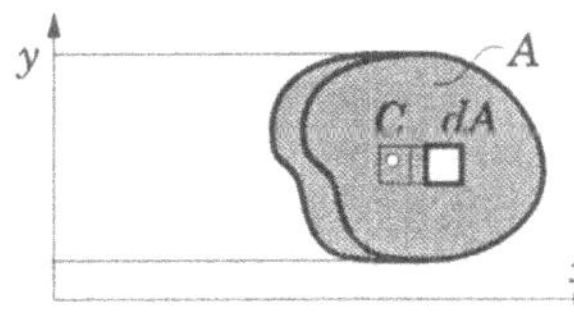

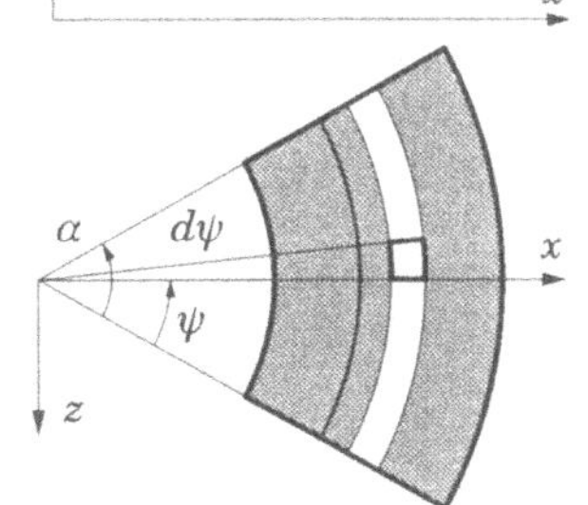

Gegeben sei eine Fläche A in der Ebene xy. Wird diese Fläche um die y-Achse durch den Winkel α gedreht, dann überstreicht sie ein bestimmtes Raumvolumen, das berechnet werden soll. Aus $dV = dA\,x\,d\psi$ folgt:

$$V = \iint\limits_{A}\int\limits_{\alpha} x\,dA\,d\psi = \boxed{\alpha\,x_C\,A = V}$$

d. h. das Volumen V ist gleich dem Produkt aus der erzeugenden Fläche A und dem Schwerpunktsweg $(\alpha\,x_C)$.

Kugelvolumen:

$$V = 2\pi\,\dfrac{4R}{3\pi}\cdot\dfrac{R^2\pi}{2}\qquad \boxed{V = \dfrac{4R^3\pi}{3}}$$

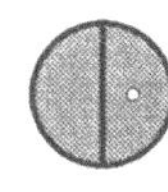

Torusvolumen: $V = 2R\pi r^2\pi\qquad \boxed{V = 2Rr^2\pi^2}$

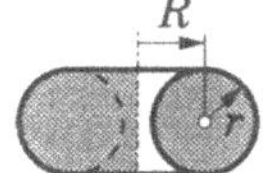

Zykloidenkorbvolumen: $V = 2\pi R\left(\dfrac{\pi}{2} - \dfrac{8}{9\pi}\right)\dfrac{3}{2}\left(R^2\pi\right)$

$$\boxed{V = R^3 3\pi^2\left[\dfrac{\pi}{2} - \dfrac{8}{9\pi}\right]}$$

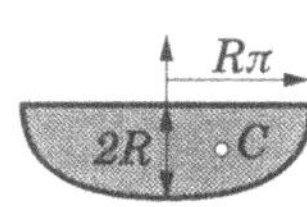

4 Theorie der (ebenen) Fachwerke

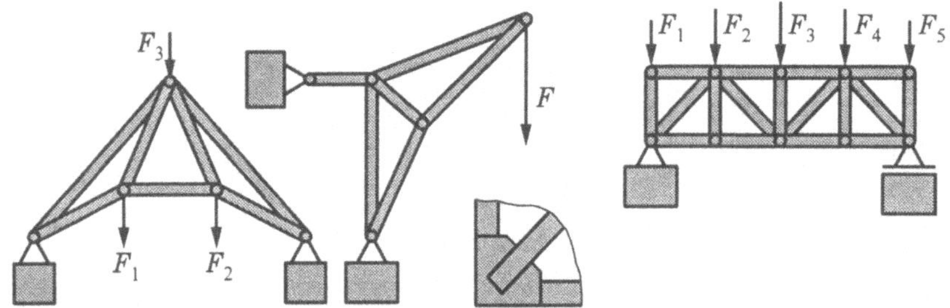

Im Hallenbau, im Kranbau und im Brückenbau werden Stabwerke als tragende Gerüste verwendet. Stäbe sind über Knotenbleche aneinandergeschweißt oder genietet. Auf das Knotenblech können von seiten der Stäbe Zug und Druckkräfte sowie Momente übertragen werden. Aufgabe ist die Beanspruchung der Stäbe bei gegebener Belastung zu finden. Um rasch einen Überblick über die maßgebenden Stabbeanspruchungen zu erhalten, vereinfachen wir die Aufgabe durch die Annahme, daß die Stäbe reibungsfrei drehgelenkig in den Knoten verbunden sind, also keine Biegemomente in die Knotenbleche einleiten können. Außenlasten der Stäbe sollen äquivalent auf die Nachbarknoten aufgeteilt werden. Vernachlässigung der Biegemomente bedeutet im allgemeinen Verringerung der Tragfähigkeit und als Folge: Überdimensionierung.

4.1 Statisch bestimmte, statisch unbestimmte Fachwerke

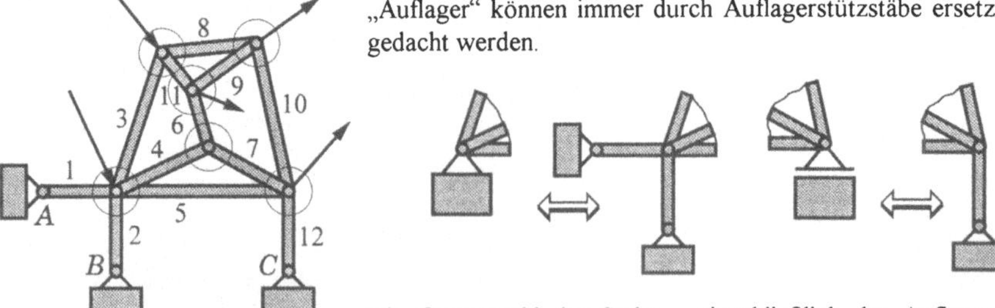

„Auflager" können immer durch Auflagerstützstäbe ersetzt gedacht werden.

Die Gesamtzahl der Stäbe – einschließlich der Auflagerstützstäbe sei s. Als Knoten bezeichnen wir die Punkte, in denen mindestens zwei Stäbe zusammentreffen. Im Beispiel ist die Knotenanzahl $k = 6$.

Jeder Stab kann nur entweder eine Zugkraft $(+S)$ oder eine Druckkraft $(-S)$ von einem Knoten zum anderen übertragen. Im ersten Fall besteht die Gefahr des Reißens, im zweiten besteht die Gefahr des Ausknickens.

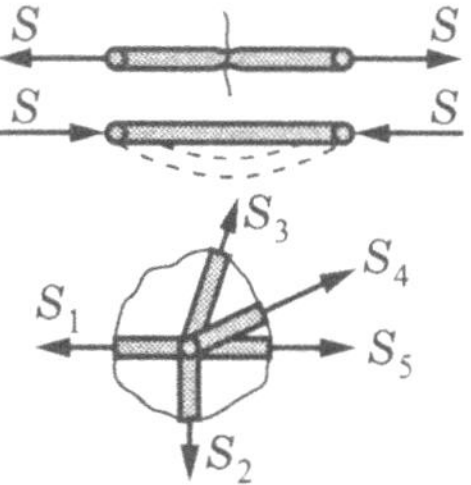

Für jeden isolierten Knoten können zwei Gleichgewichtsbedingungen: $\sum F_x = 0$ und $\sum F_y = 0$ angeschrieben werden. Für

$$\boxed{s = 2k}$$

ist die Zahl der unbekannten Stabkräfte S_α gleich der Anzahl der vorhandenen Gleichgewichtsbedingungen $2k$. Das Fachwerk ist „statisch bestimmt". Für $s < 2k$ ist das Fachwerk beweglich und für $s > 2k$ statisch unbestimmt, d. h. es müssen zur Bestimmung der S_α Verformungsgleichungen herangezogen werden.

4.1.1 Rechnerische Lösung

Vorbereitende Aufgabe

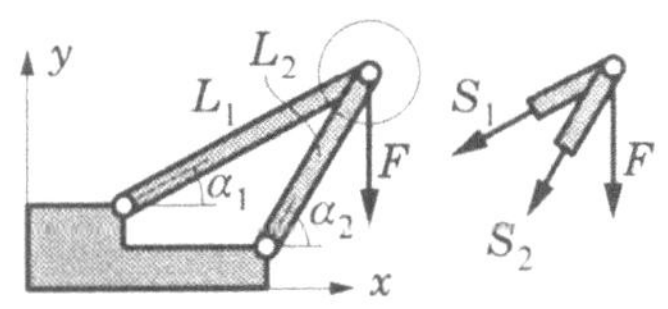

$k = 1$, $s = 2$ ⇒ statisch bestimmtes *Fachwerk*.

$$\sum F_x = 0 = -S_1 \cos\alpha_1 - S_2 \cos\alpha_2 = 0$$

$$\sum F_y = 0 = -S_1 \sin\alpha_1 - S_2 \sin\alpha_2 - F = 0$$

oder $\quad \cos\alpha_1\, S_1 + \cos\alpha_2\, S_2 = 0$ .... 1)

$\qquad \sin\alpha_1\, S_1 + \sin\alpha_2\, S_2 = -F$ .... 2)

Die Auflösung von 1) und 2) nach $S_1\, S_2$ ergibt:

$$S_1 = \frac{F\cos\alpha_2}{\sin(\alpha_2 - \alpha_1)} \;;\quad S_2 = \frac{-F\cos\alpha_1}{\sin(\alpha_2 - \alpha_1)}$$

Kritischer Fall

Für $\quad \begin{vmatrix} \cos\alpha_1 & \cos\alpha_2 \\ \sin\alpha_1 & \sin\alpha_2 \end{vmatrix} = 0 = \sin(\alpha_2 - \alpha_1)$

$\Rightarrow \alpha_2 = \alpha_1$

Werden S_1 und S_2 „unendlich" groß wird das Fachwerk infinitesimal beweglich (wackelig, $\mathbf{u} \perp$ zu den Stabachsen). Für $L_1 = L_2$ wird das *Fachwerk* endlich beweglich. Gleichgewicht ist in diesem Fall nur für bestimmte Belastung (in Stabachsenrichtung) möglich.

Dieselben Verhältnisse finden wir auch beim <u>allgemeinen Fachwerk</u>:

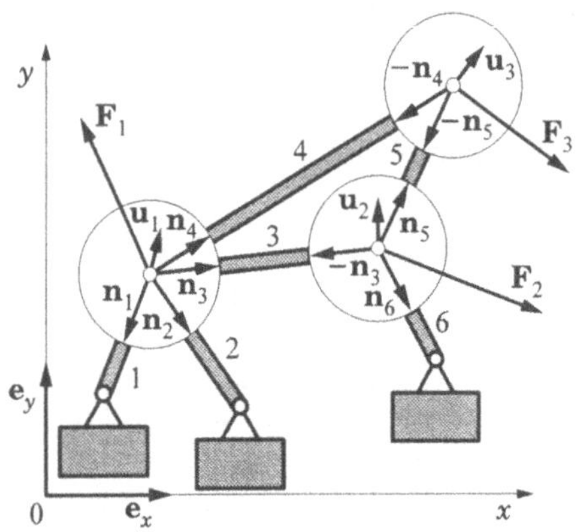

$$\left.\begin{array}{l} k = 3 \\ s = 6 \end{array}\right\} 2k = s$$

$\Rightarrow$ statisch bestimmtes Fachwerk.

$\mathbf{n}_\alpha, L_\alpha, S_\alpha \ldots \alpha = 1 \div s$ Einheitsvektoren $|\mathbf{n}_\alpha| = 1$ in Stabrichtung, Stablängen, Stabkräfte

$\mathbf{F}_\beta, \mathbf{u}_\beta \ldots \beta = 1 \div k$ Knotenlasten und eventuell mögliche infinitesimale Knotenverschiebungen.

Knotengleichgewichtsbedingungen

$$\mathbf{n}_1 S_1 + \mathbf{n}_2 S_2 + \mathbf{n}_3 S_3 + \mathbf{n}_4 S_4 + \mathbf{F}_1 = 0 \qquad \text{1. Knoten} \ldots\ldots \text{1)}$$
$$-\mathbf{n}_3 S_3 + \mathbf{n}_5 S_5 + \mathbf{n}_6 S_6 + \mathbf{F}_2 = 0 \qquad \text{2. Knoten} \ldots\ldots \text{2)}$$
$$-\mathbf{n}_4 S_4 - \mathbf{n}_5 S_5 + \mathbf{F}_3 = 0 \qquad \text{3. Knoten} \ldots\ldots \text{3)}$$

Skalare Multiplikation von 1) 2) 3) mit $\mathbf{e}_x$ bzw. $\mathbf{e}_y$ liefert folgende sechs Gleichungen:

$$-n_{1x} S_1 - n_{2x} S_2 - n_{3x} S_3 - n_{4x} S_4 \qquad\qquad\qquad = F_{1x}$$
$$-n_{1y} S_1 - n_{2y} S_2 - n_{3y} S_3 - n_{4y} S_4 \qquad\qquad\qquad = F_{1y}$$
$$+ n_{3x} S_3 \qquad\qquad - n_{5x} S_5 - n_{6x} S_6 = F_{2x}$$
$$+ n_{3y} S_3 \qquad\qquad - n_{5y} S_5 - n_{6y} S_6 = F_{2y}$$
$$+ n_{4x} S_4 + n_{5x} S_5 \qquad\qquad = F_{3x}$$
$$+ n_{4y} S_4 + n_{5y} S_5 \qquad\qquad = F_{3y}$$

Mit $\underset{\sim}{G} = \begin{bmatrix} -n_{1x} & -n_{2x} & -n_{3x} & -n_{4x} & & \\ -n_{1y} & -n_{2y} & -n_{3y} & -n_{4y} & & \\ & & n_{3x} & & -n_{5x} & -n_{6x} \\ & & n_{3y} & & -n_{5y} & -n_{6y} \\ & & & n_{4x} & n_{5x} & \\ & & & n_{4y} & n_{5y} & \end{bmatrix}$, $\underset{\sim}{s} = \begin{bmatrix} S_1 \\ S_2 \\ S_3 \\ S_4 \\ S_5 \\ S_6 \end{bmatrix}$, $\underset{\sim}{f} = \begin{bmatrix} F_{1x} \\ F_{1y} \\ F_{2x} \\ F_{2y} \\ F_{3x} \\ F_{3y} \end{bmatrix}$

kann man dafür schreiben:

$$\boxed{\underset{\sim}{G}\,\underset{\sim}{s} = \underset{\sim}{f}}$$

Ist $|\underset{\sim}{G}| \neq 0$, dann lautet die Lösung $\underset{\sim}{s} = \underset{\sim}{G}^{-1}\underset{\sim}{f}$ mit $\underset{\sim}{G}^{-1} = \underset{\sim}{G}^{\mathrm{adj}} \big/ |\underset{\sim}{G}|$.

Bei verschwindender Koeffizientendeterminante $|\underset{\sim}{G}| = 0$ aber tritt der **kritische Fall** ein:

$$\underset{\sim}{S} \to \underset{\sim}{\infty} \,!$$

und das Fachwerk ist infinitesimal beweglich (**wackelig**) , d. h. obwohl die Stablängen $L_\alpha =$ konstant sind, sind infinitesimale Knotenverschiebungen $\mathbf{u}_\beta$ $\beta = 1 \div k$ möglich. Beliebig angenommene Knotenverschiebungen würden bestimmte Stabverlängerungen bedingen, nämlich:

$$-\mathbf{n}_1 \circ \mathbf{u}_1 = \Delta L_1 = -\left(n_{1x} u_{1x} + n_{1y} u_{1y}\right)$$
$$-\mathbf{n}_2 \circ \mathbf{u}_1 = \Delta L_2$$
$$\mathbf{n}_3 \circ \left(\mathbf{u}_2 - \mathbf{u}_1\right) = \Delta L_3$$
$$\mathbf{n}_4 \circ \left(\mathbf{u}_3 - \mathbf{u}_4\right) = \Delta L_4$$
$$\mathbf{n}_5 \circ \left(\mathbf{u}_3 - \mathbf{u}_2\right) = \Delta L_5$$
$$-\mathbf{n}_6 \circ \mathbf{u}_2 = \Delta L_6$$

Mit
$$\underset{\sim}{K} = \begin{bmatrix} -n_{1x} & -n_{1y} & & & & \\ -n_{2x} & -n_{2y} & & & & \\ -n_{3x} & -n_{3y} & n_{3x} & n_{3y} & & \\ -n_{4x} & -n_{4y} & & & n_{4x} & n_{4y} \\ & & -n_{5x} & -n_{5y} & n_{5x} & n_{5y} \\ & & -n_{6x} & -n_{6y} & & \end{bmatrix}, \quad \underset{\sim}{u} = \begin{bmatrix} u_{1x} \\ u_{1y} \\ u_{2x} \\ u_{2y} \\ u_{3x} \\ u_{3y} \end{bmatrix}, \quad \underset{\sim}{\Delta L} = \begin{bmatrix} \Delta L_1 \\ \Delta L_2 \\ \Delta L_3 \\ \Delta L_4 \\ \Delta L_5 \\ \Delta L_6 \end{bmatrix}$$

kann man dafür schreiben:

$$\underset{\sim}{K}\,\underset{\sim}{u} = \underset{\sim}{\Delta L} \qquad \text{Der Vergleich von } \underset{\sim}{K} \text{ mit } \underset{\sim}{G} \text{ läßt erkennen, daß } \underset{\sim}{K} = \underset{\sim}{G}^{\mathrm{T}} \text{ gilt.}$$

Werden dehnstarre Stäbe vorausgesetzt, dann gilt $\underset{\sim}{\Delta L} = 0$ d. h.:
$$\boxed{\underset{\sim}{G}^{\mathrm{T}}\,\underset{\sim}{u} = \underset{\sim}{0}}$$

Da $|\underset{\sim}{G}| = |\underset{\sim}{G}^{\mathrm{T}}|$ folgt daraus für $|\underset{\sim}{G}| \neq 0 \to \underset{\sim}{u} = 0$ und für $|\underset{\sim}{G}| = 0 \to \underset{\sim}{u} \neq 0$.

Es ist unschwer zu erkennen, daß für ein <u>beliebiges Fachwerk</u> folgender FÖPPLscher Satz gilt:

$$\boxed{(2k = s) \wedge \left(|\underset{\sim}{G}| \begin{smallmatrix} \neq 0 \\ = 0 \end{smallmatrix}\right) \wedge (\underset{\sim}{F} \neq 0) \Rightarrow \left(\underset{\sim}{S} \begin{smallmatrix} \neq \\ = \end{smallmatrix} \underset{\sim}{\infty}\right) \wedge \left(\underset{\sim}{u} \begin{smallmatrix} = \\ \neq \end{smallmatrix} 0\right)}$$

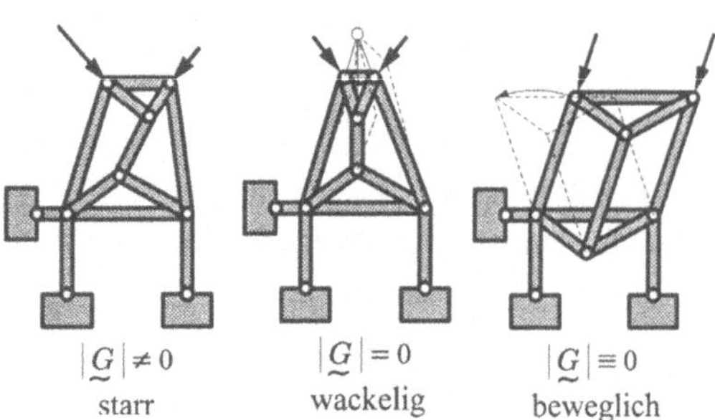

Ist $2k = s$ erfüllt, so müssen noch drei Fälle unterschieden werden (siehe Skizzen). Als Tragwerk brauchbar ist nur ein starres Fachwerk. $|\underset{\sim}{G}| \neq 0$.

Ist $|\underset{\sim}{G}| = 0$, dann ist das Fachwerk wackelig oder sogar beweglich. Im letzteren Fall ist Gleichgewicht nur unter bestimmten Lasten möglich.

4.1.2 Zeichnerische Bestimmung der Stabkräfte eines statisch bestimmten Stabwerkes (Cremona-Kraftplan)

Die rechnerische Bestimmung der Stabkräfte ist in den meisten Fällen viel einfacher, als die formale Lösung der Matrizengleichung $\underset{\sim}{G} \cdot \underset{\sim}{s} = \underset{\sim}{f}$ vermuten läßt. Das liegt daran, daß $\underset{\sim}{G}$ meist eine einfache Struktur besitzt und in unabhängige Teilmatrizen zerlegt werden kann. Aus diesem Grund ist auch eine zeichnerische Lösung oft noch möglich. Münden z. B. in den belasteten Knoten (k) nur zwei Stäbe (α, β), dann können S_α und S_β bereits aus $\sum \mathbf{F} = 0 = \mathbf{F}_k + \mathbf{S}_\alpha + \mathbf{S}_\beta$ bestimmt werden, unabhängig von den restlichen Spannkräften. Mit den bekannten Kräften S_α und S_β kann man zu einem Nachbarknoten fortschreiten, und wenn dort nur zwei neue unbekannte Stabkräfte angetroffen werden, dann können diese wieder aus $\sum \mathbf{F} = 0$ ermittelt werden, u. U. ist dabei eine gewisse Reihenfolge der Knoten zu beachten. Einige Beispiele sollen die Vorgangsweise zeigen. Zuerst die einfache

Knotenschnittmethode:

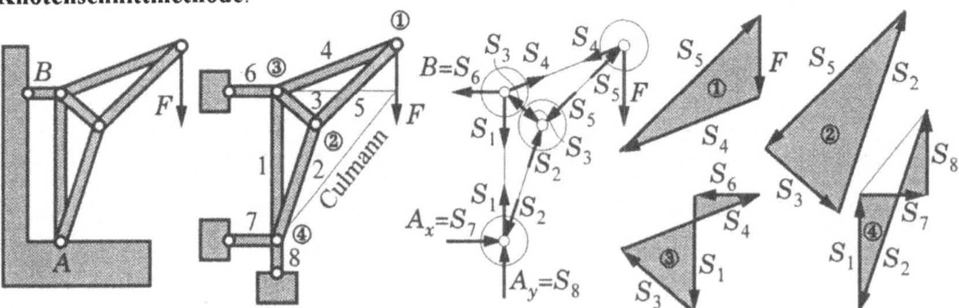

Im Knoten ① treffen nur zwei Stäbe (4 und 5) zusammen. Der isolierte Knoten ① wird von den Kräften F, S_4 und S_5 im Gleichgewicht gehalten. Aus $\sum \mathbf{F} = 0$ folgen S_4 und S_5. Würde man vom Knoten ① jetzt zum Knoten ③ fortschreiten, dann müßte man S_4 eindeutig mit den Kräften S_1, S_6 und S_3 ins Gleichgewicht setzen können. Das geht nicht. Daher nehmen wir jetzt den Knoten ②. Die Kraft S_5 (im Gegensinn auf den Knoten ② wirkend) und die Kräfte S_2 und S_3 halten diesen Knoten im Gleichgewicht. Aus $\sum \mathbf{F} = 0$ folgen S_2 und

S_3. Jetzt kann der Knoten ③ betrachtet werden. Die Kräfte S_4 und S_3 sind ja bereits bekannt und $\sum \mathbf{F} = 0$ liefert dann die Kräfte S_1 und S_6. Schließlich ergibt $\sum \mathbf{F} = 0$ für den Knoten ④ die Stabkräfte S_7 und S_8. Es können Zug- (weg vom Knoten ziehende) und Druckkräfte (zum Knoten hin drückend) unterschieden werden. Eine Kontrollmöglichkeit: Die Kräfte S_6, S_7 und S_8 zusammen mit F halten das Fachwerk (1 2 3 4 5) im Gleichgewicht (CULMANN!).

4.1.2.1 Cremonaplan – Reziproker Kraftplan

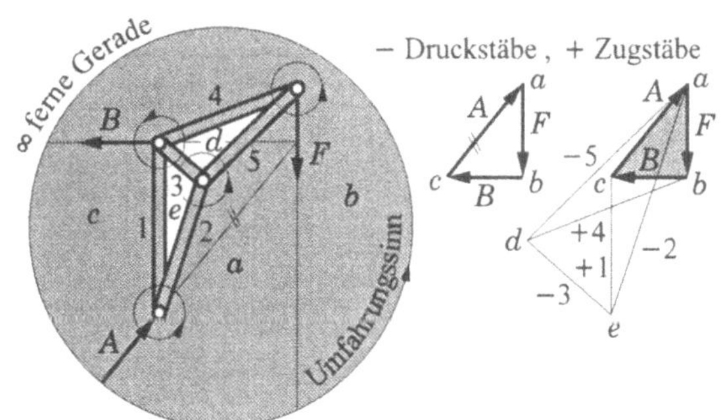

Jedem Knoten ist ein Krafteck zugeordnet und die Stabkräfte (S_1, S_2, S_3, S_4, S_5) kommen zweimal in verschiedenen Kraftecken vor. Werden in diesen Kraftecken die Kräfte so aneinandergefügt, wie sie bei einem einheitlich gewählten Umfahrungssinn aufeinander folgen, dann können die Kraftecke ineinander gezeichnet werden, so daß jede Stabkraft nur einmal aufscheint. In diesem Cremona-Plan entspricht ein Punkt einem Feld im Lageplan (und umgekehrt). Ein beliebiges Vieleck im Cremonaplan entspricht einer Gleichgewichtsgruppe im Lageplan. Wir bestimmen zuerst die Auflagerkräfte A und B und teilen dann im Lageplan die Zeichenebene in offene (a, b, c) bzw. geschlossene (e, d) Felder ein. Nun wird ein einheitlicher Umfahrungssinn gewählt. Die Aufeinanderfolge von F, B und A bestimmt die Abbildungsfelder $a\,b\,c$ im Kraftplan. Allein aufgrund der Reziprozität ist dann eindeutig der Kraftplan zu entwerfen.

4.1.2.2 Ritterschnitt (Dreistäbeschnitt)

Will man eine einzelne Stabkraft S_i allein, d. h. unabhängig von den übrigen Stabkräften bestimmen, so gelingt das unmittelbar, wenn man einen Schnitt, der drei Stäbe durchtrennt (i, j, k), so legen kann, daß das Fachwerk in zwei Teile zerfällt. Aus der Gleichgewichtsbedingung für einen der beiden Teile kann mit Hilfe der CULMANNschen Methode S_i (und S_j, S_k) bestimmt werden.

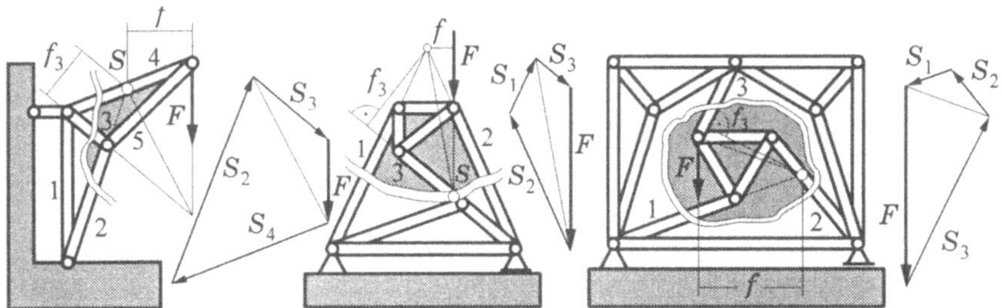

Die rechnerische Bestimmung von S_3 : $\qquad \sum M_S = 0 = Ff - F_3 f_3 \qquad \Rightarrow \qquad Ff/f_3 = S_3$

Der Cremonaplan ist für ein Stabwerk immer dann ohne Schwierigkeit zu entwerfen, wenn ein Knoten vorliegt, in dem nur zwei Stäbe einmünden. Ist das nicht der Fall, dann kann eventuell mit einem Ritterschnitt die Zahl der Unbekannten auf zwei zurückgeführt werden.

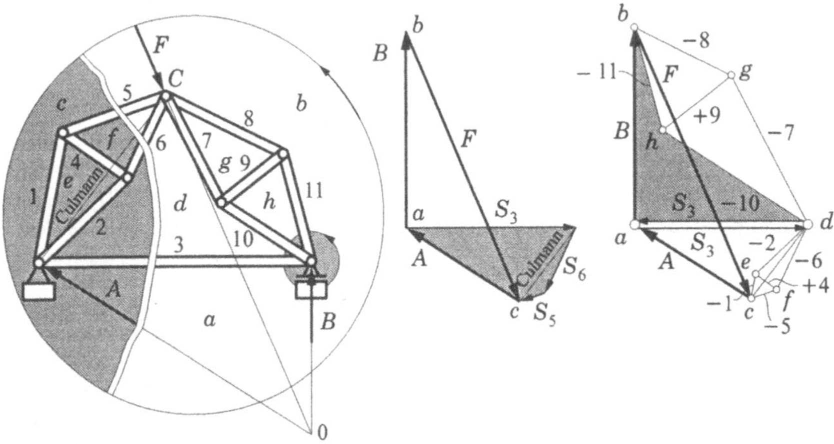

Auflagerbestimmung:

Die Wirkungslinien von F und von B schneiden sich in 0. Damit ist die Wirkungslinie von A festgelegt $\Rightarrow A$, B bestimmen das Krafteck. An allen Knoten, in denen Kräfte eingeleitet werden (A, B, C), treffen mehr als zwei Stäbe zusammen. Ein Ritterschnitt durch 5, 6 und 3 teilt das Fachwerk in zwei Teile. Mit der CULMANNschen Methode können S_5, S_6 und S_3 bestimmt werden. Mit S_3 aber ist im Kraftplan d festgelegt und der Cremonaplan kann gezeichnet werden.

Anmerkung: Elastisches Stabwerk (s ≥ 2k)

Sind die Stäbe längselastisch gemäß dem HOOKEschen Gesetz, so gilt $S_a = C_a \Delta L_a$ bzw. $\underline{s} = \underline{C} \cdot \underline{\Delta L}$ mit der Diagonalmatize $\underline{C}$. Die Knotenverschiebungen $\underline{u}$ bedingen Längenänderungen gemäß $G^T \cdot \underline{u} = \underline{\Delta L}$, wobei $\underline{G}^T$ eine $2k \times s$ Matrize ist. Da die Verschiebungen $\underline{u}$ auch eine Richtungsänderung der Stäbe bedingen, lautet die Gleichgewichtsbedingung jetzt $(\underline{G} + \underline{\Delta G}) \cdot \underline{s} = \underline{f}$.

Rechenschema:

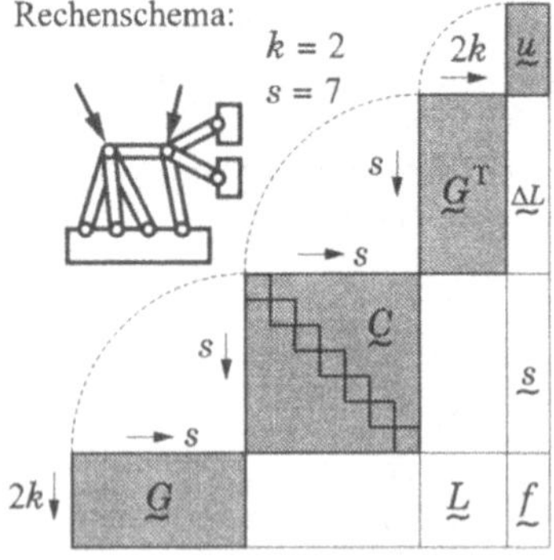

Somit gilt: $(\underline{G} + \underline{\Delta G}) \cdot \underline{C} \cdot \underline{G}^T \cdot \underline{u} = \underline{f}$ bzw. linearisiert $\underline{G} \cdot \underline{C} \cdot \underline{G}^T \cdot \underline{u} = \underline{f}$, wobei $\underline{G} \cdot \underline{C} \cdot \underline{G}^T = \underline{L}$ eine $2k \times 2k$ Matrize ist. Die Auflösung nach $\underline{u}$ ergibt: $\underline{u} = \underline{L}^{-1} \underline{f}$, womit man für die gesuchten Stabkräfte $\underline{C} \, \underline{G}^T \underline{L}^{-1} \, \underline{f} = \underline{s}$ erhält.

5 Gerade und eben gekrümmte Balken (Träger), Schnittgrößen

Körper, die als Tragelemente verwendet werden, können nach ihrer Form eingeteilt werden in: *Vollkörper, Schalen und Balken (Träger)*. Fundamente sind Vollkörper, Schalen alle Arten von Gehäusen, und Balken sind Schienen, Bögen (Brücken), Masten usw. Wir beschäftigen uns hier mit Balken. Ein Balken kann gekennzeichnet werden durch seine Mittellinie $\mathbf{x}_{(s)}$ und eine bestimmte Querschnitte-Verteilung. Die Querschnittsdimensionen sollen im Vergleich zu den Längsdimensionen klein sein. Wir nehmen im folgenden an, daß die Mittellinie nur eben gekrümmt sei, d. h. in einer Ebene verlaufe. Die Mittellinie verbinde die Querschnittsschwerpunkte. Damit ein „Balken" bei entsprechender Lagerung Kräfte (Einzelkräfte oder verteilte Kräfte) aufnehmen bzw. übertragen kann, muß er eine hinreichende Festigkeit besitzen, d. h. er muß einer Zug/Druck/Schub/Biege/Drillbeanspruchung innerhalb gewisser Grenzen (Bruch) einen Widerstand entgegensetzen.

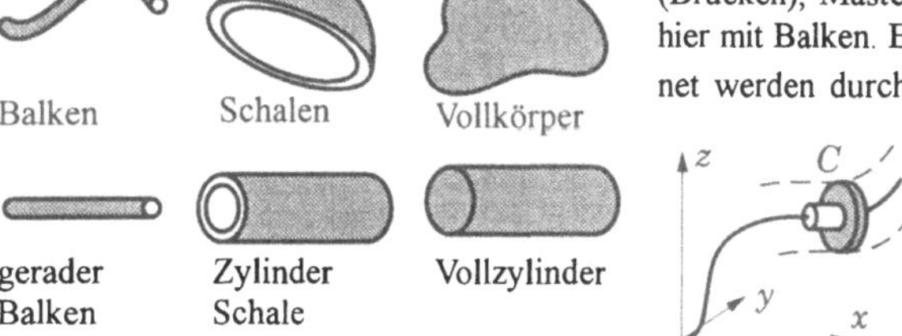

Die Widerstandsfähigkeit eines Balkens hängt ab vom Material des Balkens, seiner Form und Größe – insbesonders der Form und Größe seiner Querschnittsflächen. Jeder Körper verformt sich infolge der Belastung. Ein Balken wird sich infolge einer Querbelastung durchbiegen, infolge einer Längsbelastung verlängern bzw. verkürzen (oder ausknicken). Wir werden im folgenden aber annehmen, daß **alle Verformungen** des Balkens **sehr klein** bleiben, so daß die **Gleichgewichtsbedingungen am unverformten Balken formuliert** werden können. Wir nehmen ferner an, daß die Lasten in der Ebene wirken, in der die Mittellinie verläuft. Schließlich sei auch noch angenommen, daß die Querschnittsflächen eine Symmetrielinie besitzen, die in der Lastebene liegt. In diesem Fall werden keine Drill- (Torsions-)Momente auftreten. Unsere Aufgabe ist nun, die Kräfte bzw. Momente zu bestimmen, die durch einen Balkenquerschnitt hindurchgeleitet werden. In einem ebenen Balkenquerschnitt sind Kräfte verteilt:

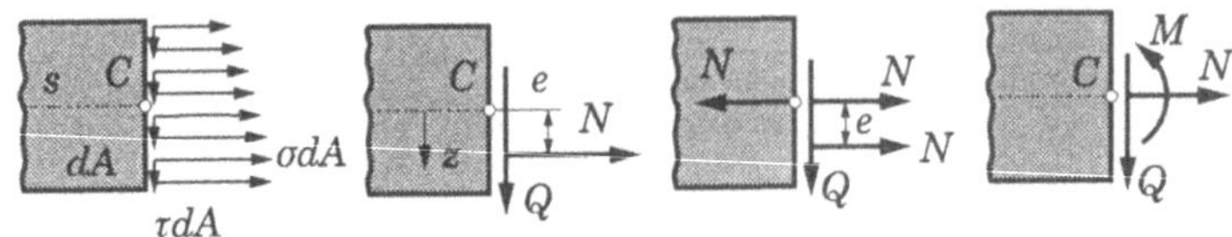

Die Kraft pro Flächeneinheit <u>normal</u> zum Querschnitt ist die Normalspannung σ, und die Kraft pro Flächeneinheit <u>in</u> der Fläche ist die Schubspannung τ. Die Resultierenden $\int_A \sigma\, dA = N$ bzw. $\int_A \tau\, dA = Q$ sind die Normalkraft N bzw. die Querkraft Q. Die Lage der Normalkraft folgt aus $\int_A z\, \sigma\, dA = eN$. Q, N und e bestimmen Größe und Lage der Schnittkraft. Anstelle von e verwenden wir besser das Biegemoment $M = Ne$. Wir bezeichnen Q, N und M als die <u>Schnittgrößen</u>, deren Verteilung $\big(Q(s),\ N(s),\ M(s)\big)$ über den Balken wir bestimmen wollen.

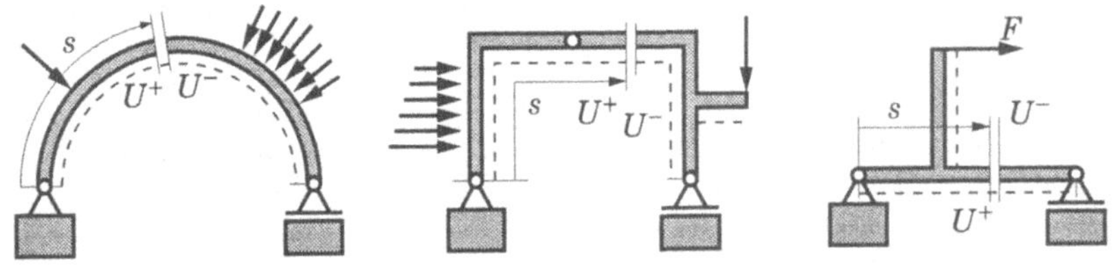

Vorzeichenfestlegung

Durchtrennen des Balkens an der Stelle s (Bogenlänge) erzeugt ein positives (U^+) und ein negatives (U^-) Schnittufer. Wir wählen nun eine **Kennfaser** (strichliert) [meist

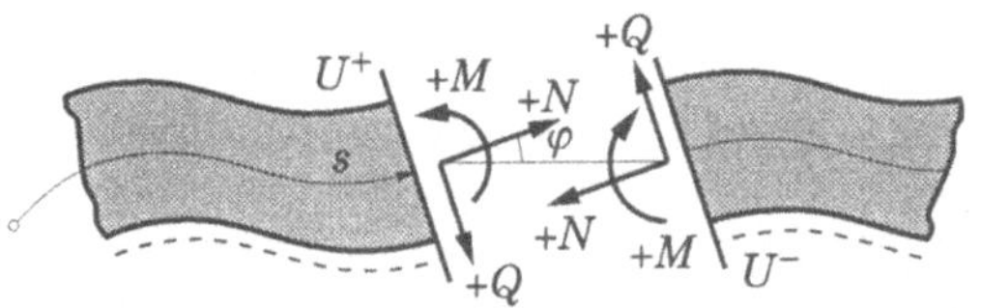

die „untere" bzw. die „innere" Faser] und legen fest, daß das Biegemoment M und die Längskraft N positiv sind, wenn sie die Kennfaser dehnen. Die Querkraft Q sei positiv, wenn sie am positiven Schnittufer U^+ zur Kennfaser hin gerichtet ist – und auf dem negativen Schnittufer U^- von der Kennfaser weggerichtet.

Äußere Belastung

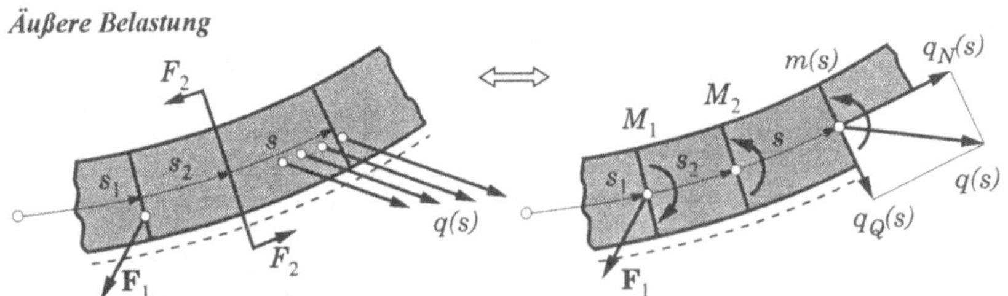

Die äußere Belastung, auf die Mittellinie bezogen, besteht in Einzelkräften und Einzelmomenten $(\mathbf{F}_\alpha,\ M_\alpha)$ an bestimmten Stellen (s_α) und in verteilten, auf die Längeneinheit bezogenen Kräften $\mathbf{q}(s)\,[\mathrm{N/m}]$ bzw. Momenten $m(s)\,[\mathrm{Nm/m}]$ in bestimmten Lastfeldern $\big(s_\beta \div s_\gamma\big)$.

5.1 Zusammenhang zwischen Last- und Schnittgrößen

Für ein isoliertes Balkenelement, an dem die äußeren $(q_Q ds, q_N ds, m ds)$ und die inneren $(Q, N, M, Q+dQ, N+dN, M+dM)$ Belastungen angebracht sind, gelten die folgenden drei Gleichgewichtsbedingungen

$$\left(\sum \mathbf{F} = 0, \ \sum M_0 = 0\right):$$

$$[(N+dN)-N]\cos\left(\frac{d\varphi}{2}\right)+$$

$$+[(Q+dQ)+Q]\sin\left(\frac{d\varphi}{2}\right)+q_N ds = 0$$

$$-[(N+dN)+N]\sin\left(\frac{d\varphi}{2}\right)+[(Q+dQ)-Q]\cos\left(\frac{d\varphi}{2}\right)+q_Q ds = 0,$$

$$[(M+dM)-M]+m ds - N\rho[1-\cos(d\varphi)]-Q\rho\sin(d\varphi)+$$

$$+q_Q ds\,\rho\sin\left(\frac{d\varphi}{2}\right)+q_N ds\,\rho\left[1-\cos\left(\frac{d\varphi}{2}\right)\right]=0$$

Mit dem Krümmungsradius $\rho = ds/d\varphi$, den Reihenentwicklungen $\sin(\ ) = (\ ) - \frac{1}{3!}(\ )^3 + ...$

und $\cos(\ ) = 1 - \frac{1}{2!}(\ )^2 + ...$ erhält man daraus nach vollzogenem Grenzübergang $ds \to 0$:

$$\frac{dN}{ds} = -q_N - Q\frac{d\varphi}{ds} \qquad \frac{dQ}{ds} = -q_Q + N\frac{d\varphi}{ds} \qquad \frac{dM}{ds} = -m + Q$$

$$\text{Mit} \quad \underset{\sim}{x} = \begin{bmatrix} N \\ Q \\ M \end{bmatrix}, \quad \underset{\sim}{A} = \begin{bmatrix} 0 & -d\varphi/ds & 0 \\ d\varphi/ds & 0 & 0 \\ 0 & 1 & 0 \end{bmatrix} \quad \text{und} \quad \underset{\sim}{a} = \begin{bmatrix} q_N \\ q_Q \\ m \end{bmatrix}$$

kann man dafür auch schreiben: $\quad \dfrac{d\underset{\sim}{x}}{ds} = \underset{\sim}{A}\,\underset{\sim}{x} - \underset{\sim}{a}$

Das ist eine gewöhnliche, lineare und inhomogene Matrizendifferentialgleichung, die die Schnittgrößen (zusammengefaßt in $\underset{\sim}{x}$) bei gegebenen Lastgrößen (zusammengefaßt in $\underset{\sim}{a}$) in einem Lastfeld zu berechnen erlaubt. Dabei sind die Anfangsbedingungen (am Beginn des Lastfeldes) als bekannt vorausgesetzt. Viel einfacher als über diese Differentialgleichung kommt man zu der Schnittgrößenverteilung dadurch, daß nicht ein Balkenelement sondern ein an der Stelle s abgetrennter Balkenteil ins Gleichgewicht gesetzt wird ⇒ Direkte Bestimmung der Schnittgrößen. Diese Vorgangsweise soll an Beispielen demonstriert werden.

50

Gerader Balken

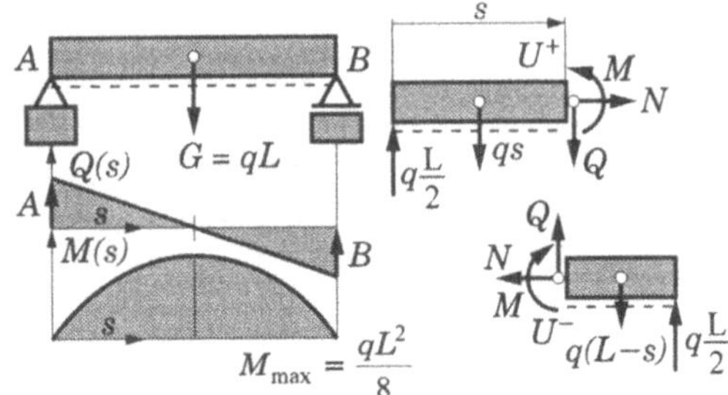

$(\varphi \equiv 0)$, $q = G/L = konst.$ Auflager $A = B = qL/2$. Wahl der Kennfaser (untere Faser). Durchtrennen an beliebiger Stelle s ergibt einen linken und einen rechten Balkenteil. Aufbringen der Schnittgrößen in U^+ (und in U^-). Jeder Balkenteil muß sich im Gleichgewicht befinden. Für den linken Teil gelten:

$$\boxed{N_{(s)} = 0}$$

$$-q\frac{L}{2} + qs + Q = 0 \quad \Rightarrow \quad \boxed{Q_{(s)} = q(L/2 - s)}$$

und $\quad M + qs \cdot \frac{s}{2} - \left(\frac{qL}{2}\right)s = 0 \quad \Rightarrow \quad \boxed{M_{(s)} = \frac{qs}{2}(L - s)}$

Kontrollen: $\quad \dfrac{dM}{ds} = Q$, $\quad \dfrac{dQ}{ds} = -q$, $\quad \dfrac{dN}{ds} = q_N = 0$.

Kreisbogenbalken

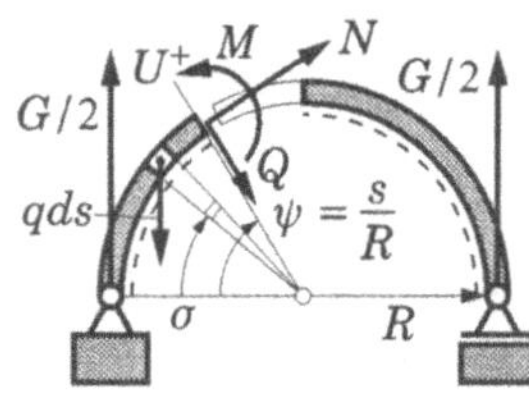

$d\varphi/ds = -1/R = konst.$

Belastung: Eigengewicht $q = G/R\pi = konst.$ Kennfaserwahl: innere Faser. Durchtrennen an der Stelle $\psi = s/R$. Schnittgrößen in U^+ anbringen. Gleichgewichtsbedingungen für den linken Teilbalken:

$$N - \left(\int_0^\psi qR\,d\sigma\right)\cos\psi + qR\frac{\pi}{2}\cos\psi = 0 , \qquad Q = \left(\int_0^\psi qR\,d\sigma\right)\sin\psi - \frac{qR\pi}{2}\sin\varphi = 0$$

und $\quad M - \dfrac{qR\pi}{2}R(1 - \cos\psi) + \left(\displaystyle\int_0^\psi qR\,d\sigma\right)R(\cos\sigma - \cos\psi) = 0 \quad \Rightarrow$

$$\boxed{N_{(\psi)} = -qR\left(\frac{\pi}{2} - \psi\right)\cos\psi} \qquad \boxed{Q_{(\psi)} = qR\left(\frac{\pi}{2} - \psi\right)\sin\psi}$$

$$\boxed{M_{(\psi)} = qR^2\left[\frac{\pi}{2}(1 - \cos\psi) - \sin\psi + \psi\cos\psi\right]}$$

Kontrollen:
$$\frac{dM}{ds} = \frac{dM}{R\,d\psi} = -qR\left(\frac{\pi}{2} - \psi\right)\sin\psi = Q\,,$$

$$\frac{dQ}{ds} = \frac{dQ}{R\,d\psi} = -q\sin\psi - \frac{N}{R} = -q_Q + N\frac{d\varphi}{ds}\,,$$

$$\frac{dN}{ds} = \frac{dN}{R\,d\psi} = q\cos\psi + \frac{Q}{R} = -q_N - Q\frac{d\varphi}{ds}\,.$$

5.1.1 Zeichnerische Ermittlung der Schnittgrößen (Einzelkräfte)

Wir haben die *Seileckmethode* zur Bestimmung der Resultierenden (nach Größe, Richtung und Lage) des Einzelkräftesystems kennengelernt und wissen auch schon, daß im Falle des Gleichgewichtes das Krafteck und das Seileck sich schließen müssen. Wir wenden diese Methode nun zur Bestimmung der Auflagerkräfte eines statisch bestimmt gelagerten Balkens an. Es wird sich zeigen, daß das geschlossene Seileck im Lageplan bereits Auskunft gibt über die Verteilung der Biegemomente über den Balken hin. An einfachen Beispielen soll die Vorgangsweise gezeigt worden.

5.1.1.1 Auflagerbestimmung mit Hilfe eines Seileckes

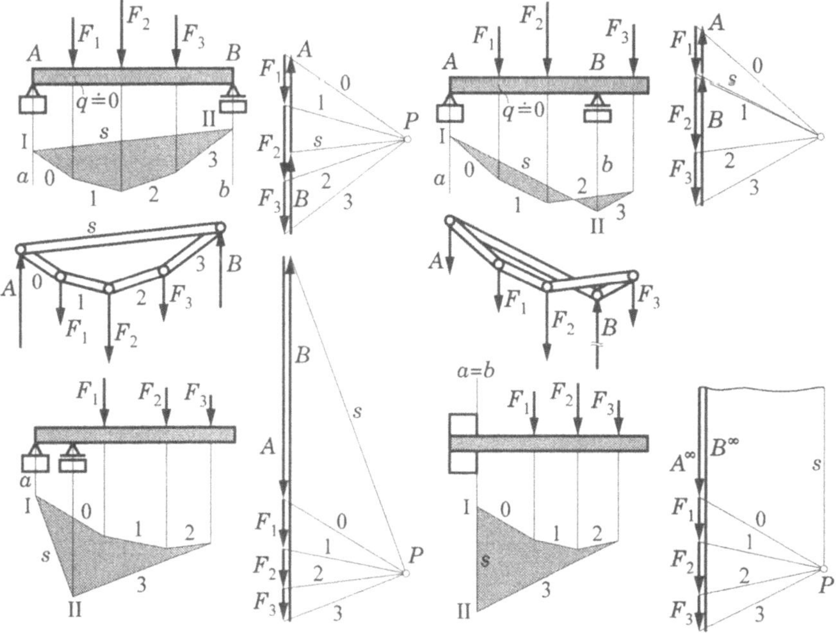

Gegeben: statisch bestimmt gelagerter gerader Balken.
Belastung: Vertikal gerichtete Einzelkräfte $(F_1\,F_2\,F_3)$, $q \equiv 0$.

Aneinanderreihen der Kräfte, Wahl eines Polpunktes P, ziehen der Seilstrahlen (0, 1, 2, 3),
Übertragung in Lageplan (Seileck). Die Wirkungslinien der Auflager (a, b) sind vertikal gerichtet. Schnitt des ersten Seilstrahls (0) mit a ergibt Punkt I, Schnitt des letzten (3) mit b
ergibt Punkt II. Schlußlinie s verbindet I und II. Übertragung von s in Kraftplan $\Rightarrow$
A, B.

5.1.1.2 Verteilung der Biegemomente und der Querkräfte ($N \equiv 0$)

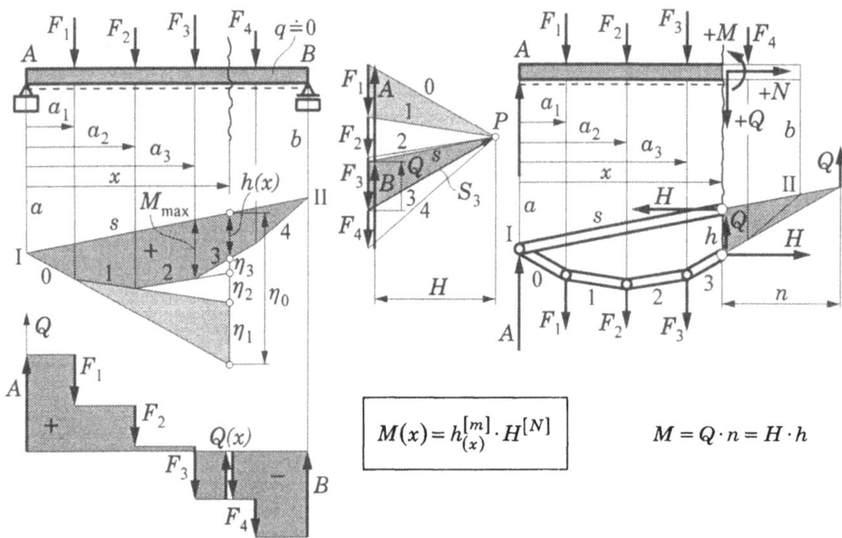

$$\boxed{M(x) = h^{[m]}_{(x)} \cdot H^{[N]}}$$

$$M = Q \cdot n = H \cdot h$$

Behauptung

Die Ordinate $h(x)$ im geschlossenen Seileck ist ein (proportionales) Maß für das Biegemoment $M(x)$.

Beweis

Aus:

$$M(x) - A\,x + F_1(x - a_1) + F_2(x - a_2) + F_3(x - a_3) = 0$$

folgt mit
$$x : \eta_0 = H : A, \quad (x - a_1) : \eta_1 = H : F_1, \quad (x - a_2) : \eta_2 = H : F_2$$
und
$$\eta_3 = H : F_3 \quad \text{(Dreiecksähnlichkeiten)}$$

$$\Rightarrow \quad M(x) = (\eta_0 - \eta_1 - \eta_2 - \eta_3)H = h(x) \cdot H$$

Die der Zeichnung entnommenen Werte für h (bzw. H) sind mit den Längen- bzw. dem
Kraftmaßstab umzurechnen!

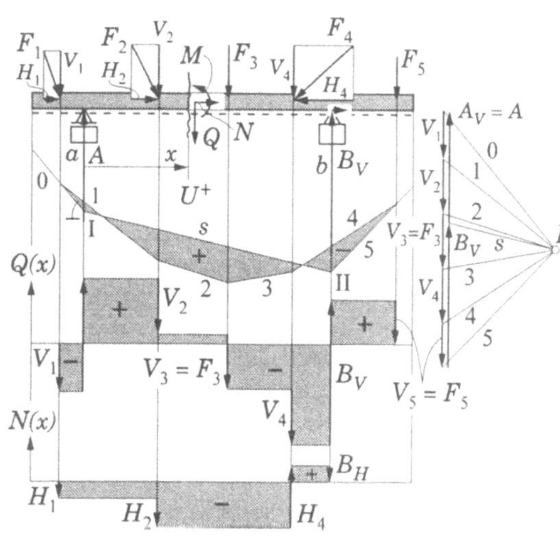

Wirken schräggerichtete Kräfte (F_α) auf den geraden Balken, so können diese in Komponenten in Richtung der Balkenachse (H_α) und senkrecht dazu (V_α) zerlegt werden. Die Komponenten H_α haben keinen Einfluß auf die Verteilung der Biegemomente und Querkräfte. Deshalb kann mit den V_α-Komponenten zeichnerisch so verfahren werden, wie vorher mit den vertikal gerichteten Kräften. Mit den Komponenten H_α kann die Verteilung der Normalkräfte $N(x)$ ermittelt werden. Im Beispiel ragt der Balken beiderseits aus. Dadurch tritt jetzt Vorzeichenwechsel in der Momentenverteilung $M(x)$ auf (Kennfaser gezogen $+M$, gedrückt $-M$!).

5.1.1.3 Berücksichtigung von Momentensprüngen

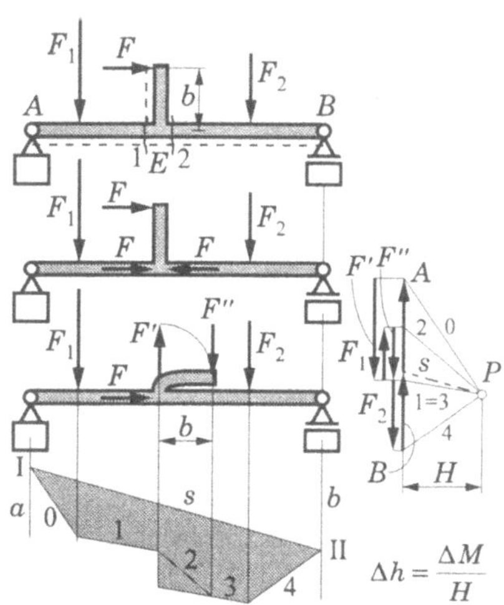

Gegeben sei ein Hauptbalken $\overline{AB}$ mit einem belasteten Querarm. Infolge der exzentrischen Krafteinleitung im Punkte E werden sich die Schnittgrößen von Querschnitt 1 zu Querschnitt 2 unstetig ändern. Die Gleichgewichtsbedingungen für den isolierten Querarm lauten:

$$M_2 - M_1 - F \cdot b = 0$$
$$N_2 - N_1 + F = 0$$
$$Q_2 - Q_1 = 0$$

D. h. der Momentensprung ist $M_2 - M_1 = \Delta M = Fb$ und weil F horizontal gerichtet ist, wird $\Delta Q = Q_2 - Q_1 = 0$. Der Sprung in der Normalkraft ist $\Delta N = N_2 - N_1 = -F$. Dem Momentensprung ΔM entspricht ein Ordinatensprung $\Delta h = \Delta M / H$ im geschlossenen Seileck. Nebenstehende Skizze zeigt, wie dieser Sprung konstruiert werden kann (Die Kräfte F' und F'' müssen im Krafteck unmittelbar aufeinander folgen!).

5.1.1.4 Verallgemeinerung auf krumme Balken

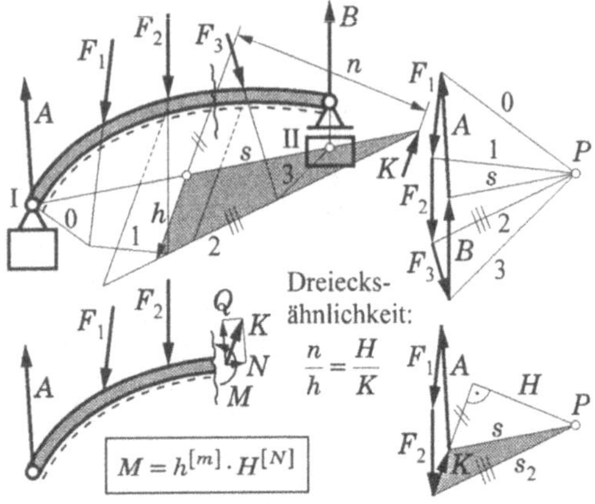

Weniger einfach ist die Situation beim gekrümmten Balken, obwohl auch hier das geschlossene Seileck zur Bestimmung der Schnittgrößen verwendet werden kann. *Vorgang:* F_1 F_2 F_3 aneinandergereiht, P wählen, Seilstrahlen (0, 1, 2, 3) ziehen. Die Wirkungslinie a (von A) ist zunächst unbekannt, daher Wahl von I im Auflager A. → Seileck zeichnen → Letzter Seilstrahl (3) schneidet die Wirkungslinie b (von B) in II → Schlußlinie bekannt → übertragbar ins Krafteck → B und damit A. <u>Schnitt im 3. Feld</u> (von links). Die Schnittkraft K (im Schnittpunkt der Seilstrahlen 2 und s angreifend) ist die Gleichgewichtskraft von A, F_1 und F_2. Das Biegemoment ist $M = K \cdot n$. Mit $n{:}h = H{:}K$ folgt $M = hH$. Der Polabstand H ist jetzt von Feld zu Feld verschieden. Zerlegung von K gibt Q und N.

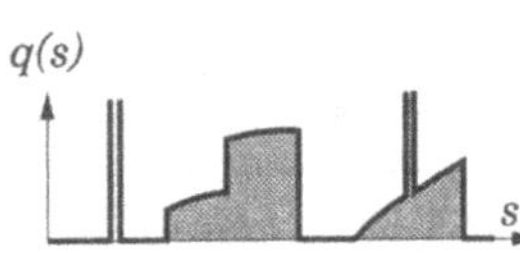

5.1.2 Zeichnerische Ermittlung der Schnittgrößen bei verteilten Lasten

Die Last pro Längeneinheit $q(s)$ denken wir uns abschnittsweise stetig vorgegeben: In gewissen endlichen Bereichen kann $q \equiv 0$ sein, in infinitesimalen Bereichen aber auch ∞ groß (Einzelkräfte). Für Lastmomente (pro Längeneinheit) gelte: $m(s) \equiv 0$.

Auflagerkräfte und Schnittgrößen rechnerisch

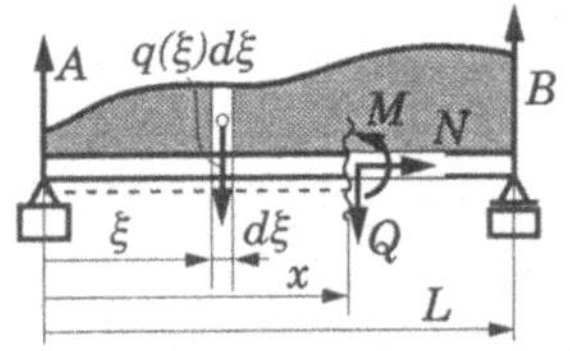

$$B = \frac{1}{L}\int_0^L \xi q(\xi)\,d\xi \ , \quad A = \int_0^L q(\xi)\,d\xi - B \ , \quad N(x) \equiv 0 \ ,$$

$$Q(x) = A - \int_0^x q(\xi)\,d\xi \ , \quad M(x) = Ax - \int_0^x (x-\xi)q(\xi)\,d\xi \ .$$

Bei unstetiger Lastverteilung sind die Integrale entsprechend zu unterteilen. Anstelle der verteilten Last kann man sich (unendlich viele) infinitesimale Einzelkräfte $dF = q\,d\xi$ wirkend denken und dafür ein „Seileck" entwerfen. Der erste Seilstrahl 0 schneidet a in I, der letzte l schneidet b in II. I und II bestimmen die Schlußlinie s. Die Ordinate h ist (wieder) ein Maß für das Biegemoment. Denn mit $\eta_0/x = A/H$ und $d\eta/(x-\xi) = q\,d\xi/H$ (Dreiecksähnlichkeiten) folgt aus

$$M(x) = Ax - \int_0^x (x-\xi)q(\xi)\,d\xi = H\left(\eta_0 - \int_0^x d\eta\right) = H \cdot h(x) = M(x) \ \text{(Seileck → Seillinie)}.$$

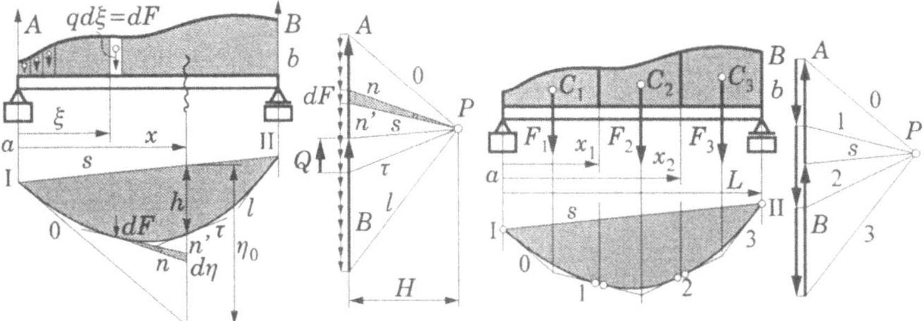

Faßt man die verteilte Last zu *Teilresultierenden* ($F_1 = \int_0^{x_1} q(\xi)d\xi$, $F_2 = \int_{x_1}^{x_2} q(\xi)d\xi$, $F_3 = \ldots$), die in den „Flächenschwerpunkten" C_1 C_2 C_3 der „Lastflächen" angreifen ($x_{C_1} = \dfrac{1}{F_1}\int_0^{x_1}\xi q(\xi)d\xi$, $x_{C_2} = \dfrac{1}{F_2}\int_{x_1}^{x_2}\xi q(\xi)d\xi$, $x_{C_3} = \dfrac{1}{F_3}\int_{x_2}^{L}\xi q(\xi)d\xi$) zusammen und konstruiert mit diesen Kräften ein Seileck, dann erhält man damit einen Tangentenlinienzug (0, 1, 2, 3), der die Seillinie in x_1, x_2 und I, II berührt.

Wir kennen bereits die <u>Ableitungsformeln</u> für den eben gekrümmten Balken:

$$\frac{dN}{ds} = -q_N - Q\frac{d\varphi}{ds}\ ,\qquad \frac{dQ}{ds} = -q_Q + N\frac{d\varphi}{ds}\ ,\qquad \frac{dM}{ds} = -m + Q\ .$$

Für den geraden Balken ($\varphi \equiv 0$, $s = x$), mit nur einer Querbelastung $q_Q = q$, ($q_N \equiv 0$) und keiner Momentenbelastung ($m \equiv 0$) vereinfachen sich diese Gleichungen zu:

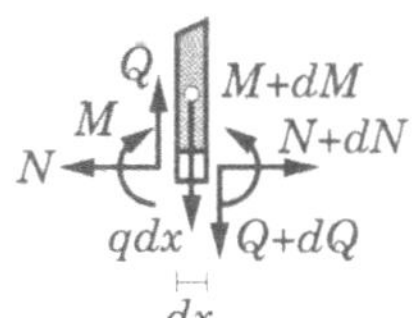

$$\boxed{\ \frac{dN}{dx} = 0\ ,\quad \frac{dQ}{dx} = -q\ ,\quad \frac{dM}{dx} = Q\ }$$

⇒ **Maximum von $M(x)$ ist dort, wo die Querkraft Q verschwindet!**

Ist in einem Lastfeld q = konst, so folgt aus $dQ/dx = -q$, daß in diesem Feld sich die Querkraft linear ändert, und aus $d^2M/dx^2 = dQ/dx = q$ (= konst), daß die Seillinie, die den Biegemomentenverlauf anzeigt, eine quadratische Parabel ist. Kennt man von einer quadratischen Parabel zwei Tangenten (τ_1, τ_2) mit ihren Tangentenpunkten (T_1, T_2), dann können <u>weitere Tangenten</u> konstruiert werden (Skizze).

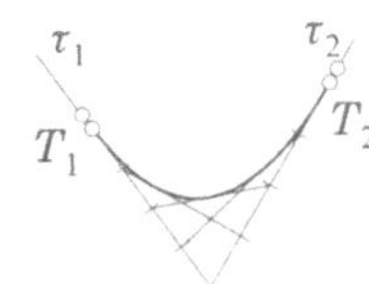

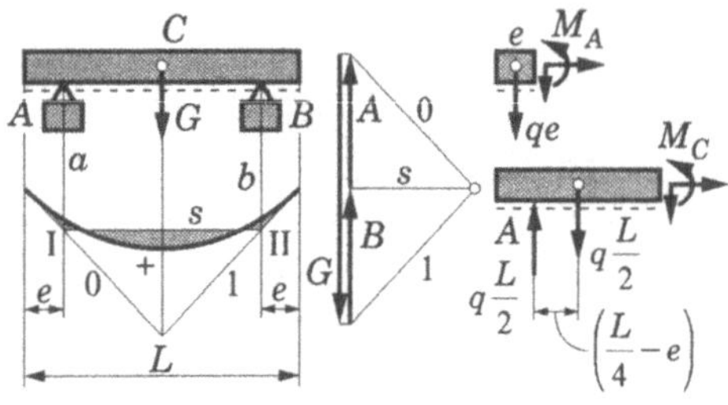

Ein gerader, durch sein Eigengewicht belasteter Balken ist so zu lagern, daß das größte positive Biegemoment (M_C) dem Betrage nach gleich groß wird dem größten negativen Biegemoment ($M_B = M_A$).

Aus $\quad M_C = -M_A \quad \Rightarrow \quad q\,\dfrac{L}{2}\left(\dfrac{L}{4}-e\right) = -\left(-q\,e\,\dfrac{e}{2}\right)\quad$ folgt für das Maß e:

$$e^2 + eL - \frac{L^2}{4} = 0 \quad \Rightarrow \quad e = \frac{\left(\sqrt{2}-1\right)L}{2} = 0{,}2071 \cdot L \approx \frac{L}{5}.$$

Anwendung: Radstand bei Eisenbahnlastwaggons.

5.2 Gerader Balken auf mehr als zwei Stützen (Gerberträger)

Ein Balken ist statisch bestimmt gelagert, wenn die drei Gleichgewichtsbedingungen ($\Sigma \mathbf{F} = 0$, $\Sigma \mathbf{M} = 0$) zur Bestimmung der Auflagerkomponenten ausreichen. Die dürfen also nicht mehr als drei sein wie z. B. bei einem festen und einem horizontal verschieblichen Auflager). Werden Dreh- oder Schubgelenke angebracht, dann wird der Balken mehrteilig. Für n Teilbalken stehen $3n$ Gleichgewichtsbedingungen zur Verfügung. Ist die Zahl der Unbekannten (Reaktionskraftkomponenten) gleich $3n$, dann ist das System statisch bestimmt.

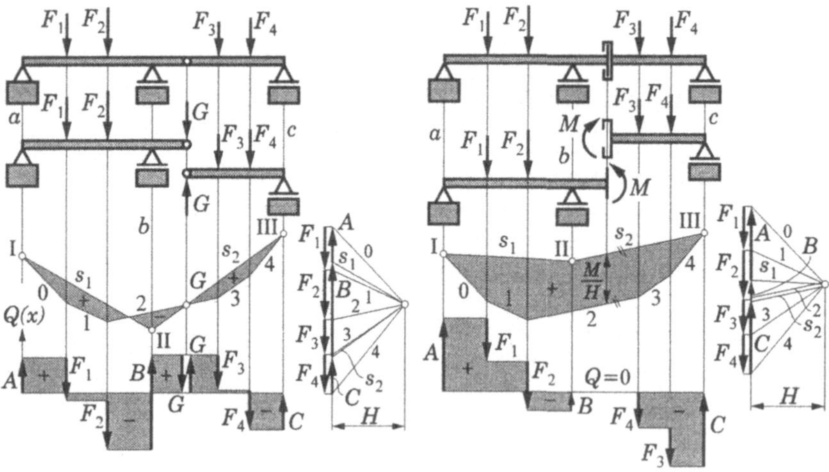

In einem Drehgelenk kann kein Biegemoment ($M = 0$) und in einem Schubgelenk kann keine Querkraft übertragen werden ($Q = 0$). Rechnerisch kann immer so vorgegangen werden, daß jeder Teilbalken für sich betrachtet wird, wobei bei Drehgelenken Reaktionskräfte und bei Schubgelenken Reaktionsmomente eingeführt werden müssen. Es läßt sich aber ein geschlossenes Seileck zeichnen, wie in obigen Beispielen gezeigt wird: Entsprechend den zwei Auflagerfeldern haben wir jetzt zwei Schlußlinien (s_1, s_2). die Punkte I und III sind durch den ersten bzw. den letzten Seilstrahl bestimmt. Punkt II wird im ersten Fall durch den Punkt G ($M = 0$!) und im zweiten Fall durch die Forderung: s_2 $||$ zu Seilstrahl 2 durch III ($dM/dx = Q = 0$!) festgelegt.

Abschließendes Beispiel:

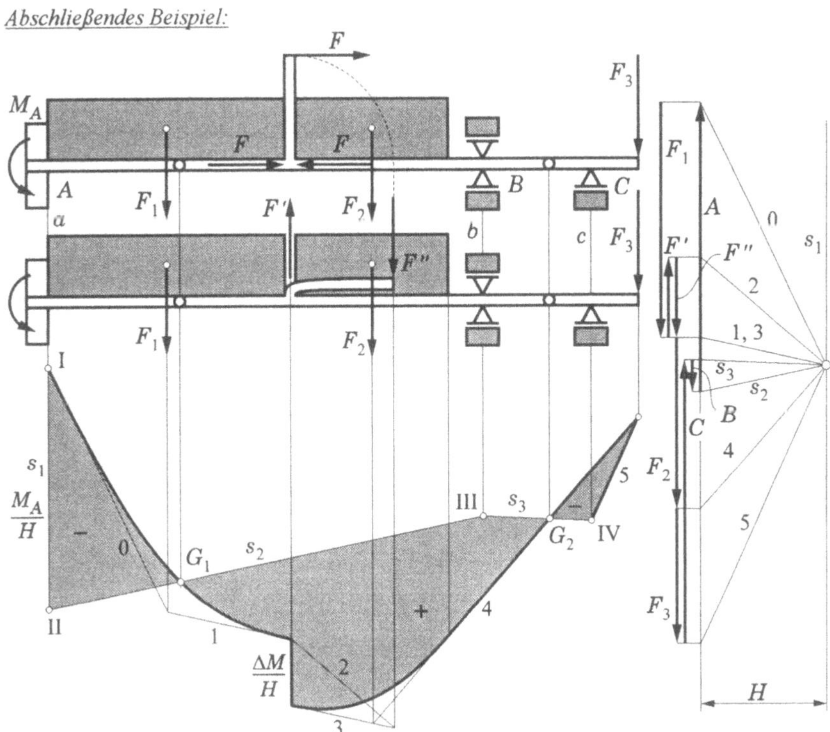

Auflagerreaktionen: M_A, A_H, A_V, B, C. Zwei Gelenke: G_1, G_2 ⇒ statisch bestimmt
(9 Unbekannte $M_A, A_H, A_V, B, C, G_{1H}, G_{1V}, G_{2H}, G_{2V}$, 3 × 3 Gleichungen)

3 Auflagerfelder (in A sind zwei Auflager zusammengerückt ⇒ 3 Schlußlinien. a und Seilstrahl 0 ⇒ I, c und Seilstrahl 5 ⇒ IV. IV und G_2 ⇒ s_3, ⇒ III, III und G_1 ⇒ s_2 ⇒ II, I und II ⇒ s_1. Übertragung von (s_1), s_2, s_3 ergibt Auflagerkräfte A, B, C.

6 Kettenlinie, Seilstatik

Wir haben uns bisher mit geraden bzw. eben gekrümmten Balken beschäftigt und dabei angenommen, daß sich deren Form beim Aufbringen der Belastung nur ganz unwesentlich ändert. Bei der Formulierung der Gleichgewichtsbedingungen haben wir sogar angenommen, daß die Balken durch die Kräfte gar nicht verformt werden d. h. daß sie absolut starr seien. Nun wenden wir uns einem Bauelement zu, das keine ihm eigene Form besitzt, diese vielmehr erst unter einer bestimmten Last annimmt: die *Kette* bzw. das *Seil*.

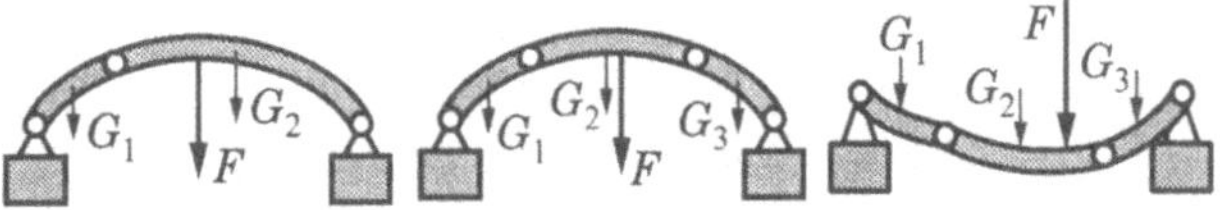

Bringt man in einem „Dreigelenkbogen" ein viertes Gelenk an, dann wird das System mit einem Freiheitsgrad beweglich. Eine vorgegebene Systemlage ist dann nur bei bestimmter Belastung auch Gleichgewichtslage. Bei beliebiger Belastung können die möglichen Gleichgewichtslagen aus den Gleichgewichtsbedingungen ermittelt werden. Ist die Zahl der Gelenke gleich n , dann ist diese $(n-1)$ gliedrige „Gelenkkette" mit $n-3$ Freiheitsgraden beweglich.

Kette   *Gelenkkette*

Modellkörper für die Kette (bzw. für das Seil): Eine Gelenkkette mit Gliedern von in infinitesimaler Länge ($\Delta L \Rightarrow 0$) soll als Modellkörper für eine Kette bzw. für ein Seil mit geringer (vernachlässigbarer) Biegesteifigkeit (biegeschlaffes Seil) dienen. Ist eine Kette von der Länge L mit dem Gewicht G gegeben, so ist für den Modellkörper die Last pro Längeneinheit gegeben sein durch $q = G/L$.

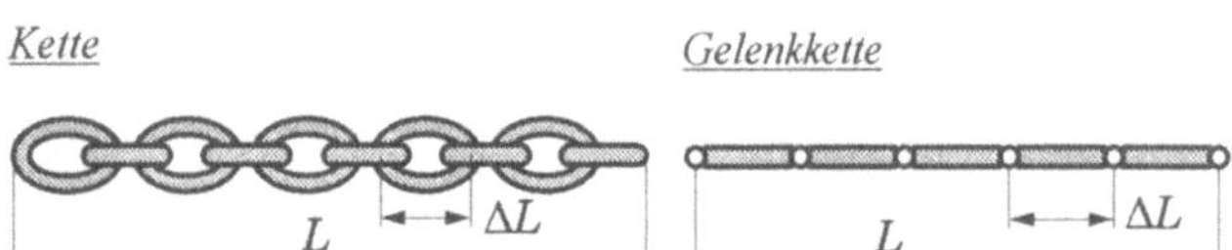

Balkenquerschnitt   *Seilquerschnitt*

In einem Gelenk kann kein Biegemoment übertragen werden. D. h. im Modellkörper für die Kette bzw. das Seil ist an jeder Stelle das Biegemoment gleich Null ($M \equiv 0$), dann verschwindet wegen $dM/ds = Q$ auch die Querkraft Q identisch ($Q \equiv 0$). Die einzige Schnittgröße im Modellkörper ist also die Normalkraft N ($= S$). Für stabile Gleichgewichtslagen muß $S > 0$ sein!

6.1 Gleichgewichtsform

Es soll die Gleichgewichtsfigur $y(x)$ der durchhängenden, gleichmäßig belasteten (q = konst.) (Modell-)Kette gefunden werden.

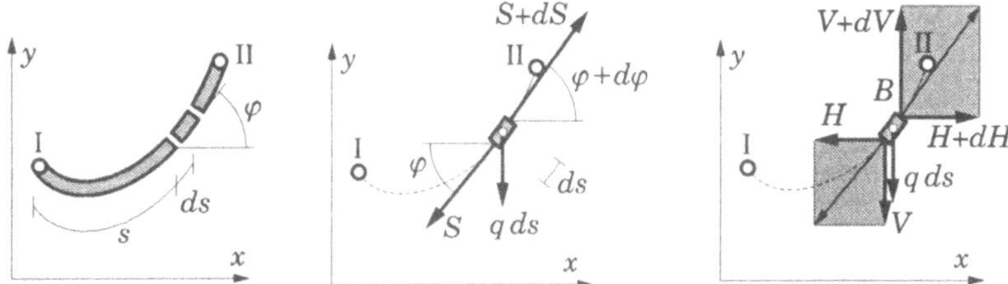

Anmerkung

GALILEI stellte experimentell bereits fest, daß die Kettenlinie fast genau die Form einer Parabel besitzt. Die genaue Form haben HUYGENS, LEIBNIZ und JOH. BERNOULLI angegeben.

Die Gleichgewichtslinie wird eine ebene Kurve sein, denn Kräfte senkrecht zur lotrechten Ebene durch I und II sind nicht vorhanden. Wir schneiden ein Kettenelement heraus, bringen die Schnittkräfte S, $S + dS$ bzw. $V + dV$, $H + dH$, V, H an und setzen diese mit der äußeren Last $q\,ds$ ins Gleichgewicht:

$$\sum F_x = 0 = -H + (H + dH)$$
$$\sum F_y = 0 = -V + (V + dV) - q\,ds$$
$$\sum M_B = V\,dx - H\,dy + q\,ds\,dx/2$$

mit $\dfrac{d(\ )}{dx} = (\ )'$ wird daraus

$$\Rightarrow \boxed{\begin{aligned} H' &= 0 \\ V' &= q\,s' \\ y' &= V/H \end{aligned}} \qquad \begin{aligned} &\dots\dots 1) \\ &\dots\dots 2) \\ &\dots\dots 3) \end{aligned}$$

Aus ...1) folgt H = konst. Differentiation von ...3) nach x – unter Berücksichtigung von H = konst. $\Rightarrow$ $y'' = V'/H$ ergibt mit ...2): $y'' = q\,s'/H$, und mit $ds^2 = dx^2 + dy^2$ $\Rightarrow$ $s' = \sqrt{1 + y'^2}$ erhält man die **Differentialgleichung**:

$$\boxed{y'' = \frac{1}{a}\sqrt{1 + y'^2}} \quad \dots\dots 4) \quad \text{wobei für} \quad \boxed{\frac{H}{q} = a} \quad \text{gesetzt ist. } a \text{ heißt der Seilparameter.}$$

Lösung:

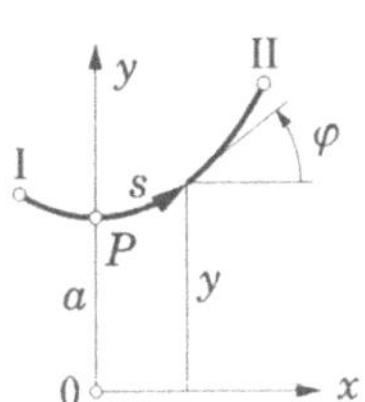

Trennung der Variablen: $\dfrac{dy'}{\sqrt{1 + y'^2}} = \dfrac{dx}{a}$

Die Substiution $y' = \sinh u$ $\Rightarrow$ $dy' = \cosh u\,du$ führt auf

$$\frac{\cosh u\,du}{\sqrt{1 + \sinh^2 u}} = \frac{dx}{a} \quad \Rightarrow \quad u = \frac{x}{a} + C \quad \Rightarrow \quad y = \sinh\frac{x}{a} + C_1$$

Legt man die y-Achse durch den Scheitelpuntk P der Kettenlinie, dann gilt

$$y'(x=0)=0=\sinh(0/a+C_1) \quad \Rightarrow \quad C_1=0 \quad \text{und man erhält für } y':$$

$$y'=\frac{dy}{dx}=\sinh\frac{x}{a} \quad \Rightarrow \quad \int dy=\int \sinh\frac{x}{a}dx \quad \Rightarrow \quad y=a\cosh\frac{x}{a}+C_2.$$

Wird der Koordinatenursprung 0 um das Maß a unterhalb von P angenommen, dann gilt

$$y(x=0)=a=a\cosh\frac{0}{a}+C_2=a+C_2 \quad \Rightarrow \quad C_2=0 \quad \text{und damit wird}$$

$$y(x)=a\cosh\frac{x}{a}.$$

Für die vom Scheitelpunkt P aus gezählte Bogenlänge s erhält man dann aus

$$ds=\sqrt{1+y'^2}\,dx \quad \Rightarrow \quad s=\int_0^x \sqrt{1+\sinh^2\frac{x}{a}}\,dx=\int_0^x \cosh\frac{x}{a}\,dx=a\sinh\frac{x}{a}.$$

Aus $\quad \cosh^2\frac{x}{a}-\sinh^2\frac{x}{a}=1 \quad$ folgt noch: $\quad y^2=a^2+s^2 \quad$ und aus

$$\frac{H}{\cos\varphi}=qa\sqrt{1+y'^2}=aq\sqrt{1+\sinh^2\frac{x}{a}}=aq\cosh\frac{x}{a}=qy=S.$$

Aus ...2) folgt auch mit $\quad V(x=0)=0 \quad \Rightarrow \quad V=q\cdot s$.

Zusammenfassung der Formeln der Seilstatik

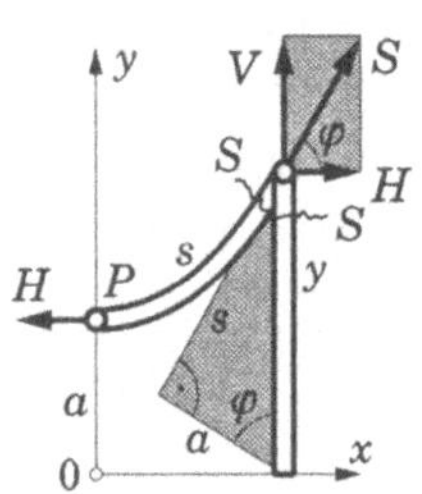

$$y=a\cosh\frac{x}{a} \qquad H=qa$$

$$s=a\sinh\frac{x}{a} \qquad V=qs$$

$$y^2=a^2+s^2 \qquad S=qy$$

$$\tan\varphi=\frac{s}{a}$$

6.2 Das Seildreieck

Eine Grundaufgabe der Seilstatik besteht in der Bestimmung des Seilparameters a, wenn die Länge L des Seils, die Horizontalentfernung b und die Vertikalentfernung h der Endpunkte I, II gegeben sind. Mit a können dann alle anderen interessierenden Größen z. B. S_1 und S_2 bzw. der maximale Durchhang relativ einfach berechnet werden.

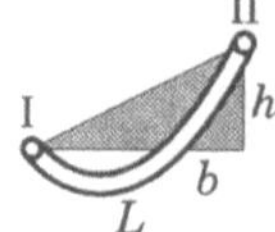

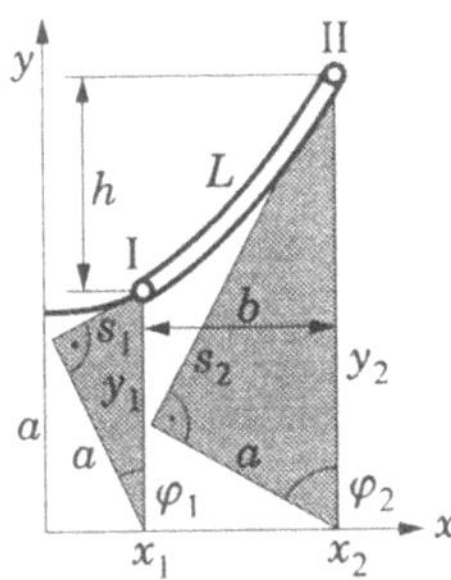

Aus

$$h = y_2 - y_1 = a\cosh\frac{x_2}{a} - a\cosh\frac{x_1}{a} \quad\ldots\ldots\ldots 1)$$

$$L = s_2 - s_1 = a\sinh\frac{x_2}{a} - a\sinh\frac{x_1}{a} \quad\ldots\ldots\ldots 2)$$

$$b = x_2 - x_1 \quad\ldots\ldots\ldots 3)$$

können mit einiger Mühe x_1 und x_2 eliminiert werden, womit eine (leider tranzendente) Bestimmungsgleichung für den Parameter a erhalten wird.

Aus ...1) bzw. ...2) folgen:

$$\left(\frac{h}{a}\right)^2 = \cosh^2\frac{x_2}{a} - 2\cosh\frac{x_2}{a}\cosh\frac{x_1}{a} + \cosh^2\frac{x_1}{a} \quad\ldots\ldots\ldots 4)$$

$$\left(\frac{L}{a}\right)^2 = \sinh^2\frac{x_2}{a} - 2\sinh\frac{x_2}{a}\sinh\frac{x_1}{a} + \sinh^2\frac{x_1}{a} \quad\ldots\ldots\ldots 5).$$

Mit $\quad \cosh(\alpha \pm \beta) = \cosh\alpha\cosh\beta \pm \sinh\alpha\sinh\beta \quad\Rightarrow\quad \cosh 0 = 1 = \cosh^2\alpha - \sinh^2\alpha$

$$\text{und} \quad\Rightarrow\quad \cosh 2\alpha = \cosh^2\alpha + \sinh^2\alpha =$$

$$= 1 + 2\sinh^2\alpha$$

erhält man durch Subtraktion von ...5) von ...4) unter Verwendung von ...3)

$$\left(\frac{L}{a}\right)^2 - \left(\frac{h}{a}\right)^2 = -1 + 2\cosh\left(\frac{x_2}{a} - \frac{x_1}{a}\right) - 1 = 2\left[\cosh\frac{b}{a} - 1\right] = 4\sinh^2\frac{b}{2a}$$

$$\boxed{\sqrt{L^2 - h^2} = 2a\sinh\frac{b}{2a}}$$

oder

$$\boxed{\frac{\sqrt{L^2 - h^2}}{b} =: k = \sinh\frac{b}{2a}\bigg/\frac{b}{2a}}$$

6.2.1 Numerische Lösung der Seildreiecksformel

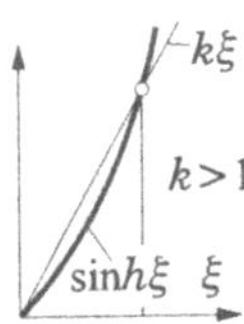

Die Auflösung der transzendeten Gleichung $\sinh(b/2a) = k(b/2a)$ nach a (b und $k = \sqrt{L^2 - h^2}/b$ seien gegeben) kann nur numerisch erfolgen. Wir setzen zur Vereinfachung für $b/2a = \xi$. Näherungslösung kann zeichnerisch oder durch Abbrechen der Reihe von $\sinh\xi$ (nach dem zweiten, dritten, oder vierten Glied) erhalten werden.

$$\sinh\xi = \xi + \frac{\xi^3}{3!} + \frac{\xi^5}{5!} + \frac{\xi^7}{7!} + \frac{\xi^9}{9!} + \ldots = k\xi \quad\Rightarrow\quad (1-k) + \frac{\xi^2}{6} + \frac{\xi^4}{120} + \frac{\xi^6}{5040} + \frac{\xi^8}{40320} + \ldots = 0$$

Aus $\quad (1-k)+\dfrac{\xi^2}{6} \doteq 0 \qquad$ folgt $\qquad \boxed{\xi \approx \sqrt{6(k-1)}}$

Aus $\quad (1-k)+\dfrac{\xi^2}{6}+\dfrac{\xi^4}{120} \doteq 0 \qquad$ folgt $\qquad \boxed{\xi \approx \sqrt{-10+\sqrt{100+120(k-1)}}}$

Die nächste Näherung würde bereits die Auflösung einer Gleichung dritten Grades in ξ^2 verlangen. Das Ergebnis wäre ein langer Ausdruck für einen noch immer nicht sehr genauen Näherungswert. Alle so erhaltenen Näherungswerte sind übigens etwas zu groß.

6.2.1.1 Newtonsches Näherungsverfahren

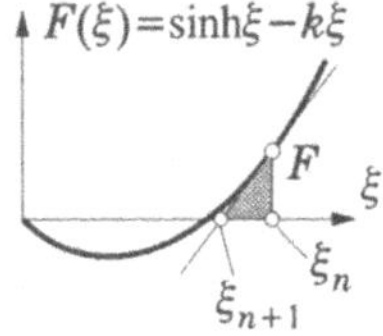

Beginnend mit irgend einem Näherungswert findet man über

$$\boxed{\xi_{n+1}=\xi_n-\frac{F(\xi_n)}{\dfrac{dF}{d\xi}(\xi_n)}} \quad = \xi_n-\frac{\sinh\xi_n-k\xi_n}{\cosh\xi_n-k}$$

beliebig genauen Lösungwert durch Iteration $n=1, 2, \ldots$ Für $k=2$ folgt mit

$$\sqrt{-10+\sqrt{100+120(k-1)}}=$$

$\xi_1 = 2{,}198271360$

$\xi_2 = 2{,}177697724$

$\xi_3 = 2{,}177319111$

$\xi_4 = 2{,}177318985$

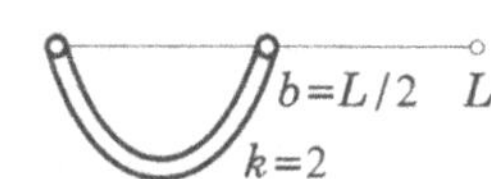

Dreimalige Iteration ergibt bereits den auf 10 Stellen richtigen ξ-Wert!

6.2.1.2 Resubstitutionsmethode

Müheloser, wenn auch mit häufigerer Iteration erhält man einen „beliebig genauen" Lösungswert auch aus:

$$\boxed{\xi_{n+1}=\operatorname{arsinh}(k\xi_n)} \qquad \text{Für } k=2 \text{ folgt mit}$$

$$\sqrt{-10+\sqrt{100+120(k-1)}}=$$

$\xi_1 = 2{,}198271360$

$\xi_2 = 2{,}186655268$

$\xi_3 = 2{,}181489690$

$\vdots$

$\xi_{23} = 2{,}177318985$

22 Iterationen liefern hier den auf 10 Stellen richtigen Lösungwert. In den meisten Fällen genügt eine $3\div4$-stellige Genauigkeit!

Viele Aufgaben aus der Seilstatik führen auf transzendente Bestimmungsgleichungen für den Seilparameter a. Ist a aber einmal bekannt, dann können alle anderen Größen von Interesse verhältnismäßig einfach ermittelt werden.

6.2.2 Bestimmung von $s_1, s_2, x_1, x_2, y_1, y_2, S_1, S_2$ bei bekanntem Seilparameter a

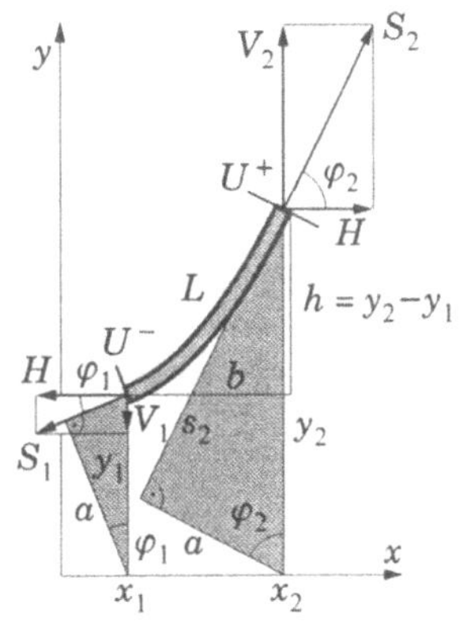

Aus
$$y_2 - y_1 = h = \sqrt{s_2^2 + a^2} - \sqrt{s_1^2 + a^2} \quad \ldots\ldots 1)$$
$$L = s_2 - s_1 \quad \ldots\ldots\ldots 2)$$

können s_1 und s_2 berechnet werden. Mit ...2) in ...1) erhält man:

$$\sqrt{(L+s_1)^2 + a^2} = h + \sqrt{s_1^2 + a^2}$$

$$L^2 + 2Ls_1 + s_1^2 + a^2 = h^2 + 2h\sqrt{s_1^2 + a^2} + s_1^2 + a^2$$

$$L^2 - h^2 + 2Ls_1 = 2h\sqrt{s_1^2 + a^2}$$

$$\left(L^2 - h^2\right)^2 + 4L\left(L^2 - h^2\right)s_1 + 4L^2 s_1^2 = 4h^2\left(s_1^2 + a^2\right)$$

$$\left[\left(L^2 - h^2\right)^2 - 4a^2 h^2\right] + 4L\left(L^2 - h^2\right)s_1 + 4\left(L^2 - h^2\right)s_1^2 = 0$$

$$s_1^2 + Ls_1 + \left[\frac{\left(L^2 - h^2\right)}{4} - \frac{a^2 h^2}{\left(L^2 - h^2\right)}\right] = 0$$

$$s_1 = -\frac{L}{2} \pm \sqrt{\frac{L^2}{4} - \left(\frac{L^2 - h^2}{4} - \frac{a^2 h^2}{L^2 - h^2}\right)} = -\frac{L}{2} + \frac{h}{2}\sqrt{1 + \frac{4a^2}{L^2 - h^2}}$$

$$s_1 = -\frac{L}{2} + \frac{h}{2}\sqrt{1 + \frac{1}{\sinh^2(b/2a)}} = -\frac{L}{2} + \frac{h}{2}\sqrt{1 + \frac{4a^2}{L^2 - h^2}} = -\frac{L}{2} + \frac{h}{2}\coth\frac{b}{2a}$$

und mit ...2) $\quad s_2 = +\dfrac{L}{2} + \dfrac{h}{2}\coth\dfrac{b}{2a}$. Mit s_1 und s_2 sind über die Grundformeln der Seilstatik allen andern Größen zu finden.

Zusammenfassung

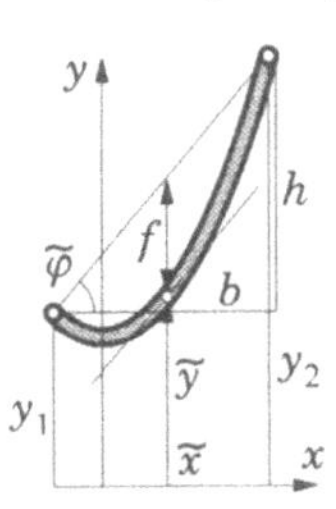

$$s_1 = \frac{h}{2}\coth\frac{b}{2a} - \frac{L}{2} \quad \Rightarrow \quad s_2 = \frac{h}{2}\coth\frac{b}{2a} + \frac{L}{2}$$

$\varphi_1 = \arctan(s_1/a)$	$\varphi_2 = \arctan(s_2/a)$
$V_1 = qs_1$	$V_2 = qs_2$
$x_1 = a\,\mathrm{arsinh}(s_1/a)$	$x_2 = a\,\mathrm{arsinh}(s_2/a)$
$y_1 = \sqrt{a^2 + s_1^2}$	$y_2 = \sqrt{a^2 + s_2^2}$
$S_1 = q\sqrt{a^2 + s_1^2}$	$S_2 = q\sqrt{a^2 + s_2^2} = s_{\max}!$

Für den Durchhang f ergibt sich aus $f = \left[y_1 + \dfrac{h}{b}(\tilde{x} - x_1) \right] - \tilde{y}$ mit $\tan \tilde{\varphi} = \dfrac{h}{b} = \sinh \dfrac{\tilde{x}}{a} = \dfrac{\tilde{s}}{a}$:

$$f = y_1 + \frac{h}{b}\left(a \operatorname{arsinh} \frac{h}{b} - x_1 \right) - a \sqrt{1 + \left(\frac{h}{b} \right)^2}$$

Geht man von den Gleichungen

$$L = \sqrt{y_2^2 - a^2} - \sqrt{y_1^2 - a^2} \quad \dots\dots 1)$$
$$h = y_2 - y_1 \quad \dots\dots\dots\dots\dots 2)$$

aus, dann findet man (aus dem Vergleich diese beiden Gleichungen mit den Gleichungen ...1) und ...2) auf Seite 63) sofort:

$$y_1 = -\frac{h}{2} \overset{(-)}{\underset{(+)}{}} \frac{L}{2} \sqrt{1 + \frac{4\left(-a^2\right)}{h^2 - L^2}} = -\frac{h}{2} + \frac{L}{2} \sqrt{1 + \frac{1}{\sinh^2(b/2a)}} \quad \Rightarrow$$

$$y_1 = \frac{L}{2} \coth \frac{b}{2a} - \frac{h}{2} \qquad\qquad y_2 = \frac{L}{2} \coth \frac{b}{2a} + \frac{h}{2}$$

Anmerkungen

Traktrix

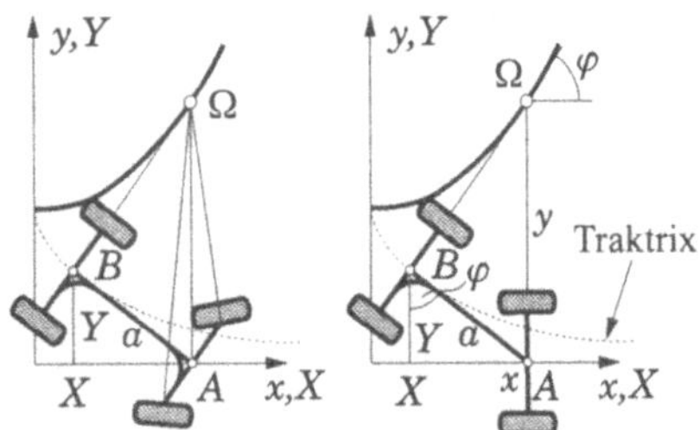

Die Evolvente der Kettenlinie hat technische Bedeutung in der Kraftfahrzeug-Mechanik: Wird der Mittelpunkt A der Vorderachse auf einer Geraden (der x-Achse) geführt, so beschreibt der Mittelpunkt B der Hinterachse eine sogenannte <u>Traktrix</u> oder <u>Schleppkurve</u> (oder auch „Hundekurve") und diese Kurve ist die Evolvente der Kettenlinie

$$y = a \cosh(x/a),$$

wobei der Achsabstand gleich a ist. Aus $y = a \cosh(x/a) = a/\cos\varphi$ folgt $x(\varphi) = a \operatorname{arcosh}(1/\cos\varphi)$. Damit ergibt sich für die Traktrix:

$$X(\varphi) = a\left[\operatorname{arcosh}(1/\cos\varphi) - \sin\varphi\right], \quad Y(\varphi) = a \cos\varphi$$

Die Pseudosphäre

Läßt man die Traktrix um die x-Achse rotieren, dann erzeugt sie eine Drehfläche mit der sehr bemerkenswerten Eigenschaft konstanter negativer (GAUSSscher-) Flächenkrümmung. Der Krümmungsradius der Meridianlinie ist $\rho_1 = s = a \tan\varphi$ und der Krümmungsradius der Schnittlinie der Normalebene zu xy durch B ist gegeben durch $\rho_2 = -a \cot\varphi$. Demnach ist die GAUSSsche Flächenkrümmung $\kappa = \rho_1 \cdot \rho_2 = a\tan\varphi\cdot(-a\cot\varphi) = -a^2$, d. h., an jeder Stelle der Fläche ist diese Krümmung gleich groß und negativ. Dies Fläche stellt ein Gegenstück zur Kugel (Sphäre) dar bei der die GAUSSsche Flächenkrümmung überall konstant und positiv ist: $\rho_1 \cdot \rho_2 = \rho_1^2 = a^2 = $ konst.

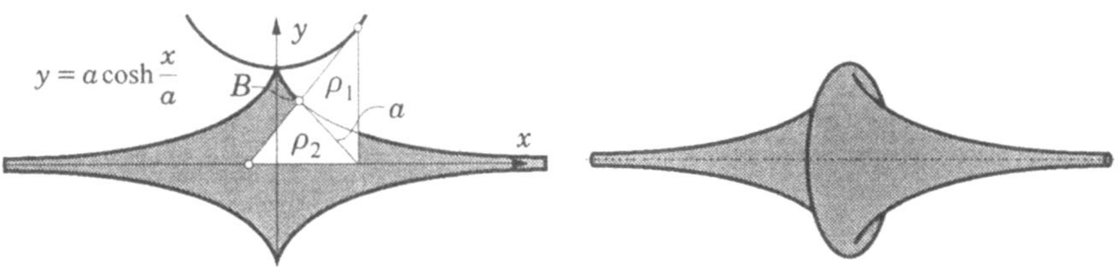

Eine Aufgabe

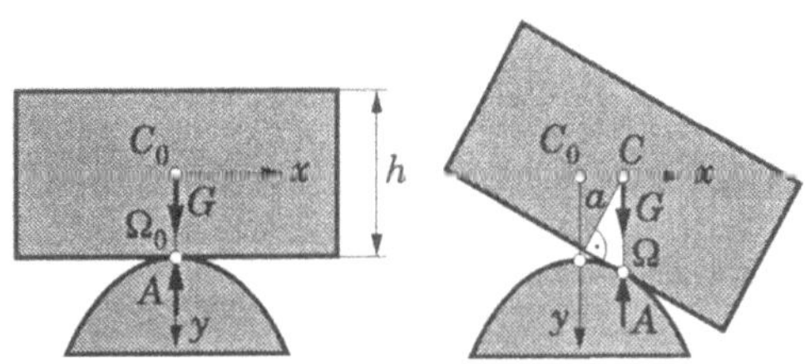

Wie muß die Unterlage geformt sein, damit der aufliegende Block in jeder Lage (kein Gleiten!) im Gleichgewicht sein kann?

Antwort:
$$y = \frac{h}{2}\cosh\frac{x}{h/2}.$$

6.3 Einige Aufgaben aus der Seilstatik

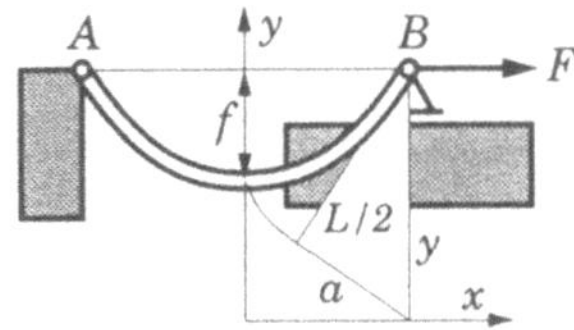

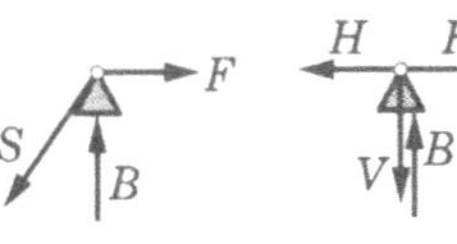

<u>Gegeben</u>: Länge L,
Gewicht G

<u>Gesucht</u>: Der Zusammenhang zwischen der Kraft F und dem Durchhang f.

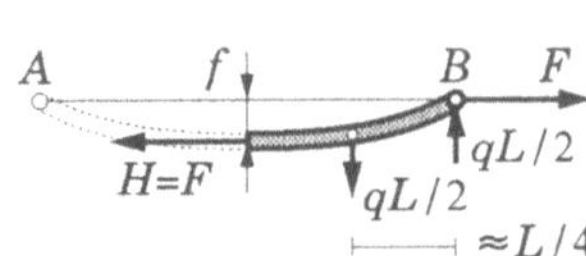

Aus $\displaystyle\sum F_x = 0$ für den Gleitstein folgt

$$F = H = aq = aG/L,\ \text{und mit } s = L/2 \text{ wird}$$

$$y = a + f = \sqrt{(L/2)^2 + a^2}\ , \text{ woraus für}$$

$$f(F) = \sqrt{(L/2)^2 + (F/q)^2} - (F/q) \text{ folgt. Die Aulösung nach } F \text{ ergibt}$$

$$\boxed{H = F(f) = q\left(L^2/8f - f/2\right)} \quad \text{für } f \ll L \ \Rightarrow\ F(f) \doteq qL^2/8f$$

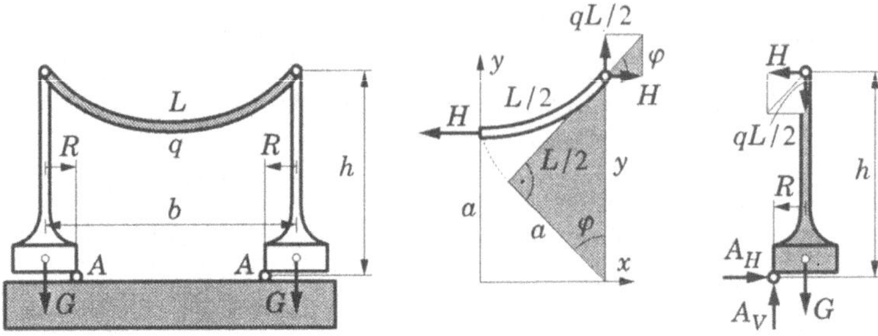

<u>Gegeben:</u> Länge L, Gewicht pro Längeneinheit q, Höhe h, Radius R, Eigengewicht der Ständer G.

<u>Gesucht:</u> Die größtmögliche Entfernung b der beiden Ständer

<u>Annahme:</u> Kein Gleiten der Ständer auf dem Boden.

Kippgrenze: $\quad \sum M_A = 0 = (G+V)R - H \cdot h \quad \Rightarrow \quad H = \left(G + \dfrac{qL}{2}\right)\dfrac{R}{h} = aq$

$$\Rightarrow \quad a = \left(\dfrac{G}{q} + \dfrac{L}{2}\right)\dfrac{R}{h}$$

Mit $\quad s = a\sinh\dfrac{x}{a} \quad \Rightarrow \quad \dfrac{L}{2} = a\sinh\dfrac{b}{2a}$

Die Auflösung nach b ergibt mit $a = \left(\dfrac{G}{q} + \dfrac{L}{2}\right)\dfrac{R}{h} \quad \Rightarrow$

$$\boxed{\; b_{\max} = 2\left(\dfrac{G}{q} + \dfrac{L}{2}\right)\dfrac{R}{h}\,\operatorname{arsinh}\left[\dfrac{\dfrac{L}{2}\,h}{R\left(\dfrac{G}{q} + \dfrac{L}{2}\right)}\right] \;}$$

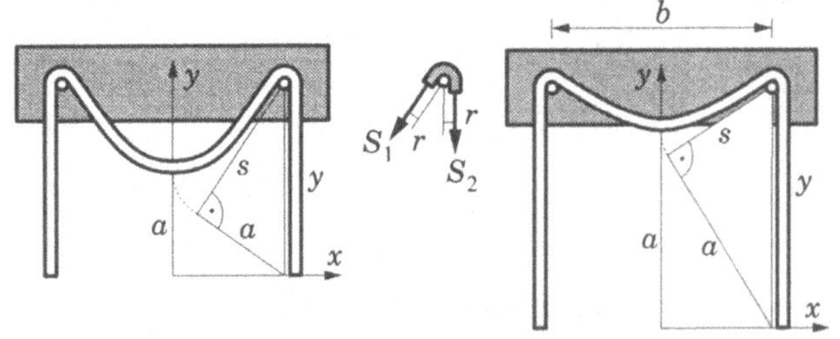

Gegeben: Horizontalentfernung b der beiden, reibungsfrei gelagerten kleinen Rollen.

Gesucht: Mindestlänge L der homogenen (q = konst) Seiles, wenn Gleichgewichtslage(n) möglich sein sollen.

Erste (instabile) und zweite (stabile) Gleichgewichtslage für $L > L_{\min}$.

Das Momentengleichgewicht der Rollen verlangt: $S_1 r - S_2 r = 0 \quad \Rightarrow \quad S_1 = S_2 = S$.

Mit den Seilstatikformeln $S = qy$, $y = a\cosh\dfrac{x}{a}$ und

$s = a\sinh\dfrac{x}{a}$ erhält man aus

$$2y + 2s = L = 2a\left[\cosh\frac{b}{2a} + \sinh\frac{b}{2a}\right] = 2ae^{b/2a} = L\,.$$

Die Bestimmngsgleichung für a lautet mit $\xi = \dfrac{b}{2a}$:

$$f(\xi) = \frac{e^{\xi}}{\xi} = \frac{L}{b}\,.$$

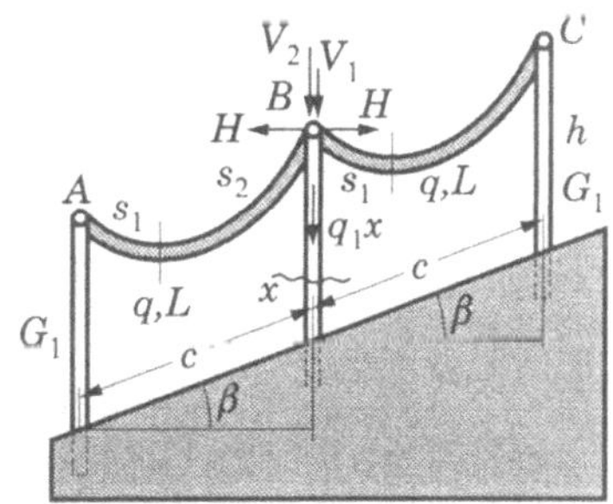

$f_{\min}$ ergibt sich aus $f' = \dfrac{\left(\xi e^{\xi} - e^{\xi}\cdot 1\right)}{\xi^2} = 0 \;\Rightarrow\; \xi = 1 \;\Rightarrow\; \boxed{e = 2{,}71828\ldots = \dfrac{L_{\min}}{b}}\,.$

Drei Fälle kann man unterscheiden: Für $L > eb = L_{\min}$, $L = eb = L_{\min}$ und $L < eb = L_{\min}$ gibt es (im ersten Fall) zwei (im zweiten) eine und (im dritten) keine Gleichgewichtslage.

Gegeben: Zwei gleichlange (L) gleichschwere (qL) Ketten sind an den Mastenspitzen $A\,B\,C$ befestigt. Der Steigungswinkel des Geländers ist β, der Abstand der Masten im Gelände ist c. Mastenhöhe h, Mastengewicht G_1.

Gesucht: Verteilung des Biegemomentes, der Querkraft und der Längskraft im **mittleren** Masten.

Aus der Seildreiecksformel $\sqrt{L^2 - (c\sin\beta)^2} = 2a\sinh\!\left(\dfrac{c\cos\beta}{2a}\right)$ kann a berechnet werden.

Für beide Seilfelder erhält man denselben Parameter $a \;\Rightarrow\;$ Biegemomente $M \equiv 0$, Querkräfte $Q \equiv 0$, Längskraft: $N = -\left[(V_1 + V_2) + q_1 x\right] = -\left[qL + \left(\dfrac{G_1}{h}\right)x\right]$.

7 Theorie der Reibung

In der Wissenschaft von der Reibung, der „Tribologie" (von $\overset{c}{\eta}\ \tau\rho\iota\beta\eta'$ das Reiben) werden die überaus komplizierten Verhältnisse studiert, die beim Aneinandervorbeigleiten zweier sich berührender Körper auftreten: die Verteilung der Kräfte und deren maßgebenden Resultierenden, die Wärmeentwicklung und der Abrieb. Wir werden uns auf die Kräfte beschränken, die in den berührenden Flächen übertragen werden, und werden uns insbesonders für die Grenzkräfte interessieren, die ein relatives Abgleiten der berührenden Oberflächen gerade noch zu verhindern vermögen (Statik!).

Berühren sich zwei vollkommen starre Körper mit vollkommen glatten Oberflächen in einem bestimmten Punkt B, so sind die Kräfte (Aktions- und Reaktionskraft), mit denen sie aufeinander einwirken, normalgerichtet zur gemeinsamen Tangentialebene der beiden Oberflächen. Vollkommen starre Körper und vollkommen glatte Oberflächen sind Fiktionen mit keinen Entsprechungen in der Wirklichkeit. Berühren sich zwei reale, nicht starre (aber feste Körper mit rauhen Oberflächen, so findet die Berührung nicht nur in einem Punkte, sondern in mehreren Punkten bzw. einer kleinen Fläche statt. In dieser Fläche sind Kräfte irgendwie verteilt. Es läßt sich auf einer rauhen Oberfläche aber doch eine

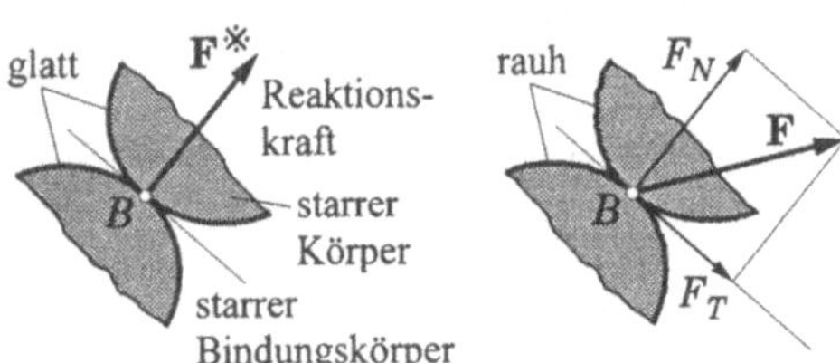

mathematische Mittelfläche und in jedem ihrer Punkte eine Normale und eine Tangentialebene angeben. Vereinfachend werden wir annehmen, daß sich die Mittelflächen der rauhen Oberflächen (wieder) nur in einem Punkte berühren, und daß die Reaktionskraft (die Resultierende der in der Berührungsfläche verteilten Kräfte) in diesem Punkte angreifen. Die Reaktionskraft kann in zwei Komponenten zerlegt werden: die Normalkraft F_N und die „Tangentialkraft F_T". Letztere wirkt in der Tangentialebene der Mittelflächen und kommt zustande durch die Unebenheiten der realen Oberflächen, die eine Art von „Verzahnung" darstellen.

7.1 Allgemeines

7.1.1 Grenzen

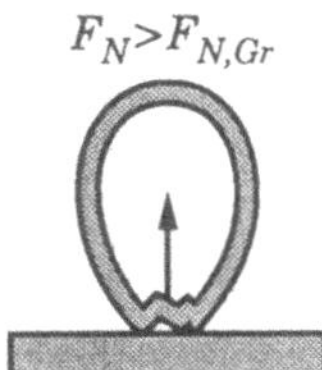

Für die Größen der Kräfte F_N und F_T gibt es Grenzen, die abhängig sind von der begrenzten Materialfestigkeit und von der Formgebung bzw. der Oberflächenbeschaffenheit. Werden diese Grenzen überschritten, dann tritt Bruch (Bewegung, Abgleiten) ein. Die Grenz-Normalkraft wird bei entsprechend großer Belastung erreicht (Ei des Kolumbus), wobei es zu Brüchen, Einknicken kommt. **Die Grenztangentialkraft** $F_{T,Grenz}$ = **Haftreibungskraft** F_{R0}. Sie wird ohne besonders sichtbare Zerstörungen erreicht bzw. überschritten. Sie hängt hauptsächlich ab von der Rauhigkeit der Oberflächen, der Festigkeit der Materialien und von der Normalkraft F_N. Bei Überschreiten dieser Grenzkraft $(F_T > F_{R0})$ tritt Gleitbewegung ein, die Unebenheiten (die Zähne) werden teilweise abgeschert, wodurch sich auch die Reibungskraft verringert. Bei Bewegung hängt die Reibungskraft $F_R(v)$ von der Gleitgeschwindigkeit v ab.

7.1.2 Experimentelle Bestimmung der Haftreibungskraft $F_{R0} = F_{T,G}$

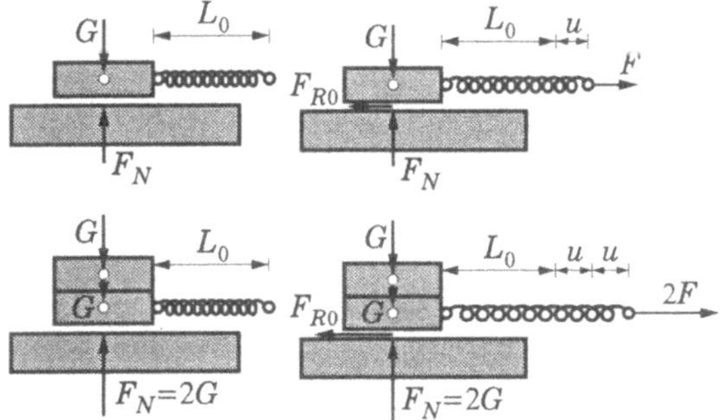

Wir nehmen an, daß sich zwischen den beiden Körpern keinerlei „Schmierschichte" befindet und sprechen in diesem Fall von trockener Reibung (trockene Haftreibung, trockene Gleitreibung).

Ein Block vom Gewicht G ruhe auf einer rauhen Unterlage. Eine Feder ist in B befestigt und werde so lange gedehnt (u), bis der Block sich zu bewegen beginnt. Der Federverlängerung entspricht einer bestimmten Federkraft. Wird die Normalkraft verdoppelt, dann verdoppelt sich erfahrungsgemäß die Kraft F : Es gilt also der COULOMBsche Reibungsansatz:

$$F_{R0} = \mu_0 F_N = \tan \rho_0 F_N$$

Der COULOMBsche Haftreibungskoeffizient μ_0 (bzw. der COULOMBsche Haftreibungswinkel ρ_0) hängt ab von der Rauhigkeit der berührenden Flächen und wider Erwarten nur wenig von der Größe der berührenden Flächen. Der Haftreibungswinkel ρ_0 (und damit auch μ_0) ist am einfachsten durch einen (Rutsch-)Versuch auf der schiefen Ebene zu ermitteln:

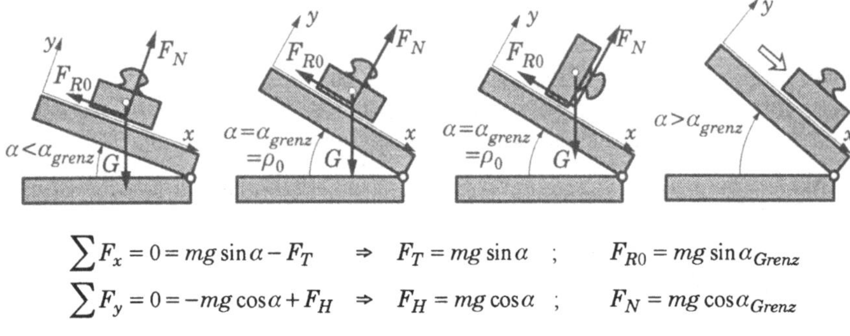

$$\sum F_x = 0 = mg\sin\alpha - F_T \quad \Rightarrow \quad F_T = mg\sin\alpha \quad ; \qquad F_{R0} = mg\sin\alpha_{Grenz}$$

$$\sum F_y = 0 = -mg\cos\alpha + F_H \quad \Rightarrow \quad F_H = mg\cos\alpha \quad ; \qquad F_N = mg\cos\alpha_{Grenz}$$

$$\Rightarrow \qquad F_{R0} = \tan\alpha_{Grenz}\, F_N = \tan\rho_0\, F_N = \mu_0 F_N \quad \Rightarrow \quad \boxed{\mu_0 = \tan\alpha_{Grenz}}$$

7.1.3 Gleitreibungskraft bei trockener Reibung

Kommt der aufliegende Körper in Bewegung, dann gelten für ihn nicht mehr die Gesetze der Statik. Versuche zeigen, daß die Reibungskraft bei Bewegung von der Gleitgeschwindigkeit abhängt, daß sie kleiner ist als die Haftreibungkraft, daß sie wieder proportional mit der Normalkraft F_N anwächst und nur wenig von der Größe der Berührungsfläche beeinflußt ist.

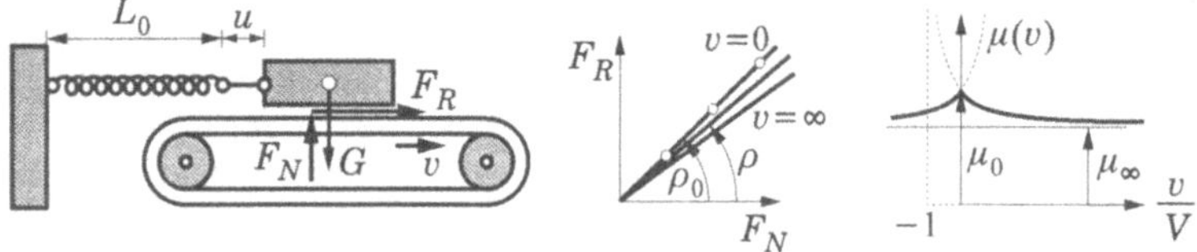

Versuchsergebnisse lassen sich in folgenden Formeln zusammenfassen:

$$\boxed{F_R = \mu(v)\,F_N} \qquad \boxed{\mu(v) = \mu_\infty + \frac{\mu_0 - \mu_\infty}{1 + v/V}}$$

Meist vereinfacht man diese Geschwindigkeits-Abhängigkeit und nimmt für $v = 0$: $\mu = \mu_0$ und für $v > 0$: $\mu = \mu_\infty < \mu_0$!

7.1.4 Schmiermittelreibung

Ist zwischen den Reibflächen ein Schmiermittel, das die beiden Flächen (bzw. Körper) auf Distanz hält (Fett, Öl, Luft) dann sind die Verhältnisse ganz andere: es gibt fast keine Haftreibung

$\left(F_{R0} \approx 0\right)$, die Reibungskraft (bei Bewegung) ist fast unabhängig von der Normalkraft F_N (bzw. dem Druck im Schmierspalt), sie wächst proportional mit der Gleitgeschwindigkeit v und der Größe der „Berührungsfläche" (A) und schließlich verkehrt proportional mit der Schichtdicke (δ). Der Parameter η ist ein Maß für die Zähigkeit des Schmiermittels, der stark temperaturabhängig ist.

$$F_R = \frac{\eta A v}{\delta}$$

7.1.5 Gemischte Reibung

Besonders kompliziert werden die Verhältnisse dann, wenn das Schmiermittel die beiden Oberflächen nicht vollkommen trennt, so daß Festkörperberührung stattfindet. Leider ist gerade dieser Fall einer, der häufig auftritt, zumindest vorübergehend bei jedem Gleitlager beim Anfahren der Rotoren. Näheres darüber in der Theorie der Gleitlager.

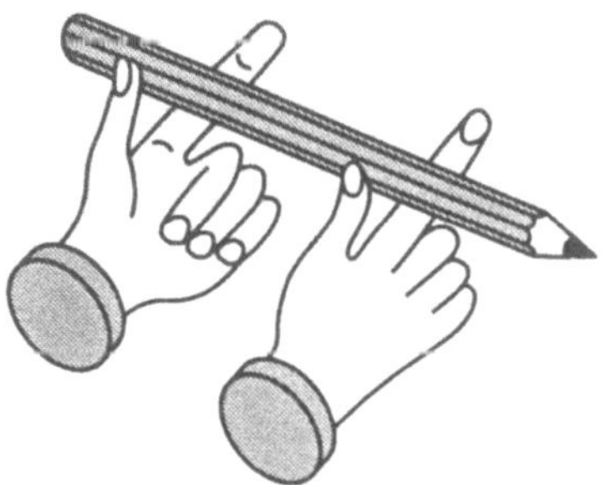

In den folgenden Beispielen werden wir immer trockene Reibung voraussetzen. Daß bei trockener Reibung die Haftreibungskraft F_{R0} immer größer ist als die Gleitreibungskraft $F_R(= F_{R\infty} < F_{R0})$, kann an einfachen Versuchen gezeigt werden. Legt man einen Stab (einen Bleistift oder einen Besen) auf die gestreckten Zeigefinger und bewegt dies langsam aufeinander zu, dann wird der Stab einmal auf dem einen Zeigefinger haften und auf dem anderen gleiten und dann, wenn sich die Auflagerkräfte entsprechend geändert haben, gerade umgekehrt auf diesem haften und am ersteren gleiten. Dieses Verhalten läßt sich unschwer aus $\mu(v) < \mu_0$ und der Tatsache aufklären, daß die Reibungskraft linear mit der Auflagerkraft zusammenhängt. *Ein anderes Beispiel:* Eine Reinigungsmaschine läßt sich viel leichter horizontal verschieben bei rotierenden als bei stillstehenden Bürsten!

7.2 Die trockene Reibung

7.2.1 Der Reibungskegel

Ein Radiergummi liege auf einer rauhen horizontalen Unterlage, einer Tischplatte. Der COULOMBsche Haftreibungskoeffizient μ_0 sei gegeben. Mit einem Bleistift (Spitze zum Gummi) werde nun auf dem Radiergummi eine Kraft ausgeübt. Ein Reibungskegel mit dem Öffnungswinkel ρ_0 sei errichtet gedacht. Der Radiergummi wird sich zu bewegen beginnen oder in

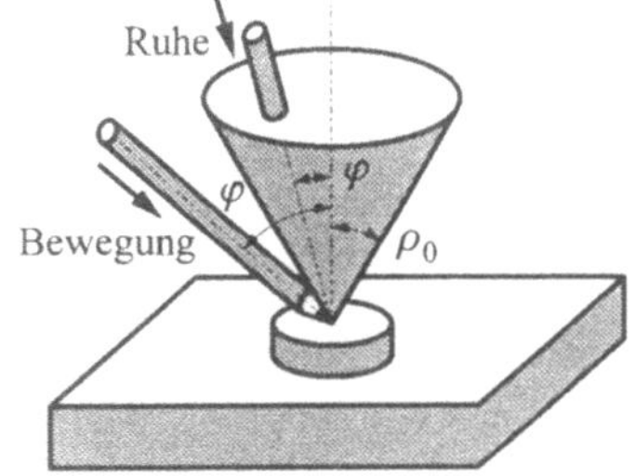

Ruhe verharren, je nachdem der Neigungswinkel φ der Bleistiftachse größer oder kleiner ist als ρ_0 d. h. sich außerhalb oder innerhalb des Reibungskegels befindet.

7.2.1.1 Die angelehnte Leiter, $z_{max} = ?$

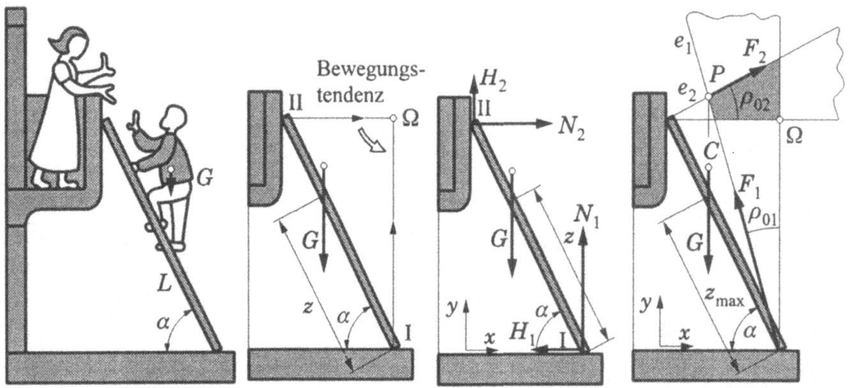

Um die Bewegungstendenz zu erkennen, denken wir uns die Balkenwand und das Verona-Pflaster als vollkommen reibungsfrei. In diesem Fall würde sich die Leiter um eine Achse durch Ω, dem Moment $G(z\cos\alpha)$ folgend, im Gegenuhrzeigersinn zu drehen beginnen. Der Bewegungstendenz entgegengerichtet bringen wir nun die Haftkräfte H_1 bzw. H_2 in I bzw II an. Die Gleichgewichtsbedingungen für die Leiter lauten dann:

$$\sum F_x = 0 = N_2 - H_1 \;\; ; \;\; \sum F_y = 0 = H_2 + N_1 - G \quad \text{und}$$

$$\sum M_{\mathrm{I}} = 0 = (z\cos\alpha)G - N_2 L\sin\alpha - H_2 L\cos\alpha \,.$$

Das sind 3 Gleichungen für vier Unbekannte (wenn z gegeben ist). Es liegt also ein statisch unbestimmtes Problem vor. Wird nun aber nach dem z-Wert gefragt, bei dem die Haftreibungsgrenze gerade erreicht wird (diese wird in I und in II gleichzeitig erreicht, nachdem I und II starr verbunden sind), dann kommen zu den Gleichgewichtsgleichungen noch die COULOMBschen Gleichungen: $H_1 = \mu_{01}N_1$ und $H_2 = \mu_{02}N_2$, womit dann für N_1, H_1, N_2, H_2 und z 5 Gleichungen zur Verfügung stehen. Mit der 4. und 5. Gleichung in die 1. und 2. Gleichung eingesetzt erhält man

$$\begin{array}{ll} N_2 - N_1\mu_{01} = 0 & \Big| \cdot -\mu_{02} \\[2mm] \mu_{02}N_2 + N_1 = G & \Big| \cdot -\mu_{01} \end{array} \quad \Rightarrow \quad N_1 = \frac{G}{1+\mu_{01}\mu_{02}} \;;\; N_2 = \frac{G\mu_{01}}{1+\mu_{01}\mu_{02}}\,.$$

Damit folgt aus

$$\sum M_{\mathrm{I}} = 0 \;\Rightarrow\; zG = N_2 L(\tan\alpha + \mu_{02}) \;\Rightarrow\; \boxed{z_{max} = L\mu_{01}\frac{(\tan\alpha + \mu_{02})}{1+\mu_{01}\mu_{02}}}\,.$$

z_{max} läßt sich demnach vergrößern nur durch Vergrößern des Steigungswinkels α ; L, μ_{01}, μ_{02} sind ja mehr oder weniger vorgegeben. Ist $\mu_{01} = 0$ (reibungsfreier Boden), dann ist $z_{max} = 0$ (sofern $\tan\alpha \neq \infty$).

Zeichnerisch Lösung der Aufgabe

Zeichneirsch kann die Aufgabe (für einen gegebenen Steigungswinkel α die größtmögliche Steighöhe zu bestimmen) mit ein paar Strichen erledigt werden. In den Punkten I und II können die Reibungskegel mit den Öffnungswinkeln ρ_{01} bzw. ρ_{02} errichtet werden (in obiger Zeichnung sind nur die halben Kegel eingezeichnet). Der Schnittpunkt der äußersten Erzeugenden e_1 und e_2 ist P. Liegt die Wirkungslinie der Gewichtskraft G links von P, dann wird sich die Leiter (um Ω) zu drehen beginnen (entgegen dem Uhrzeigersinn), d. h. sie wird in I nach rechts und in II nach unten rutschen. Liegt die Wirkungslinie rechts von P ($0 < z < L$), dann bleibt die Leiter (statisch unbestimmt) im Gleichgewicht. Im Grenzfall geht die Wirkungslinie von G durch P, womit z_{max} bestimmt ist.

7.2.1.2 Fahrrad

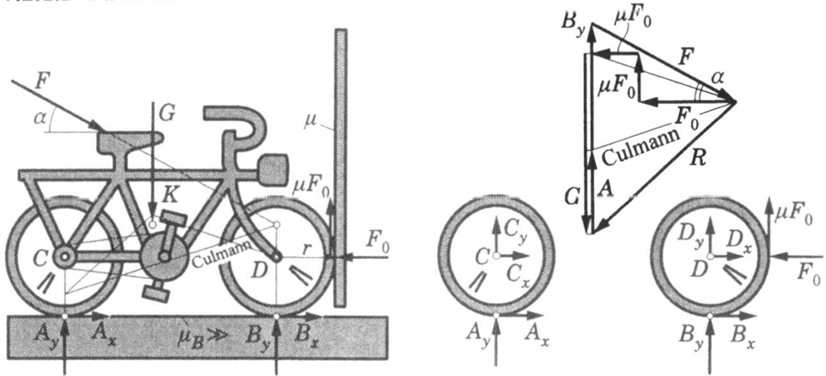

Eine Drehtür kann mit F_0 geöffnet werden. Ein Fahrrad, am Sattel geführt, werde mit dem Vorderrad gegen die Drehtür gedrückt.

<u>*Gegeben*</u>: F_0, G, α und μ <u>*Gesucht*</u>: $F(\alpha)$ und F_{min}

<u>*Annahme*</u>: Das Vorderrad gleitet am Boden nicht ($\mu_B \gg$)

Rechnerische Lösung

Das Fahrrad besteht im Wesentlichen aus 3 Teilen. Damit können 9 Gleichgewichtsbedingungen zur Bestimmung von $A_x\, A_y\, B_x\, B_y\, C_x\, C_y\, D_x\, D_y$ und F angeschrieben werden. Setzt man das Fahrrad als Ganzes ins Gleichgewicht und nimmt die Momentengleichgesichtsbedingungen für die Räder allein (bezogen auf die Radmittelpunkte C, D) hinzu, dann hat man 5 Gleichungen für $A_x\, A_y\, B_x\, B_y$ und F. Da hier nur F gefragt ist, genügen folgende Gleichungen:

$$\sum F_x = 0 = F\cos\alpha + A_x + B_x - F_0 = 0$$

und $\quad \sum M_C = A_x r = 0 \quad ; \qquad \sum M_D = (B_x + \mu F_0)r = 0.$

[Die beiden letzten Gleichungen gelten für die isolierten Räder allein).

Mit $\quad A_x = 0 \quad$ und $\quad B_x = -F_0\mu_0 \quad$ erhält man für $F(\alpha)$:

$$F(\alpha) = F_0 \frac{1+\mu}{\cos\alpha}$$

F wird ein (mathematisches) Minimum für $\alpha = 0 \;\Rightarrow\; F_{\min} = F_0(1+\mu)$.

Zeichnerische Lösung

Daß $A_x = 0$ und $B_x = -F_0\mu_0$ sein muß, erkennt man schnell. Die Resultierende der Teilkräfte $\mu F_0, B_x$ und F_0 muß durch D hindurch gehen. Damit ist die Resultierende R aller vorgegebenen Kräfte nach Größe Richtung und Lage bekannt. Mit Hilfe der CULMANNschen Methode können nun die Kräfte A, B_y und F durch Zerlegung dieser Resultierenden gefunden werden ($\mu_B B_y > B_x = \mu F_0$ ist vorausgesetzt worden).

7.2.1.3 Spielzeugauto

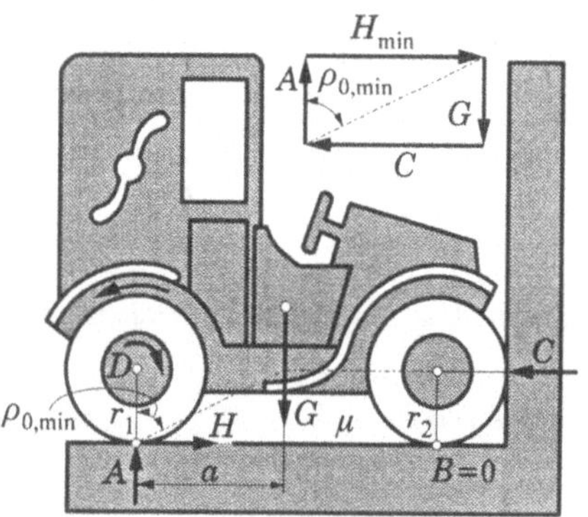

Das Spielzeugauto hat einen Hinterradantrieb durch Federmotor. Dieser bringe das Drehmoment M auf die Hinterachse.

Gegeben: μ (Boden), G, alle Abmessungen.

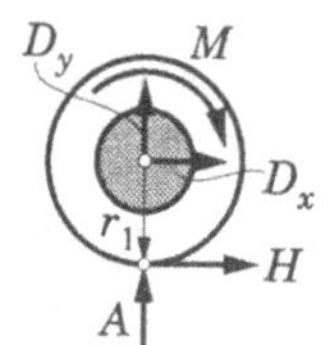

Gesucht: Das kleinste Antriebsdrehmoment $M_{\min}$, das erforderlich ist, wenn das Auto an der Wand hochklettern soll. Bedingung, die μ erfüllen muß?

Aus $\sum M_D = 0$ für das Fahrzeug als Ganzes gilt $\sum F_x = 0 \Rightarrow C = H$ und

$$\sum M_A = Ga - Cr_2 = 0 \;(B = 0 \text{ beim ersten leichten Anheben!}) \;\Rightarrow\; Ga = Cr_2 = \frac{M}{r_1}r_2$$

$$\Rightarrow \quad M_{\min} = \frac{Ga r_1}{r_2}$$

Aus $\sum F_y = 0 \Rightarrow A = G$, womit $\tan\rho_{0,\min} = C/G = a/r_2$ folgt. D. h. es muß $\rho_0 > \arctan\left(a/r_2\right)$ sein!

7.2.1.4 Anheben einer schweren Kette

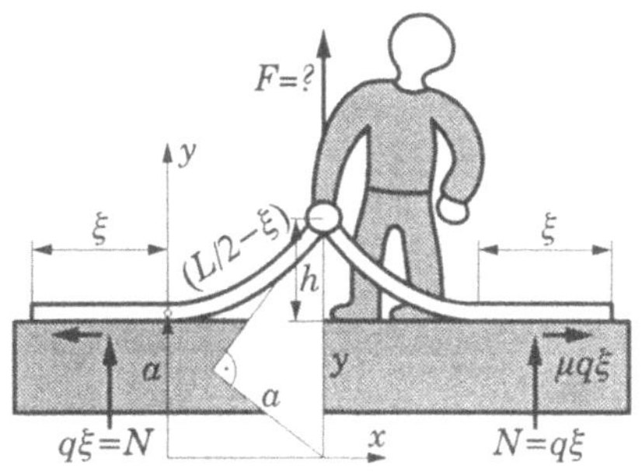

Gegeben: L, G, $q = G/L$, Reibungskoeffizient des Bodens μ, Höhe h.

Gesucht: Zusammenhang zwischen der Hubkraft F und der Hubhöhe h.

Für jeden der auf dem Boden aufliegenden Kettenteile (von der Länge ξ) gilt:

$$H = \mu N = \mu q\xi \quad \text{(Reibungsgrenze)}.$$

Mit den Formeln der Seilstatik $H = aq$ und

$y = \sqrt{s^2 + a^2} = a + h$ erhält man mit $H = \mu q\xi$ und mit $s = \left(L/2 - \xi\right)$ → $a - \mu\xi$ und

$$\left(L/2 - \xi\right)^2 + a^2 = a^2 + 2ha + h^2 \quad \Rightarrow \quad \xi^2 - 2\left(L/2 + \mu h\right)\xi + \left(L/2\right)^2 - h^2 = 0, \text{ woraus}$$

$$\xi = \left(\frac{L}{2} + \mu h\right) \overset{(+)}{\underset{-}{}} \sqrt{\left(\frac{L}{2} + \mu h\right)^2 - \left(\frac{L}{2}\right)^2 + h^2} \text{ folgt.}$$

Mit $\quad F = 2V = 2qs = 2q\left(\dfrac{L}{2} - \xi\right) \quad$ findet man dann den gesuchten Zusammenhang:

$$\boxed{\,F(h) = 2qL\left[\sqrt{u\,\frac{h}{L} + \left(1 + \mu^2\right)\left(\frac{h}{L}\right)^2} - \frac{h}{L}\,\mu\right]\,}$$

7.2.1.5 Steigeisen

Ein Mann mit dem Gewicht G steige mit Steigbügeln auf einen Masten (Skizze, 2 Lastfälle).

Gegeben: G, h, a, d, α, s und die Reibungskoeffizienten μ_{01} und μ_{02}.

Es soll zeichnerisch überprüft werden, ob Abrutschgefahr besteht. In beiden Lastfällen liegt der Schnittpunkt P (von e_1 und e_2) „links" von der jeweiligen Lastwirkungslinie, d. h. es besteht keine Abrutschgefahr.

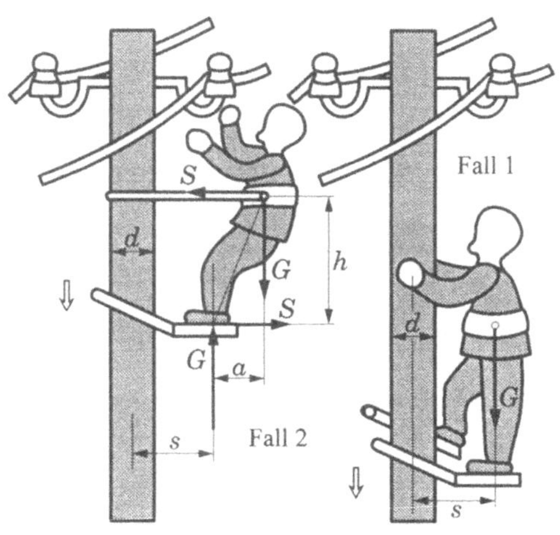

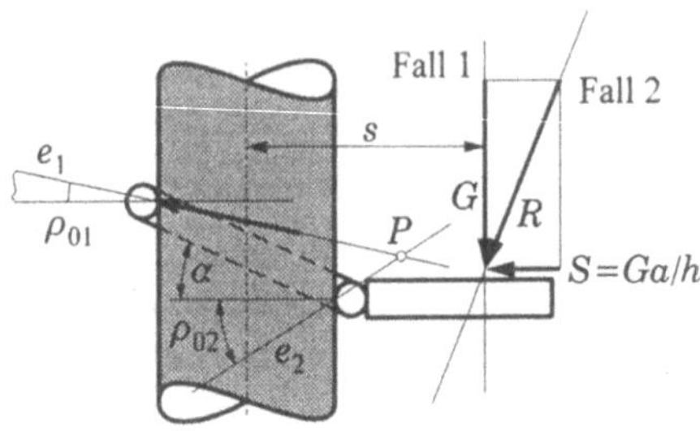

7.2.1.6 Stromzuführungskabel

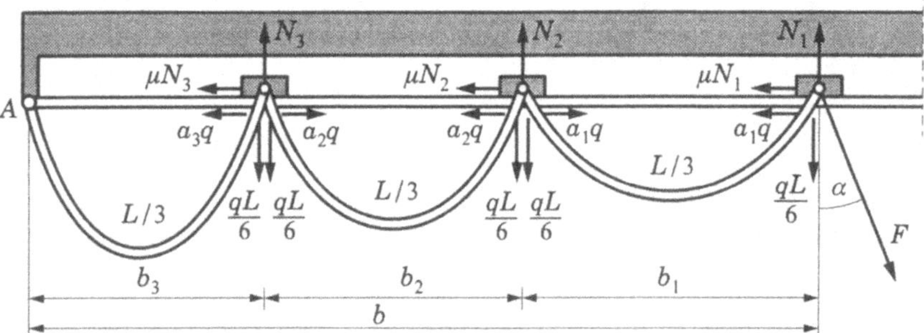

Ein Kabel (L, q) ist in A und in gleichen Abständen $(L/3)$ an (drei) Gleitsteinen befestigt, die auf einer horizontalen rauhen (μ) Schiene gleiten können. Es soll der Zusammenhang zwischen der Kraft F und der Entfernung b für den Fall hergestellt werden, daß alle Gleitssteine die Reibungsgrenze erreicht haben.

$$N_1 = F\cos\alpha + \frac{qL}{6} \; ; \quad F\sin\alpha = a_1 q + \mu N_1 \quad \Rightarrow \quad a_1 = \frac{F}{q}[\sin\alpha - \mu\cos\alpha] - \frac{\mu L}{6}$$

$$\Rightarrow \quad b_1 = 2a_1 \operatorname{arsinh}\frac{L}{6a_1}$$

$$N_2 = \frac{2qL}{6} = \frac{qL}{3} \; ; \quad a_2 q + \mu N_2 = a_1 q \quad \Rightarrow \quad a_2 = a_1 - \frac{\mu L}{3} \quad \Rightarrow \quad b_2 = 2a_2 \operatorname{arsinh}\frac{L}{6a_2}$$

$$N_3 = \frac{2qL}{6} = \frac{qL}{3} \; ; \quad a_3 q + \mu N_3 = a_2 q \quad \Rightarrow \quad a_3 = a_2 - \frac{\mu L}{3} \quad \Rightarrow \quad b_3 = 2a_3 \operatorname{arsinh}\frac{L}{6a_3}$$

Damit wird $\quad b(F) = b_1(F) + b_2(F) + b_3(F)$.

7.2.1.7 Schleppen auf der schiefen Ebene

Hubkraft F' erforderliche Schlepp-Zugkraft (Transport nach oben).

Haltekraft F'' verhindert das Abrutschen auf der rauhen schiefen Ebene.

Hubkraft

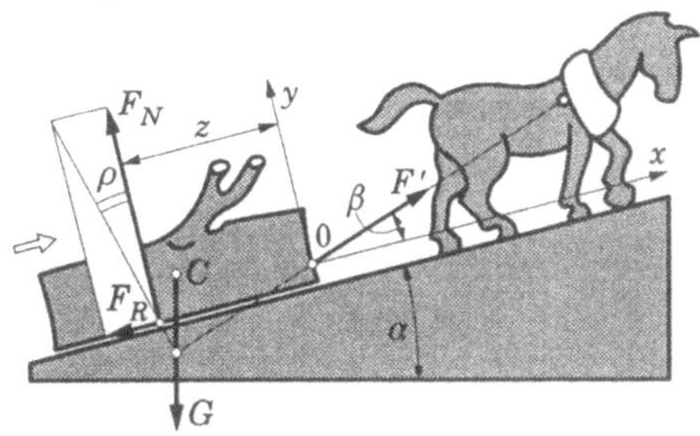

Aus

$$\sum F_x = 0: F'\cos\beta - G\sin\alpha - F_N\mu = 0$$

$$\sum F_y = 0: F'\sin\beta - G\cos\alpha + F_N = 0$$

($\sum M_0 = 0$ wird nicht benötigt, wenn z nicht gefragt)

erhält man für $\quad F' = \dfrac{G(\sin\alpha + \mu\cos\alpha)}{\cos\beta + \mu\sin\beta}$

Mit $\mu = \tan\rho$ wird $\Rightarrow$ $\quad \boxed{F' = \dfrac{G\sin(\alpha+\rho)}{\cos(\beta-\rho)}}$, für $\beta = \rho$ wird $F' = F_{\min} = G\sin(\alpha+\rho)$.

Haltekraft

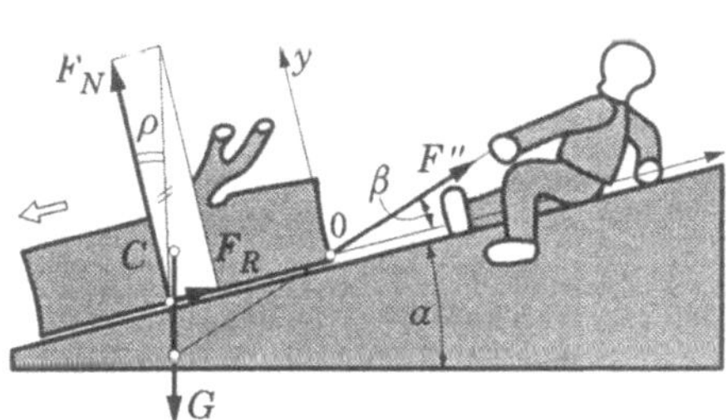

In gleicher Weise erhält man für die Haltekraft:

$$\boxed{F'' = \dfrac{G\sin(\alpha-\rho)}{\cos(\beta+\rho)}} \ ,$$

für $\beta = -\rho\,(!)$ wird $F'' = F''_{\min} = G\sin(\alpha-\rho)$. Die Kraftecke lassen diese Ergebnisse unmittelbar ablesen.

7.2.2 Die Schraube – Kraftverhältnisse

Betrachten wir die Kraftverhältnisse an der Schraube, so verlassen wir streng genommen das Gebiet der *ebenen Kraftsysteme*, mit denen wir uns bisher fast ausschließlich beschäftigt haben. Nun ist aber die Schraube *nichts anderes*, als eine um einen Zylinder gewickelte *schiefe Ebene*. Deshalb erlauben wir uns hier den Vorgriff auf räumliche Kraftsysteme.

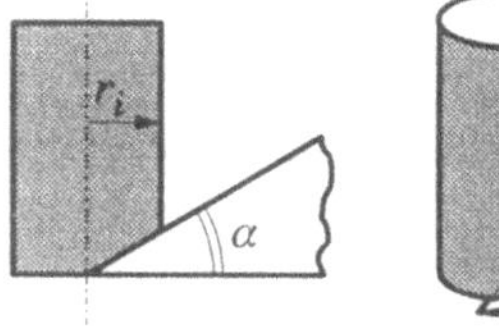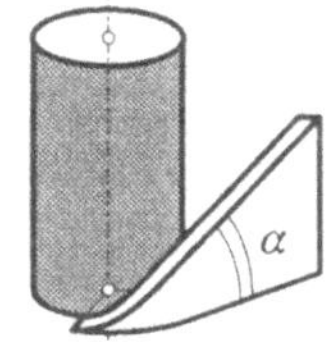

Schrauben finden Verwendung einerseits als <u>Bewegungsschrauben</u> (Leitspindel einer Drehbank, in Schraubenpressen, wo große axiale Kräfte erzeugt werden sollen mit kleinen Schraubmomenten) und andererseits als <u>Befestigungsschrauben</u> (die sich unter der Axiallast nicht „lösen" sollen) – Selbsthemmung!

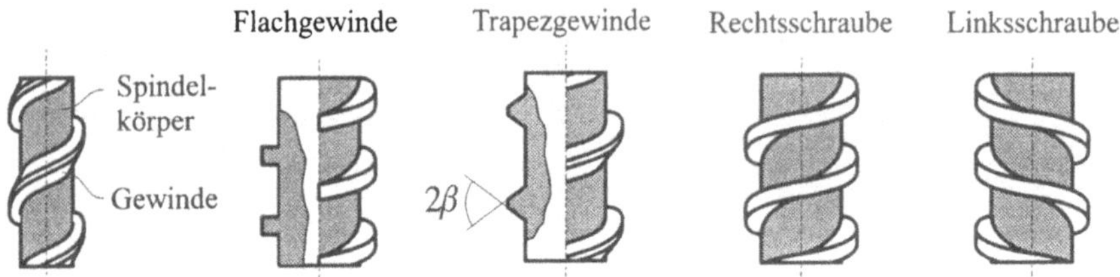

7.2.2.1 Schraube mit Flachgewinde ($\beta = 0$)

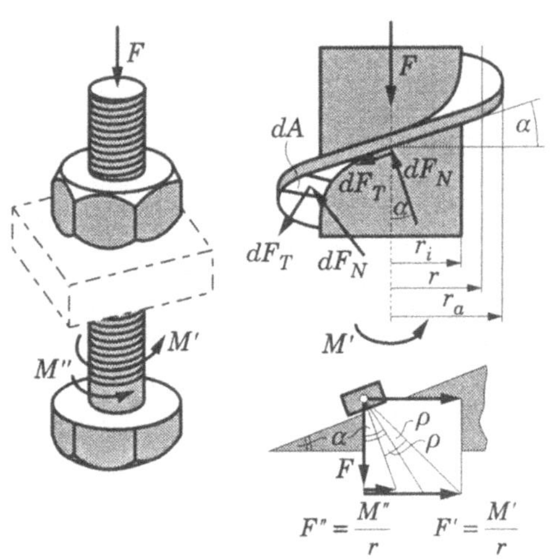

Die Spindel einer Schraube sei axial mit der Kraft F belastet. Die *Schraubenmutter* sei festgehalten. Es soll das Moment berechnet werden, das aufgewendet werden muß, um die Spindel zu drehen. Es ist dabei zwischen dem Hubmoment M' und dem Haltemoment M'' zu unterscheiden: Das Moment M' (bezüglich der Spindelachse) ist notwendig, um die Spindel gegen die Last F zu bewegen, das Moment M'' ist das notwendige Moment, das eine Spindelbewegung in der Kraftrichtung (von F) verhindert. Wir wollen annehmen, daß die Auflagefläche zwischen Spindel und Mutter sehr schmal ist, d. h. daß $(r_a - r_i) \ll r$ ist,

und fassen die auf das Flächenelement dA wirkende Kräfte zusammen zu dF_N in der Normalenrichtung und dF_T in der Ebene von dA. Die Richtung von dF_T ist entgegen der Bewegungstendenz (wenn $M = 0$!) anzunehmen. Für die Berechnung von M' (bzw. M'') ist dF_T nach „unten" (bzw. nach oben) gerichtet. An der Reibungsgrenze gilt das COULOMBsche Gesetz:

$$dF_{T,Grenz} = dF_R = \mu_0 dF_N$$

Hubmoment

Das Kräftegleichgewicht in der axialen Richtung verlangt:

$$\int (dF_N \cos\alpha - \mu_0 dF_N \sin\alpha) - F = 0 \quad \Rightarrow \quad \left(\int dF_N \right)(\cos\alpha - \mu_0 \sin\alpha) = F$$

Die Verteilung der dF_N entlang der Auflagerfläche bleibt unbekannt! Das Momentengleichgewicht bezüglich der Spindelachse (an der Reibungsgrenze) fordert:

$$-\int\left[r\left(dF_N \sin\alpha\right)+r\left(\mu_0 dF_N \cos\alpha\right)\right]+M'=0 \quad \Rightarrow \quad \left(\int dF_N\right)r\left(\sin\alpha+\mu_0\cos\alpha\right)=M'$$

Die Elimination von $\int dF_N$ ergibt:

$$M'=\frac{Fr\left(\sin\alpha+\mu_0\cos\alpha\right)}{\cos\alpha-\mu_0\sin\alpha} \text{ oder mit } \mu_0=\tan\rho_0: \qquad \boxed{M'=rF\tan\left(\alpha+\rho_0\right)}$$

für $M>M'$ $\Rightarrow$ Bewegung nach oben, Bei Bewegung ist ρ_0 durch ρ zu ersetzen.

Haltemoment

dF_R wirkt jetzt in der Gegenrichtung. Wir können in $M'=rF\tan\left(\alpha+\rho_0\right)$ ρ_0 durch $-\rho_0$ ersetzen und erhalten

$$\boxed{M''=rF\tan\left(\alpha-\rho_0\right)}$$

für $M<M''$ $\Rightarrow$ Bewegung nach unten. Bei Bewegung ist ρ_0 durch ρ zu ersetzen.

Haftbedingung

Erfüllt das Moment M die Bedingung $M''<M<M'$, dann wird durch M keine Bewegung eingeleitet.

$$\boxed{M''<M<M'}$$

Selbsthemmung

Für $\rho_0>\alpha$ wird M'' negativ, d. h. das Moment muß in der Gegenrichtung wirken, um eine Bewegung in Richtung der Kraft F einzuleiten.

$$\boxed{\rho_0>\alpha \quad \Rightarrow \quad M''<0}$$

Schraubenwirkungsgrad

Der Wirkungsgrad der Schraube kann als Verhältnis des theoretischen Hubmomentes (bei $\rho=0$) zum wirklichen definiert werden:

$$\eta=\frac{M'_{\text{theor}}}{M'}=\frac{Fr\tan\alpha}{Fr\tan\left(\alpha+\rho_0\right)}=\tan\alpha\frac{1-\mu_0\tan\alpha}{\tan\alpha+\mu_0}$$

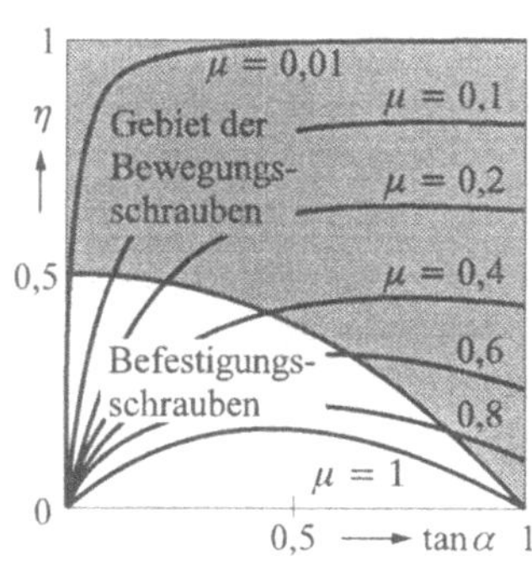

Selbsthemmungsgrenze $\alpha = \rho$

$$\eta = \frac{1}{2}\left(1 - \tan^2 \alpha\right)$$

teilt die Gebiete der Befestigungsschrauben und der Bewegungsschrauben.

7.2.2.2 Schraube mit Trapez- oder Spitzgewinde

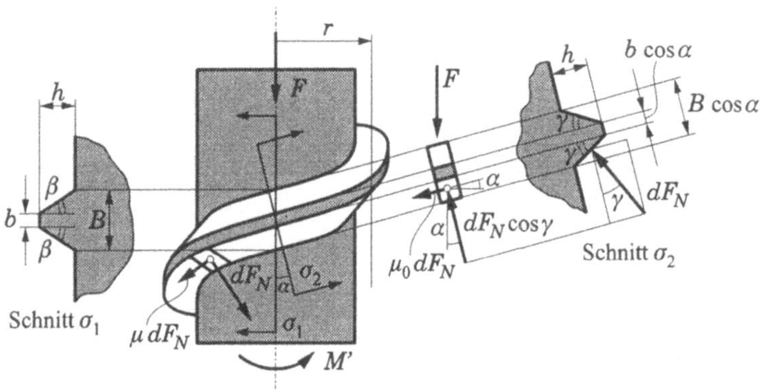

Ein Trapezgewinde (bzw. ein Spitzgewinde) entsteht, wenn ein Trapez (bzw. ein Dreieck) mit den Abmessungen B, b, β (bzw. $b = 0$) entlang einer Schraubenlinie so verschoben wird, daß die Seiten B und b immer parallel zur Spindelachse bleiben und diese immer in der Ebene des Trapezes (des Dreieckes) liegt.

Im folgenden brauchen wir den Zusammenhang zwischen den Winkeln β und γ (siehe Skizze). Wir führen zwei Schnitte (σ_1, σ_2): der erste Schnitt σ_1 ist ein Schnitt, der die Spindelachse enthält; er zeigt das „erzeugende Trapez" (B, b, β) in wahrer Größe. Die Normale der zweiten Schnittebene σ_2 schließe mit der Spindelachse den Winkel $(90 - \alpha)$ ein. Diese Schnittebene schneidet aus dem Gewindegang ein angenähertes Trapez ($B\cos\alpha, b\cos\alpha, \gamma$) heraus (die Flanken dieses Trapezes sind keine exakten Geraden!). Aus

$$\tan\beta = \frac{B-b}{2h} \quad \text{und} \quad \tan\gamma = \frac{B\cos\alpha - b\cos\alpha}{2h} \quad \text{folgt der Zusammenhang:}$$

$$\boxed{\tan\gamma = \cos\alpha \tan\beta}$$

Normal auf das Flächenelement dA wirke die Kraft dF_N und bei Erreichen der Reibungsgrenze in der Ebene des Flächenelementes $\mu_0\, dF_N$ – entgegengerichtet der Bewegungstendenz der Spindel (die man findet, wenn man $\rho = 0 \wedge M = 0$ setzt).

Hubmoment

Das Gleichgewicht in axialer Richtung verlangt: $\int \left(dF_N \cos\gamma \cos\alpha - \mu_0\, dF_N \sin\alpha \right) - F = 0$

$$\Rightarrow \quad \left(\int dF_N \right)\left[\cos\gamma \sin\alpha + \mu_0 \cos\alpha\right] = M'$$

Die Wirkungslinie der Kraftkomponente $dF_N \sin\gamma$ schneidet die Spindelachse! Die Elimination von $\int dF_N$ aus den beiden Gleichungen ergibt mit $1/\cos\gamma = \sqrt{1 + \tan^2\beta \cos^2\alpha}$

$$M' = Fr \cdot \frac{\tan\alpha + \mu_0\sqrt{1 + \tan^2\beta \cos^2\alpha}}{1 - \mu_0\sqrt{1 + \tan^2\beta \cos^2\alpha} \cdot \tan\alpha}$$

Führt man einen Pseudo-Reibungskoeffizienten μ^{*} bzw. einen Pseudo-Reibungswinkel ρ^{*} ein durch

$$\boxed{\mu_0^{*} = \tan\rho_0^{*} = \mu_0\sqrt{1 + \tan^2\beta \cos^2\alpha}}$$, so kann man vereinfacht schreiben:

Hubmoment: $\quad \boxed{M' = Fr\tan\left(\alpha + \rho_0^{*}\right)}$

Haltemoment

Das Haltemoment M'' ergibt sich wieder, wenn hierin ρ_0^{*} durch $-\rho_0^{*}$ ersetzt wird:

$$\boxed{M'' = Fr\tan\left(\alpha - \rho_0^{*}\right)}$$

Selbsthemmung liegt vor, wenn $\rho_0^{*} > \alpha$ ist $\quad\Rightarrow\quad \boxed{\arctan\left[\mu_0\sqrt{1 + \tan^2\beta \cos^2\alpha}\right] > \alpha}$

7.2.3 Seilreibung

Jedem Bergsteiger ist bekannt, daß er seinen Bergkameraden am besten „sichern" kann, wenn er das Seil um einen Baumstamm herumwickelt. Bei der Landung eines Schiffes wird von einem Matrosen das Ende eines Seiles an Land geworfen und von einem anderen Matrosen wird dieses um einen Poller an der Pier gewickelt. Mit einem Riementrieb wird von einer Welle auf die andere ein Drehmoment übertragen, das begrenzt ist durch das Riemenrutschen (und natürlich auch durch das Riemenreißen). Das Grenz-Rutschmoment ist abhängig von dem Reibungskoeffizienten der (COULOMBschen) Reibung zwischen dem Riemen und dem (kleineren) Rad, von der Vorspannung und von der Auflagerflächengestalt (Keilriemen!).

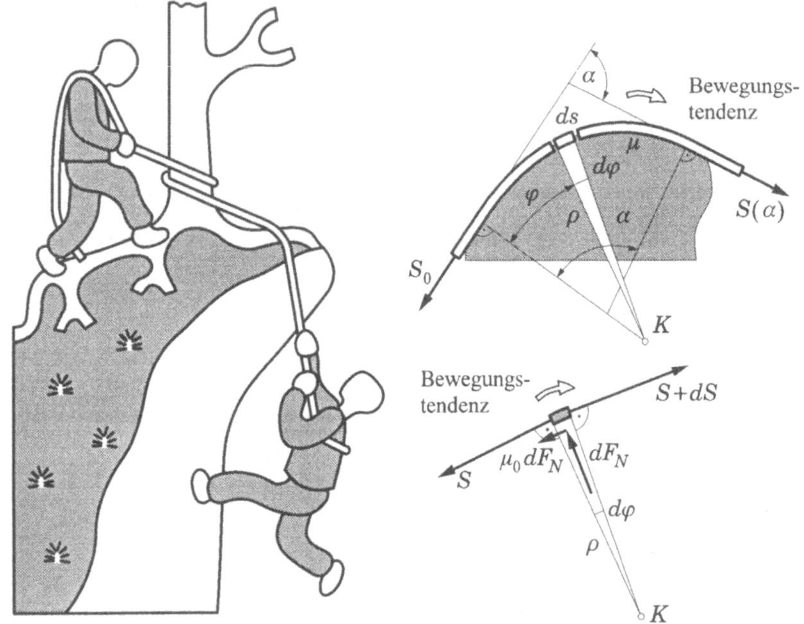

Wir stellen uns folgende _Aufgabe_:

Um einen festen zylindrischen Körper (es muß nicht ein Kreiszylinder sein) ist ein dünnes, vollkommen biegeschlaffes Seil geschlungen, dessen Eigengewicht vernachlässigbar klein ist. Die Oberfläche des Zylinders und des Seiles sei rauh, der COULOMBsche Reibungskoeffizient μ sei bekannt. Der Seilumlenkwinkel, das ist der Winkel, den die Seilenden (die den zylindrischen Körper nicht berühren) miteinander einschließen, sei α. Es soll die Verteilung der Spannkräfte S im „aufliegenden" Seil bei Erreichen der Reibungsgrenze bestimmt werden (siehe Skizze).

Wir isolieren ein Seilelement und nehmen an, daß es sich an der Reibungsgrenze befinde, d. h. es ist drauf und dran, (nach oben) zu rutschen. Auf dieses Seilelement wirken die Schnittkräfte S und $S+dS$, die Reaktionskraft dF_N und die Grenzreibungskraft $dF_R = \mu_0\,dF_N$. Gleichgewicht verlangt:

$$\left[-S+(S+dS)\right]\cos\frac{d\varphi}{2} - \mu_0\,dF_N = 0 \;;\; -\left[S+(s+dS)\right]\sin\frac{d\varphi}{2} + dF_N = 0 .$$

Unter Nichtbeachtung der Terme zweiter und höherer Kleinheitsordnung (sie fallen sämtlich dem anzuschließenden Grenzübergang zum Opfer) wird daraus:

$$dS = \mu_0\,dF_N \quad \text{und} \quad S\,d\varphi = dF_N \;\Rightarrow\; \frac{dS}{d\varphi} = \mu_0 S .$$

Die Integration von $\dfrac{dS}{S} = \mu\,d\varphi$ ergibt $\ln S - \ln S_0 = \int\limits_0^\alpha \mu_0\,d\varphi$ $\Rightarrow$ $S = S_0\,e^{\int\limits_0^\alpha \mu_0\,d\varphi}$.

Ist μ = konst., dann erhält man die EULERsche Seilreibungsformel

$$\boxed{S(\alpha) = S_0\,e^{\mu\alpha}}\ .$$

Ist die Bewegungstendenz nicht (wie angenommen) in der Richtung des zunehmenden Winkels φ, sondern entgegengesetzt, dann ist in dieser Formel μ durch $-\mu$ zu ersetzen:

$$S(\alpha) = S_0\,e^{-\mu\alpha}\ .$$

Die Spannkraft im Seil nimmt immer in Richtung der Bewegungstendenz zu!

Ein Blick in den Zaubergarten der Mathematik

Die Integration von $dS/d\varphi - \mu S$ macht keine Schwierigkeiten. Die Trennung der Variablen führt sofort zur Lösung. Gehen wir jetzt aber einmal folgenden Weg:

$$dS = \mu\,S\,d\varphi \quad\Rightarrow\quad S - S_0 = \int\limits_0^\alpha \mu_0\,S\,d\varphi \quad\text{oder formal}\quad S\left[1 - \int\limits_0^\alpha \mu_0(...)\,d\varphi\right] = S_0\ .$$

Mit der Abkürzung $\displaystyle\int := \int\limits_0^\alpha \mu_0(...)\,d\varphi$ wird

$$S = S_0\,\frac{1}{1-\int} = S_0\left[1 + \int + \int\int + \int\int\int + ...\right] \quad\text{bzw.}$$

$$S = S_0 + \int\limits_0^\alpha \mu_0 S_0\,d\varphi + \int\limits_0^\alpha \mu_0 \int\limits_0^\varphi \mu_0 S_0\,d\varphi_1\,d\varphi + \int\limits_0^\alpha \mu_0 \int\limits_0^\varphi \mu_0 \int\limits_0^{\varphi_1} \mu_0 S_0\,d\varphi_2\,d\varphi_1\,d\varphi + ... =$$

$$= S_0\left[1 + \mu_0\alpha + \frac{(\mu_0\alpha)^2}{2!} + \frac{(\mu_0\alpha)^3}{3!} + ...\right] =$$

$$= S_0\,e^{\mu_0\alpha}$$

Auf diesem abstrusen Formalweg sind wir also zum richtigen Ergebnis gelangt. Aufklärung und Rechtfertigung dieser Vorgangsweise bringt die sog. LAPLACE-Transformation.

7.2.3.1 Hubkraft

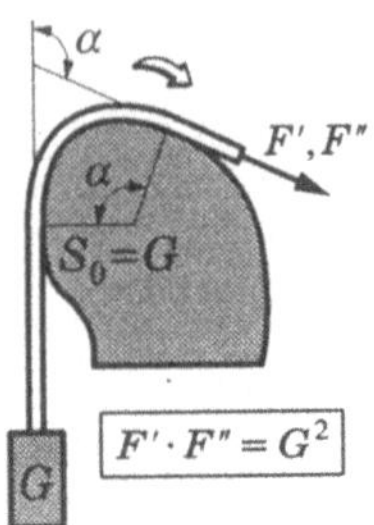

Bewegungstendenz sei so, daß G gehoben wird. Mit $S_0 = G$ wird

$$F' = G\,e^{\mu_0 \alpha}$$

(in Richtung der Bewegungstendenz zunehmend!). Ist $F > F'$, dann wird durch F eine Hubbewegung eingeleitet und, sobald Bewegung vorhanden ist, μ_0 durch μ ersetzt.

$$F' \cdot F'' = G^2$$

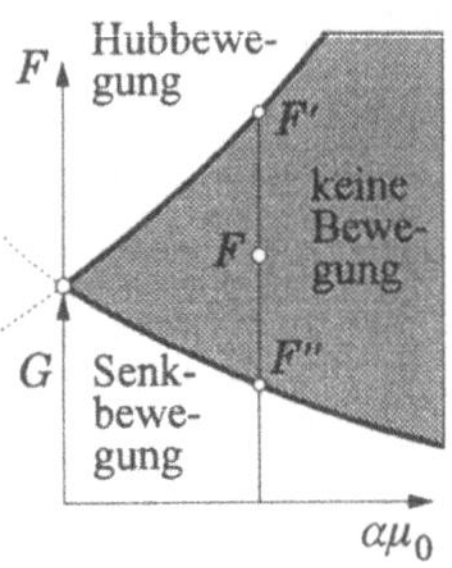

7.2.3.2 Haltekraft

Bewegungstendenz sei jetzt so, daß G absinkt: $F'' = G\,e^{-\mu_0 \alpha}$. Erfüllt F die Bedingung

$$Ge^{-\mu_0 \alpha} \le F \le Ge^{\mu \alpha}\,,$$

dann wird durch diese Kraft keine Bewegung eingeleitet. Für $F < F'' \Rightarrow$ Absenken.

7.2.3.3 Bandbremse

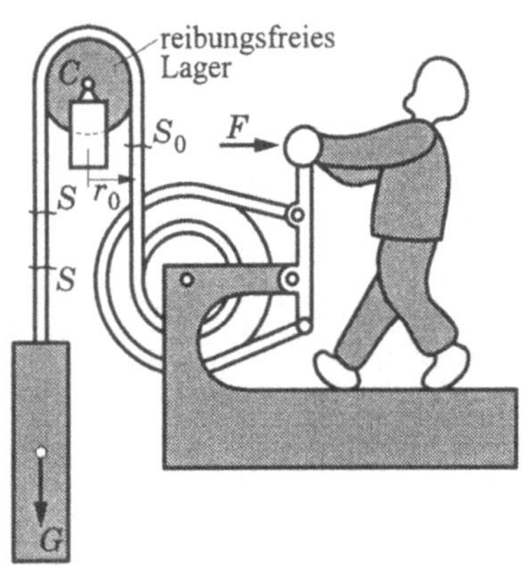

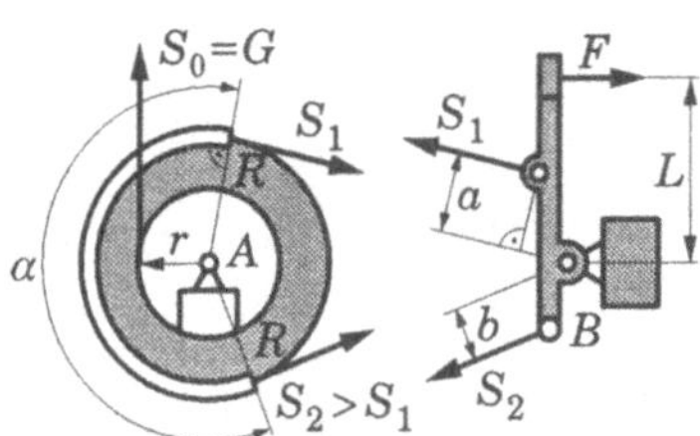

Gleichgewicht der <u>Last allein</u>:

$$\sum F_V = 0 = S - G \quad \Rightarrow \quad S = G$$

Momentengleichgewicht der reibungsfrei gelagerten <u>Rolle</u>:

$$\sum M_C = 0 = S_0 r_0 - S r_0 \quad \Rightarrow \quad S_0 = G$$

Momentengleichgewicht der <u>Bremstrommel:</u> $\quad \sum M_A = 0 \Rightarrow (S_1 - S_2)R + Gr = 0$ .... 1)

Momentengleichgewicht des <u>Bremshebels:</u> $\quad \sum M_B = 0 \Rightarrow F L + S_2 b - S_1 a$ .... 2)

An der Reibungsgrenze gilt $\quad S_2 = S_1 e^{\mu_0 \alpha}$ .... 3)

Aus ...1) und ...3) folgen $S_1 = G\dfrac{r}{R}\Big/\left(e^{\mu_0\alpha}-1\right)$ und $S_2 = G\dfrac{r}{R}e^{\mu_0\alpha}\Big/\left(e^{\mu_0\alpha}-1\right)$, womit man aus Gleichung ...2) für die Haltekraft F erhält:

$$F = G\,\frac{ra}{RL}\cdot\frac{1-(b/a)e^{\mu_0\alpha}}{e^{\mu_0\alpha}-1}$$

7.2.3.4 Riementrieb

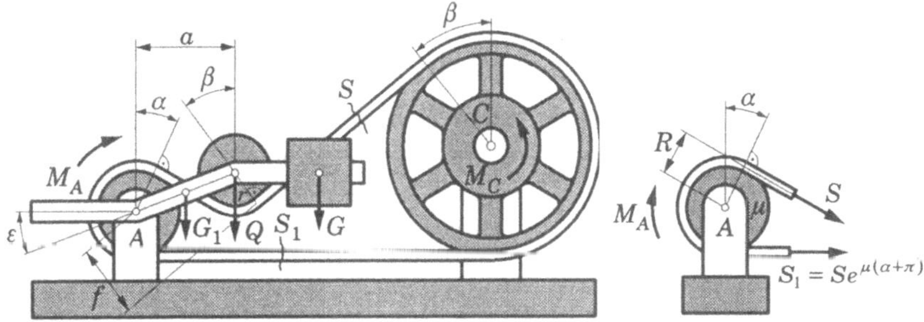

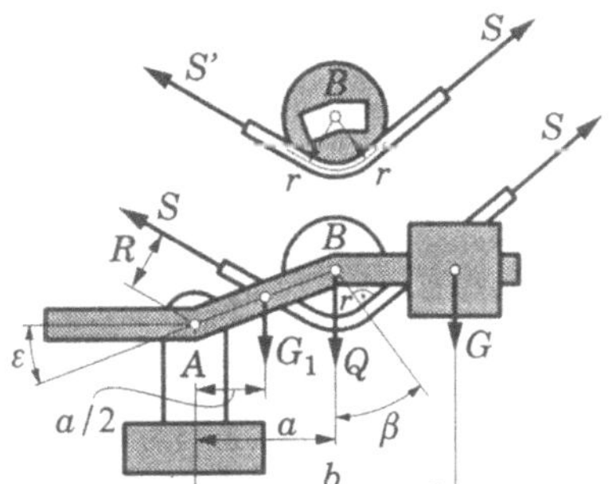

Momentengleichgewicht der Spannrolle allein:

$$(S-S')r = 0 \quad\Rightarrow\quad S' = S\,.$$

Die Riemenspannkraft S kann bestimmt werden aus der Momentengleichgewichtsbedingung $\sum M_A = 0$ für den Spannhebel zusammen mit der Spannrolle:

$$0 = (Qa + G_1a/2 + Gb) - SR - Sf\,.$$

Mit $\quad f = r + \dfrac{a}{\cos\varepsilon}\sin(\beta-\varepsilon)\quad$ wird $\quad S = \dfrac{Qa + \dfrac{G_1a}{2} + Gb}{R + r + \dfrac{a}{\cos\varepsilon}\sin(\beta-\varepsilon)}\,.$

Wenn die Antriebsscheibe unter dem Riemen die Rutschgrenze erreicht, ist $S_1 = Se^{\mu(\alpha+\pi)}$ und das Grenzantriebsmoment ist dann gegeben durch den Ausdruck:

$$M_A = (S_1 - S)R = R\left(e^{\mu(\alpha+\pi)}-1\right)\frac{Qa + \dfrac{G_1a}{2} + Gb}{R + r + \dfrac{a}{\cos\varepsilon}\sin(\beta-\varepsilon)}$$

7.2.4 Spurzapfenreibung

7.2.4.1 Annahmen über Normaldruck-Verteilungen

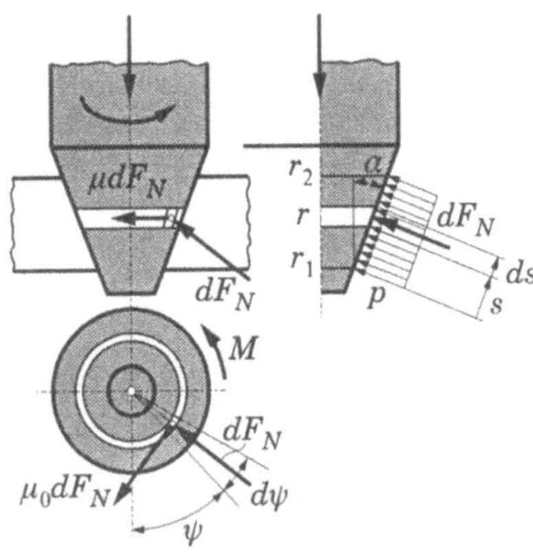

Aufgrund der Symmetrie ist die Summe der Kräfte (und der Momente) bezüglich jeder Geraden normal zur Zapfenachse x gleich null. Das Kräftegleichgewicht in der Achsenrichtung verlangt

$$\int dF_N \sin\alpha = F \dots\dots 1),$$

und das Gleichgewicht der Momente um die Zapfenachse, wenn die Reibungsgrenze erreicht ist:

$$\int (dF_N\,\mu)\,r = M \dots\dots 2).$$

Da r variabel ist, kann jetzt nicht (so wie bei der Schraube) $\int dF_N$ aus den Gleichungen ...1) und ...2) eliminiert werden!

Es ist eine *Annahme über die Verteilung der Normaldruckkräfte* dF_N über die Berührungsfläche <u>notwendig</u> (wenn man die Annahme vollkommener Starrheit des Zapfens und des Lagers nicht aufgeben will). Die einfachste Annahme ist:

$$p = \frac{dF_N}{dA} = \text{konst} \quad \Rightarrow \quad dF_N = p\,dA$$

Führt man diesen Ansatz in ...1) und ...2) ein, dann hat man zwei Gleichungen für zwei Unbekannte, nämlich p und M vorliegen:

$$p\int dA \sin\alpha = F, \quad p\mu_0 \int r\,dA = M.$$

Mit $dA = r\,d\psi\,ds$ und $r = r_1 + s\sin\alpha \;\Rightarrow\; dr = ds\sin\alpha$ erhält man für

$$\int dA\sin\alpha = \iint r\,ds\sin\alpha\,d\psi = \iint r\,dr\,d\psi = 2\pi\frac{r_2^2 - r_1^2}{2} = \left(r_2^2 - r_1^2\right)\pi \quad \text{und für}$$

$$\int r\,dA = \iint r\,r\,d\psi\,ds = \iint r^2 d\psi\,\frac{dr}{\sin\alpha} = \frac{2\pi}{\sin\alpha}\cdot\frac{r_2^3 - r_1^3}{3}.$$

Damit wird $\;p = \dfrac{F}{\left(r_2^2 - r_1^2\right)\pi}\;$ und $\;M = \dfrac{2\pi}{\sin\alpha}\cdot\dfrac{r_2^3 - r_1^3}{3}\mu_0 p \;\Rightarrow$

$$\boxed{\;\frac{2}{3}F\mu_0\,\frac{1}{\sin\alpha}\cdot\frac{r_2^3 - r_1^3}{r_2^2 - r_2^2} = M\;}$$

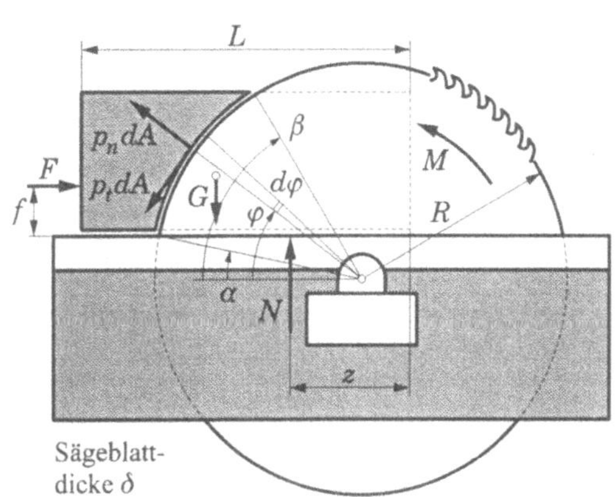

Sonderfall: $\quad \alpha = 90° :$ $\qquad M = \dfrac{2F\mu_0}{3} \cdot \dfrac{r_2^3 - r_1^3}{r_2^2 - r_1^2}$

Sonderfall: $\quad \alpha = 90° \wedge r_1 = 0 :$ $\qquad M = \dfrac{2F\mu_0 R}{3}$

7.2.4.2 Kreissäge

Ein Holzpflock wird von einer Kreissäge quer durchgesägt. Von Hand aus werde er mit der Kraft F gegen die rotierende Kreisscheibe gedrückt. Wir wollen annehmen, daß die Kraft F und der Abstand f die erforderlichen Bedingungen erfüllen, so daß das Maß $z > 0$ ist (und kleiner als L) (Gefahr!). *Gesucht wird das Antriebsmoment* M der Kreissäge. Annahmen bezüglich der Druckverteilung:

$$p_n = p_0 \cos\varphi \quad \text{und} \quad p_t = \mu p_n$$

(Diese erste Annahme geht von der Dicke des Spanes aus, der von den Zähnen der Kreissäge abgeschert werden muß: für $\varphi = 90°$ ist die Spandicke gleich $0 \Rightarrow p_n = 0,\ p_t = 0$. Aus F kann zunächst p_0 bestimmt werden: $\sum F_h = 0 \Rightarrow$

$$F = \int \left(p_n\, dA \cos\varphi + p_t\, dA \sin\varphi \right) = p_0 \int_\alpha^\beta \left[\cos^2\varphi + \mu \sin\alpha \cos\varphi \right] R\, d\varphi \cdot \delta$$

$$= p_0 R \delta \int \left[\frac{1}{2} + \frac{1}{2}\cos 2\varphi + \mu \sin\varphi \cos\varphi \right] d\varphi =$$

$$= \frac{p_0 R \delta}{2} \left[(\beta - \alpha) + (\sin\beta \cos\beta - \sin\alpha \cos\alpha) + \mu\left(\sin^2\beta - \sin^2\alpha \right) \right]$$

$$\Rightarrow \quad p_0 = \frac{2F}{R\delta} \Big/ \left[(\beta - \alpha) + (\sin\beta \cos\beta - \sin\alpha \cos\alpha) + \mu\left(\sin^2\beta - \sin^2\alpha \right) \right].$$

Damit erhält man dann für das Antriebsmoment M der Kreissäge:

$$M = \int p_t\, dA \cdot R = R \int (\mu p_0 \cos\varphi) R\, d\varphi\, \delta$$

den folgenden Ausdruck:

$$\boxed{ M = \frac{\mu FR \cdot 2(\sin\beta - \sin\alpha)}{(\beta - \alpha) + (\sin\beta \cos\beta - \sin\alpha \cos\alpha) + \mu\left(\sin^2\beta - \sin^2\alpha \right)} }$$

7.2.4.3 Schleifscheibe – ein etwas schwierigeres Beispiel

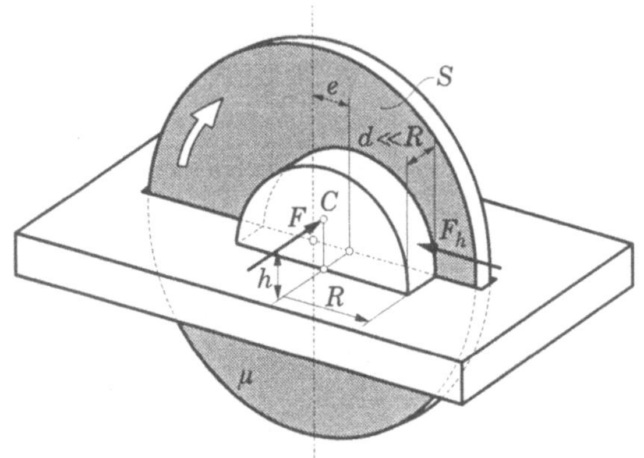

Ein Holzstück von der Form eines flachen, halben Kreiszylinders werde mit einer Kraft F so gegen eine rotierende Planschleifscheibe (S) gedrückt, daß die Normaldruckkraft pro Flächeneinheit an jeder Stelle der Berührungsfläche zwischen dem Holzstück und der Schleifscheibe gleich groß ist:

$$p = \frac{F}{A} = \frac{dF_N}{dA} = \frac{F}{R^2 \pi / 2}.$$

Wie groß ist die notwendige Haltekraft F_h, wenn angenommen wird, daß die *Schnittkraft* dF_t proportional zur Normaldruckkraft angesetzt werden kann:

$$dF_t = \mu \, dF_N.$$

Es sollen die zwei Fälle $e > R$ und $e < R$ unterschieden werden:

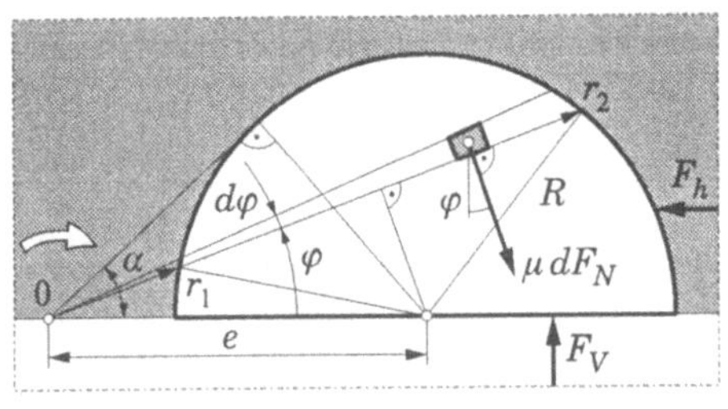

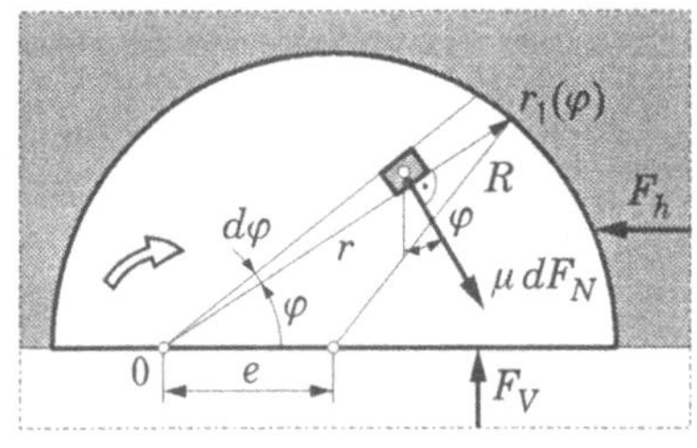

$$e > R: \quad r_{1,2} = e \cos\varphi \mp \sqrt{R^2 - e^2 \sin^2 \varphi} \qquad e < R: \quad r_1(\varphi) = e \cos\varphi + \sqrt{R^2 - e^2 \sin^2 \varphi}$$

Die Kraft F muß im Schwerpunkt C der Stirnfläche angreifen $\left(h = 4R/3\pi\right)$, wenn $p = $ konst sein soll. Die Reibungskraft $dF_t = \mu \, dF_N$ wirkt in der Richtung der Schnittgeschwindigkeit, also normal zum Radiusvektor. Die horizontalgerichtete Haltekraft F_h berechnet sich aus

$$F_h = \int dF_t \sin\varphi = \int \mu \, dF_N \sin\varphi = \int \mu \, p \, dA \sin\varphi = \mu \frac{F}{R^2 \pi / 2} \iint \sin\varphi \, r \, d\varphi \, dr$$

$e > R$:

$$F_h = \frac{F\mu}{R^2\pi} \int\limits_0^\alpha \left(r_2^2 - r_1^2\right) \sin\varphi\, d\varphi = \frac{F\mu}{R^2\pi} \int\limits_0^\alpha (r_2 - r_1)(r_1 + r_2)\sin^2\varphi\, d\varphi =$$

$$= \frac{F\mu}{R^2\pi} \int\limits_0^\alpha 2\sqrt{R^2 - e^2\sin^2\varphi} \cdot 2e\cos\varphi\sin\varphi\, d\varphi = \frac{2eF\mu}{R^2\pi} \int\limits_0^\alpha \sqrt{R^2 - e^2\sin^2\varphi} \cdot d\sin^2\varphi =$$

$$= -\frac{2F\mu}{eR^2\pi} \int\limits_0^\alpha \sqrt{R^2 - e^2\sin^2\varphi} \cdot d\left(R^2 - e^2\sin^2\varphi\right) = -\frac{4F\mu}{3eR^2\pi}\left(R^2 - e^2\sin^2\varphi\right)^{\frac{3}{2}}\Big|_0^\alpha =$$

$$= -\frac{4F\mu}{3eR^2\pi}\left[\left(R^2 - e^2\sin^2\alpha\right)^{\frac{3}{2}} - R^3\right]$$

$$\boxed{F_h = \frac{4F\mu R}{3e\pi}}$$

$e < R$:

$$F_h = \frac{F\mu}{R^2\pi} \int r_1^2(\varphi)\sin\varphi\, d\varphi = \frac{F\mu}{R^2\pi} \int\limits_0^\pi \left(e\cos\varphi + \sqrt{R^2 - e^2\sin^2\varphi}\right)^2 \sin\varphi\, d\varphi =$$

$$= \frac{F\mu}{R^2\pi} \int\limits_0^\pi \left(e^2\cos^2\varphi + 2e\cos\varphi\sqrt{R^2 - e^2\sin^2\varphi} + R^2 - e^2\sin^2\varphi\right)\sin\varphi\, d\varphi =$$

$$= -\frac{F\mu}{R^2\pi} \int\limits_0^\pi \left(2e^2\cos^2\varphi + R^2 - e^2\right)d(\cos\varphi) + \frac{F\mu}{R^2\pi} \int\limits_0^\pi e\sqrt{R^2 - e^2\sin^2\varphi}\, d\left(\sin^2\varphi\right) =$$

$$= -\frac{F\mu}{R^2\pi}\left[2e^2\frac{\cos^3\varphi}{3} + \left(R^2 - e^2\right)\cos\varphi\right]_0^\pi = \frac{2F\mu}{R^2\pi}\left[2\frac{e^2}{3} + \left(R^2 - e^2\right)\right]$$

$$\boxed{F_h = \frac{2\mu F\left(3R^2 - e^2\right)}{3R^2\pi}}$$

7.2.4.4 Dampfwalze – wieder ein ganz leichtes Beispiel

Linienberührung! Annahme: $q = \text{konst} = \dfrac{B}{b} = \dfrac{Ga/L}{b}$.

Das für das Drehen der Walze am Stand erforderliche Drehmoment:

$$M = 2\int\limits_0^{b/2} \mu q r\, dr = 2\mu q\frac{r^2}{2}\Big|_0^{b/2} = 2\mu\frac{B}{b}\cdot\frac{1}{2}\cdot\frac{b^2}{4} \quad \Rightarrow \quad \boxed{M = \mu B\frac{b}{4} = \mu G\frac{a}{L}\cdot\frac{b}{4}}$$

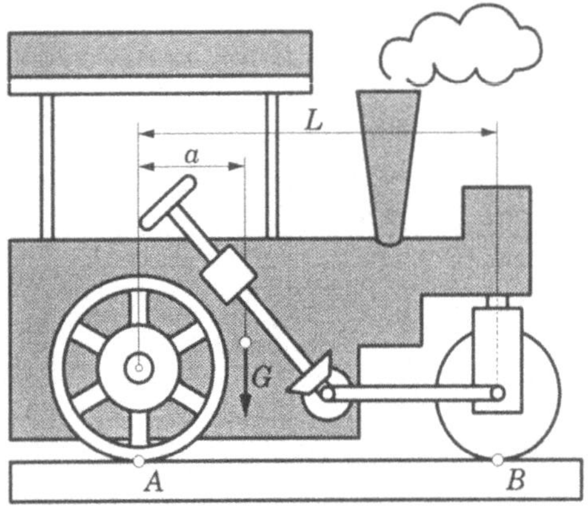

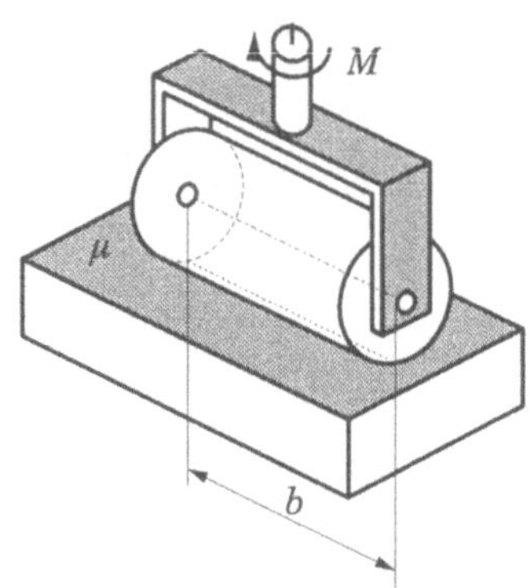

7.2.5 Trockene Lagerreibung

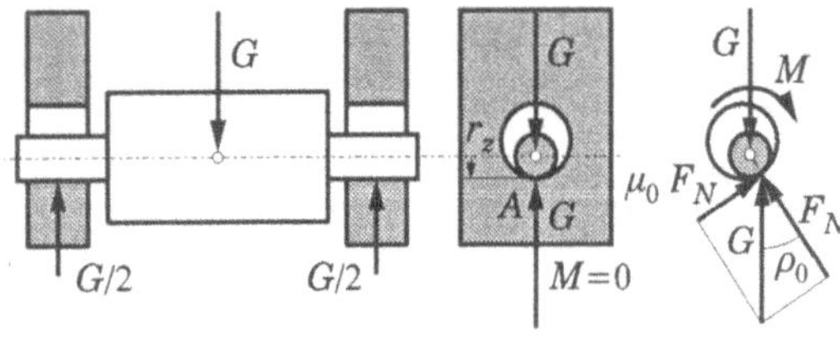

M und ρ_0 im Uhrzeigersinn positiv gezählt.

Um den beiderseits in trockenen Gleitlagern abgestützten zylindrischen Drehkörper um seine Achse zu „drehen", ist ein Drehmoment erforderlich, das sich berechnet aus: $M = G\,r_z \sin\rho_0 =$

$$M = \frac{G\,r_z\,\mu_0}{\sqrt{1+\mu_0^2}}$$

7.2.5.1 Feste Rolle

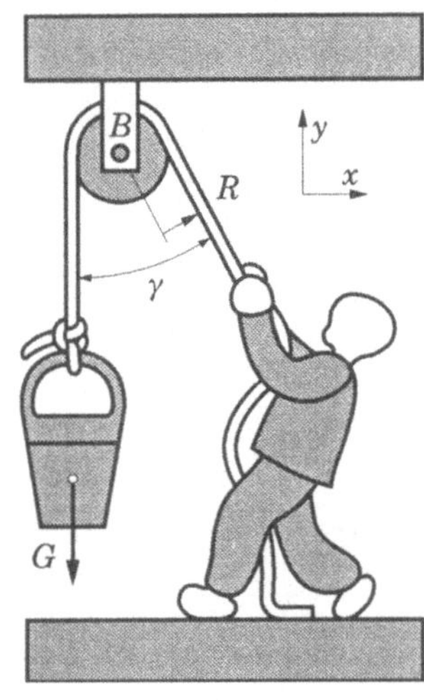

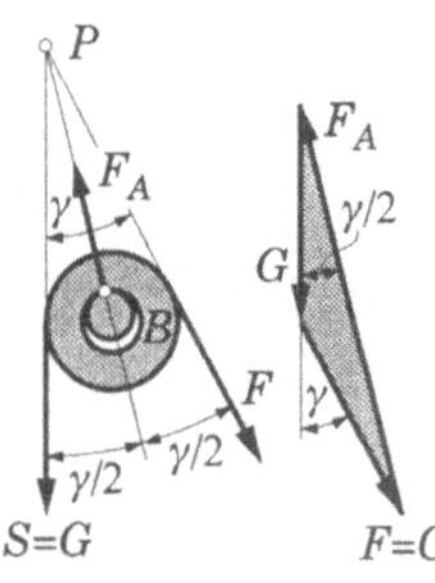

Die an einem biegeschlaffen Seil befestigte Last G soll über eine „feste Rolle" (fest ist dabei nur der Zapfen!) angehoben bzw. gehalten werden.

Reibungsfreie feste Rolle

Ist die Bohrungsfläche bzw. die Zapfenoberfläche vollkommen glatt, dann verläuft die Wirkungslinie der Auflagerkraft F_A durch den Bohrungsmittelpunkt B. Die Wirkungslinien der drei Kräfte F, G und F_A müssen sich in einem Punkte (P) schneiden. Dadurch wird die Wirkungslinie von F_A festgelegt. Das Gleichgewicht der Momente um B verlangt:

$$\sum M_B = 0 = S \cdot R - F \cdot R = 0 \;\Rightarrow\; F = S = G$$

und aus $\sum \mathbf{F} = 0$ erhält man für die Auflagerkraft $F_A = 2G\cos\dfrac{\gamma}{2}$.

Reibungsbehaftete feste Rolle

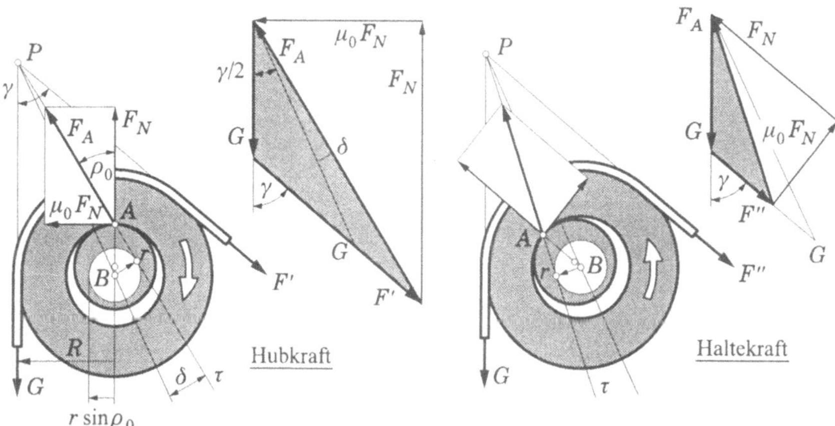

Zeichnerische Lösung

Es werde zuerst ein **Reibungskreis** mit dem Radius $(r\sin\rho_0)$ und dem Mittelpunkt in B gezeichnet. Die von P aus an den Reibungskreis verlegte Tangente τ ist die Wirkungslinie der Auflagerkraft F_A, sie schneidet den Bohrungskreis im Auflagerpunkt A. Die Normale (durch A und B) schließt mit τ den Reibungswinkel ρ_0 ein (Reibungsgrenze). Die Zerlegung von G im Krafteck ergibt F und F_A. Zwei Tangenten $\Rightarrow$ zwei Lösungen: zwei Fälle: Heben bzw. Halten (Senken).

Rechnerische Lösung

Hubkraft (ρ_0 positiv).

Aus $\sum M_B = 0 = FR - GR - F_A(r\sin\rho_0)$ und $F_A = \sqrt{G^2 + F^2 + 2GF\cos\gamma}$ (Krafteck, Cosinussatz) erhält man mit

$$\boxed{\varepsilon = \frac{r\sin\rho_0}{R}}$$

für die Kraft F: $\qquad F^2 - 2FG\,\dfrac{1-\varepsilon^2\cos\gamma}{1-\varepsilon^2} - G^2 = 0$

Die Auflösung ergibt

$$F = G\left[\frac{1+\varepsilon^2\cos\gamma}{1-\varepsilon^2} \pm \sqrt{\left(\frac{1+\varepsilon^2\cos\gamma}{1-\varepsilon^2}\right)^2 - 1}\right] = G\zeta = \begin{cases} F' = G\zeta' & \text{Hubkraft} \\ F'' = G\zeta'' & \text{Haltekraft} \end{cases} \quad \Rightarrow$$

$$\boxed{F'F'' = G^2} \quad \Rightarrow \quad \boxed{\zeta'\zeta'' = 1}$$

Eine etwas kompaktere Lösung erhält man mit dem Winkel δ, für den man aus der Zeichnung $\dfrac{R}{\sin(\gamma/2)}\sin\delta = r\sin\rho_0$ abliest $\Rightarrow$

$$\delta = \arcsin\left(\frac{r}{R}\sin\rho_0\sin\frac{\gamma}{2}\right)$$

Aus $\displaystyle\sum M_A = 0 = \overline{PA}\sin(\gamma/2-\delta)\cdot F = \overline{PA}\sin(\gamma/2+\delta)\cdot G \quad \Rightarrow$

$$F = \frac{G\sin(\gamma/2+\delta)}{\sin(\gamma/2-\delta)} =: G\zeta$$

Für positives ρ_0 ist δ positiv $\Rightarrow F = F'$ (Hubkraft), für negatives ρ_0 ist δ negativ $\Rightarrow F = F''$ (Haltekraft).

Näherungslösung

Für kleine Werte von ε bzw. δ erhält man $F' = G\left[1+\dfrac{r}{R}\sin\rho_0\, 2\cos(\gamma/2)\right]$,

d. h. $\quad F' \approx G\zeta' = G\left[1+\dfrac{r}{R}\sin\rho_0\, 2\cos(\gamma/2)\right]$ (Hubkraft) ;

$$F'' \approx G\zeta'' = G\left[1-\frac{r}{R}\sin\rho_0\, 2\cos(\gamma/2)\right] \text{ (Haltekraft)}$$

Steifigkeit eines vollkommen elastischen Bandes

Nehmen wir jetzt an, daß zwischen der Krümmung des Bandes $\kappa = 1/\rho = d\varphi/ds$ (ρ soll jetzt den Krümmungsradius bezeichnen) und dem Biegemoment ein linearer Zusammenhang besteht:

$$M = C\frac{1}{\rho}$$

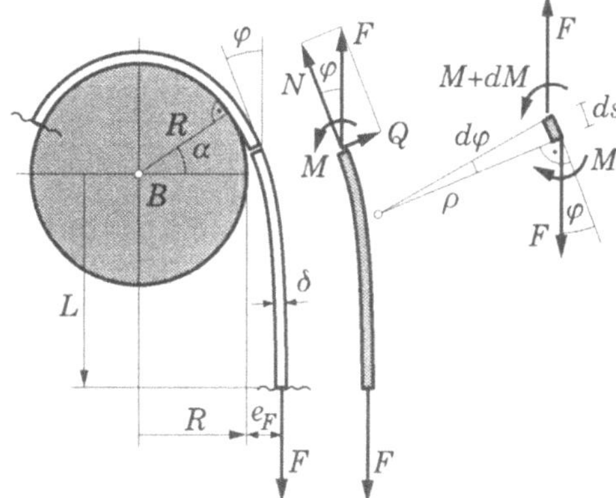

Je größer die Entfernung der Schnittstelle von der Rolle, desto kleiner werden das Biegemoment M und die Querkraft Q sein. Für $L \to \infty$ gilt:

$$N = F, \; (Q = 0, \; M = 0).$$

Die Resultierende aus Q und N an beliebiger Schnittstelle (φ) ist daher gleich F: Gleichgewicht des Bandelementes verlangt:

$$F \, ds \sin \varphi = dM \qquad \Rightarrow$$

Mit $\dfrac{ds}{d\varphi} = \rho$ und $M = C \dfrac{1}{\rho} \qquad \Rightarrow$

$$\frac{F}{C} \sin \varphi \, d\varphi = \frac{1}{\rho} d\!\left(\frac{1}{\rho}\right) \quad \Rightarrow \quad \frac{F}{C}(1 - \cos\alpha) = \frac{1}{2}\left(\frac{1}{R}\right)^2.$$

Da aber auch $M(\alpha) = \left[R(1 - \cos\alpha) + e_F\right] \cdot F = \dfrac{C}{R}$ ist, folgt daraus für die Auslenkung

$$\boxed{\; e_F = \frac{C}{2R} \cdot \frac{1}{F} = \frac{K}{F} \;}.$$

Für ein Stahlband ist $C = EJ = E \dfrac{\delta^3 b}{12}$, für einen Stahldraht gilt $C = E \dfrac{\delta^4 \pi}{64}$.

Für ein vollkommen elastisches Band gelten (merkwürdigerweise) die oben angegebenen Formeln (für F' bzw. F'') unverändert. Die Biegesteifigkeit des Bandes verkleinert nur die Auflagerfläche und damit auch das übertragbare Drehmoment. Aus

$$\sum M_B = 0 = F\left(R + e_F\right) - F\left(R + e_G\right) - F_A\left(r \sin \rho_0\right)$$

folgt mit $e_F = K/F$ und $e_G = K/G$ dieselbe Formel wie für das biegeschlaffe Band

$$F = G + \frac{F_A\left(r \sin \rho_0\right)}{R}$$

Mit $F_A = \sqrt{G^2 + F^2 + 2GF \cos\gamma}$ erhält man wieder die obigen Ausdrücke für F.

Der Schnittpunkt der Wirkungslinien von F und G ist jetzt Q. Q und P aber liegen auf der Tangente τ! Denn es gilt:

$$\frac{e_G}{\sin\left(\gamma/2 + \delta\right)} \overset{?}{=} \overline{QP} = \frac{e_F}{\sin\left(\gamma/2 - \delta\right)} \quad \Rightarrow \quad \frac{e_G}{e_F} = \frac{F}{G} = \frac{\sin\left(\gamma/2 + \delta\right)}{\sin\left(\gamma/2 - \delta\right)}\,!$$

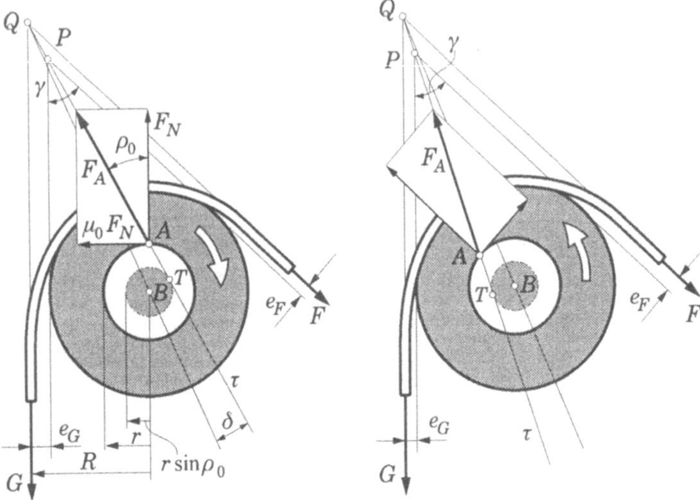

Das vollkommen plastische Band

Der andere Grenzfall ist der des plastisch verformbaren Bandes. Auf der Seite des *ablaufenden* Bandes schmiegt sich das Band mehr an die Rolle an: die Lastversetzung wird negativ. Angenommen, daß die Lastversetzungen ξ dem Betrage nach gleich groß sind aber entgegengesetztes Vorzeichen besitzen, dann würde gelten:

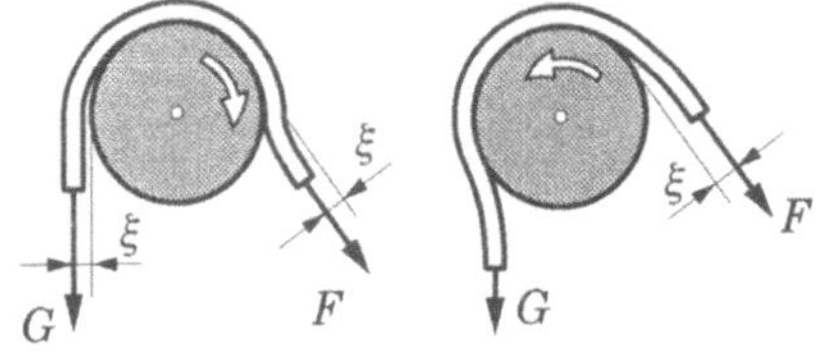

$$F(R-\xi)-G(R+\xi)-F_A r \sin\rho_0 = 0 \qquad \Rightarrow \qquad \text{Näherungsweise:}$$

$$F = G\left[1+2\xi+2\frac{r}{R}\sin\rho_0\cos\frac{\gamma}{2}\right] =: G\zeta$$

7.2.5.2 Lose Rolle

Ist der Zapfen, um den sich die Rolledrehen kann nicht fixiert, dann spricht man von einer „losen Rolle".

Reibungsfreie lose Rolle

Ist die Oberfläche des Zapfens oder (und) die Bohrungsoberfläche vollkommen glatt, dann gelten die Gleichgewichtsbedingungen in der folgenden Form:

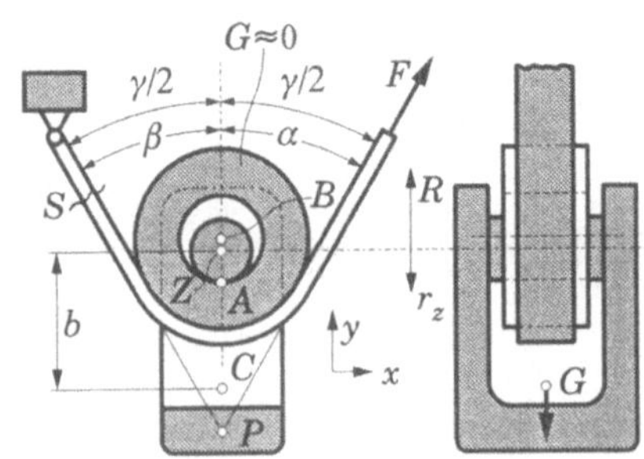

$$\sum M_B = 0 = FR - SR \quad \Rightarrow \quad S = F$$

$$\sum F_x = F \sin\alpha - S \sin\beta \quad \Rightarrow \quad F(\sin\alpha - \sin\beta) = 0 \quad \Rightarrow \quad \alpha = \beta = \gamma/2$$

$$\sum F_y = F \cos\alpha + S \cos\beta - G = 0 \quad \Rightarrow \quad F = G/2 \cos\alpha$$

Nimmt man γ als vorgegeben an, dann wird:
$$\boxed{F = S = \frac{G}{2}\cos\left(\frac{\gamma}{2}\right)}$$

Reibungsbehaftete lose Rolle

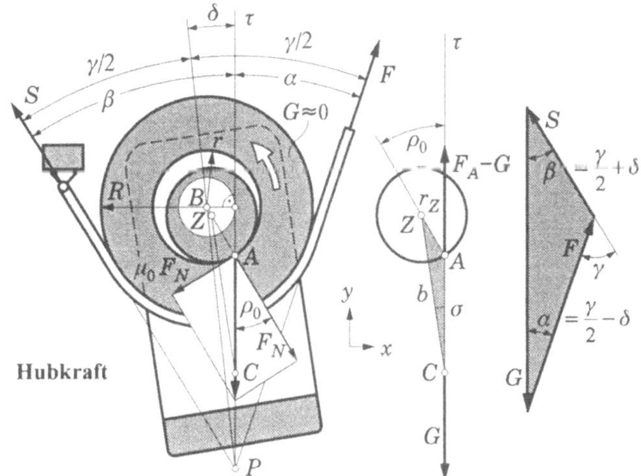

<u>gegeben</u>: G, b, R, r, r_z, ρ_0, γ

<u>gesucht</u>: F, σ für Reibungsgrenze.

Zeichnerische Lösung

Reibungskreis zeichnen: Radius $r \sin\rho_0$, Mittelpunkt B. Vertikale Tangente τ an den Reibungskreis ziehen (zwei Möglichkeiten). Diese Tangente ist die Wirkungslinie der Gewichtskraft G, die gleich der Auflagerkraft F_A ist. Die Tangente τ schneidet den Bohrungskreis in A, dem „Auflagerpunkt".

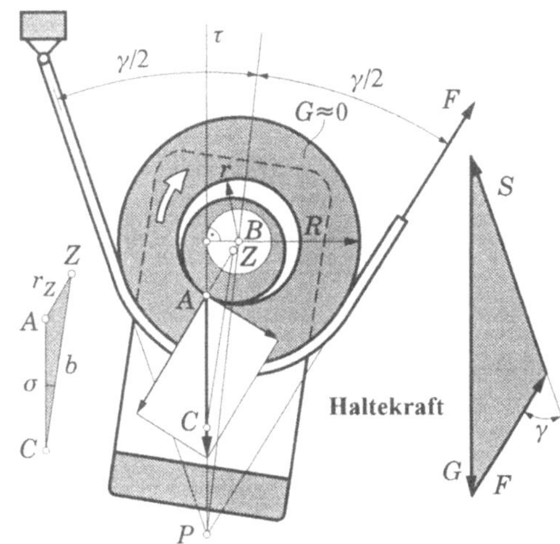

Der Punkt P ist, wenn γ und R vorgegeben sind, festgelegt durch $\overline{BP} = R/\sin(\gamma/2)$ und die Tangente τ. Mit P sind die Wirkungslinien von F bzw. S, d. h. die Winkel α und β festgelegt. Mit b ist C auf τ bestimmt $\Rightarrow \sigma$.

Rechnerische Lösung

Aus $\sum M_B = FR - SR - G(r \sin\rho_0) = 0$ und $G^2 = F^2 + S^2 + 2FS\cos\gamma$ findet man

$$F = \zeta S \qquad \text{mit}$$

$$\zeta = \left[\left(\frac{1+\varepsilon^2 \cos\gamma}{1-\varepsilon^2} \right) \pm \sqrt{\left(\frac{1+\varepsilon^2 \cos\gamma}{1-\varepsilon^2} \right)^2 - 1} \right] \quad , \qquad \varepsilon = \frac{r}{R}\sin\rho_0 \qquad \text{(siehe Seite 91)}$$

Mit $\quad F = \zeta S \quad$ in $\quad G^2 = F^2 + S^2 + 2FS\cos\gamma = S^2\left(1 + \zeta^2 + 2\zeta\cos\gamma\right) \Rightarrow$

$$S = \frac{G}{\sqrt{1+\zeta^2+2\zeta\cos\gamma}} \qquad \Rightarrow \qquad F = \frac{G\zeta}{\sqrt{1+\zeta^2+2\zeta\cos\gamma}}$$

Zwei Werte für $\zeta \Rightarrow$ Zwei Werte von F: F' und F''.

Eine kompaktere Formel erhält man mit $\qquad \delta = \arcsin\left[\frac{r}{R}\sin\rho_0 \sin\left(\frac{\gamma}{2}\right) \right]$

Aus dem Krafteck mit dem Sinussatz $G\sin\left(\frac{\gamma}{2}+\delta\right) = F\sin\gamma \quad \Rightarrow \quad F = \frac{G\sin(\gamma/2+\delta)}{\sin\gamma}$

$$F(+\rho_0) = F' \qquad \text{(Hubkraft)}$$
$$F(-\rho_0) = F'' \qquad \text{(Haltekraft)}$$

Schrägstellwinkel: $\qquad$ Aus $b\sin\sigma = r_z \sin\rho_0 \quad \Rightarrow \quad \sigma = \arcsin\left(\frac{r_z}{b}\sin\rho_0\right)$

Flaschenzug

Beim Flaschenzug kann $\gamma \doteq 0$ angenommen werden. Damit wird aus

$$\zeta = \left(\frac{1+\varepsilon^2 \cos\gamma}{1-\varepsilon^2} \right) \pm \sqrt{\left(\frac{1+\varepsilon^2 \cos\gamma}{1-\varepsilon^2} \right) - 1} \quad \text{mit} \quad \varepsilon = \frac{r}{R}\sin\rho_0 \quad \Rightarrow \quad \zeta = \frac{(1\pm\varepsilon)^2}{1-\varepsilon^2} \quad \text{also:}$$

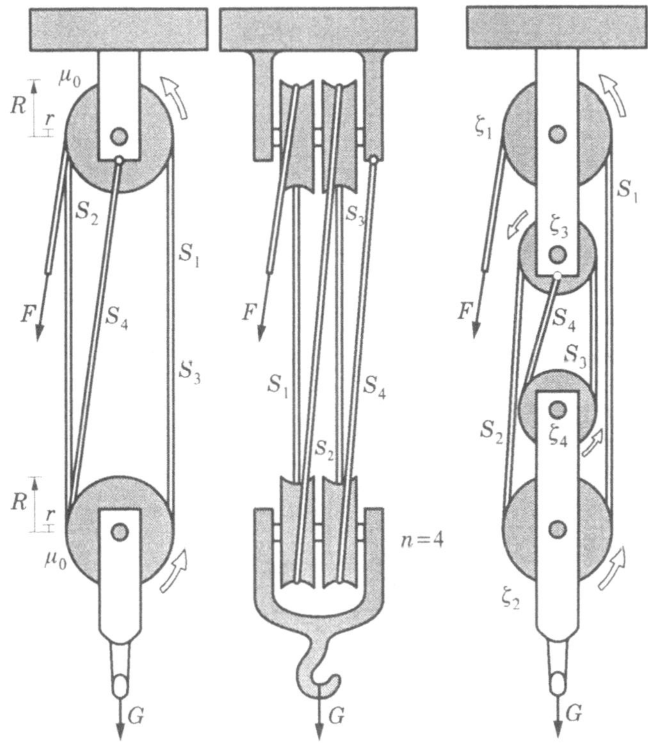

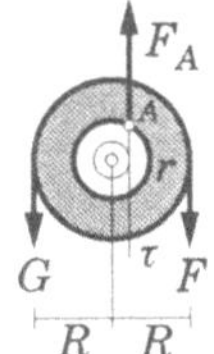

Dieselben Formeln erhält man natürlich auch direkt aus $\sum M_A = 0$:

$$F(R - r\sin\rho_0) = G(R + r\sin\rho_0) \quad \Rightarrow \quad \zeta = \frac{1 + \dfrac{r}{R}\sin\rho_0}{1 - \dfrac{r}{R}\sin\rho_0}$$

Die ζ-Werte können für die einzelnen Rollen unterschiedlich sein.

Aus $\quad F = \zeta_1 S_1 \qquad \Rightarrow \qquad S_1 = F/\zeta_1$

$\qquad S_1 = \zeta_2 S_2 \qquad \Rightarrow \qquad S_2 = F/\zeta_1\zeta_2$

$\qquad S_2 = \zeta_3 S_3 \qquad \Rightarrow \qquad S_3 = F/\zeta_1\zeta_2\zeta_3$

$\qquad S_3 = \zeta_4 S_4 \qquad \Rightarrow \qquad S_4 = F/\zeta_1\zeta_2\zeta_3\zeta_4$

und $\quad S_1 + S_2 + S_3 + S_4 = G$

98

erhält man:

$$F = \frac{G}{1/\zeta_1 + 1/\zeta_1\zeta_2 + 1/\zeta_1\zeta_2\zeta_3 + 1/\zeta_1\zeta_2\zeta_3\zeta_4}$$

Für den Fall, daß alle ζ-Werte gleich groß oder angenähert gleich groß sind, vereinfacht sich diese Formel zu:

$$G = F\left[1/\zeta + (1/\zeta)^2 + (1/\zeta)^3 + (1/\zeta)^4\right] \qquad \text{Subtrahiert man diesen Ausdruck von}$$

$$\zeta G = F\left[1 + (1/\zeta) + (1/\zeta)^2 + (1/\zeta)^3\right] \qquad \text{dann erhält man}$$

$$(\zeta - 1)G = F\left[1 - (1/\zeta)^4\right] \quad \Rightarrow \quad F = G\zeta^4 \frac{\zeta - 1}{\zeta^4 - 1}$$

Allgemeiner (n Rollen): $\boxed{F = G\zeta^n \dfrac{\zeta - 1}{\zeta^n - 1}}$. Im Grenzfall $\zeta \to 1$ wird $\boxed{F = \dfrac{G}{n}}$

Differential-Flaschenzug

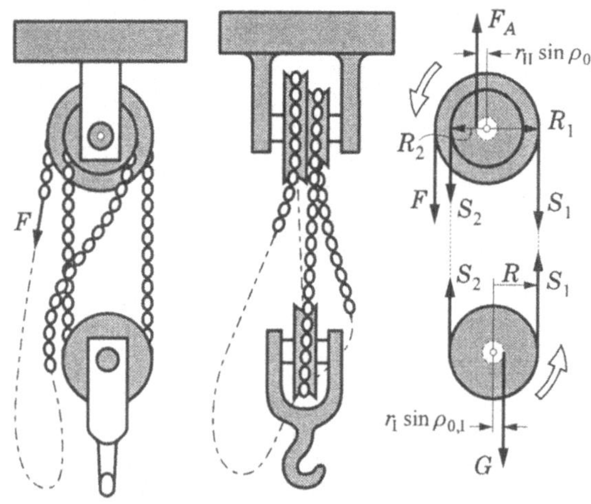

Das Eigengewicht der Last selbst wird zum Anheben der Last herangezogen.

Aus

$$FR_1 + S_2 R_2 - S_1 R_1 - F_A r_{\mathrm{II}} \sin\rho_{0,\mathrm{II}} = 0,$$

$$F_A - (F + S_1 + S_2) = 0,$$

$$S_1 R - S_2 R - G r_{\mathrm{I}} \sin\rho_{0,\mathrm{I}} = 0 \quad \text{und}$$

$$S_1 + S_2 - G = 0$$

können die Kräfte S_1, S_2 und F_A eliminiert werden, und man erhält für den Zusammenhang von F und G (unter Berücksichtigung von $R_1 + R_2 = 2R$):

$$F = \frac{G}{R_1 - r_{\mathrm{II}} \sin\rho_{0,\mathrm{II}}}\left(\frac{R_1 - R_2}{2} + r_{\mathrm{I}} \sin\rho_{0,\mathrm{I}} + r_{\mathrm{II}} \sin\rho_{0,\mathrm{II}}\right)$$

Für $\rho_{0,\mathrm{I}} = 0 \wedge \rho_{0,\mathrm{II}} = 0$ wird $\boxed{F = \dfrac{G}{2R_1}(R_1 - R_2)}$

7.2.6 Rollreibung

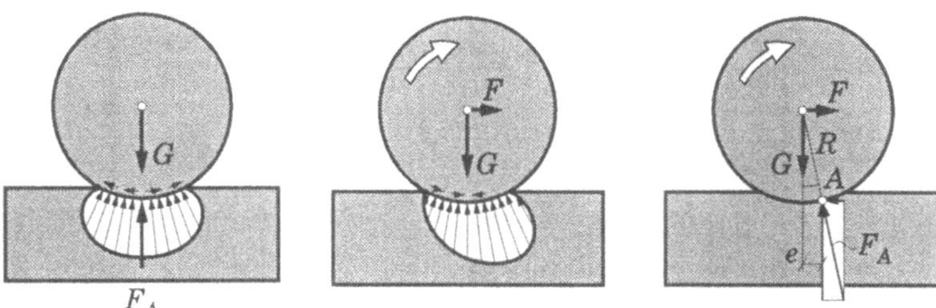

Eine Walze ruhe auf einer horizontalen Unterlage. Sind Walze und Unterlage vollkommen starr, dann berühren sie sich nur längs einer Linie. Sind sie aus festem Material, dann entsteht eine Berührungsfläche, in der die Kräfte pro Flächeneinheit, die „Spannungen", irgendwie verteilt sein werden. Diese Verteilung ist bei einfach aufliegender Walze symmetrisch, bei einer Walze aber, die durch eine horizontalgerichtete Kraft F an die Grenze des „Rollens" gebracht wird, ist sie unsymmetrisch. Wie auch immer die Spannungsverteilung sei, aus Gleichgewichtsgründen muß die Wirkungslinie der resultierenden Auflagerkraft durch den Walzenmittelpunkt hindurchlaufen. Diese schneidet die Grenzfläche in einem Punkt A. Der Abstand dieses Punktes von der Normalen soll der **Hebelarm der Rollreibung** genannt und mit e bezeichnet werden. Die Theorie der elastischen Verformungen wird vielleicht einmal in der Lage sein, Angaben über e zu machen, vorläufig allerdings ist man auf Versuche angewiesen. Wir werden in den folgenden Beispielen e als bekannt (und als unabhängig von G) annehmen. Wir werden weiterhin die Walze (Räder) und die Unterlage als starr annehmen. Der Berührungspunkt sei Ω und der Angriffspunkt A sei in Richtung der Bewegungstendenz um das Maß e vorverschoben. Im allgemeinen ist $\tan\varepsilon = e/R \ll 1 \quad \Rightarrow$ $\sin\varepsilon \doteq \tan\varepsilon \doteq \varepsilon$.

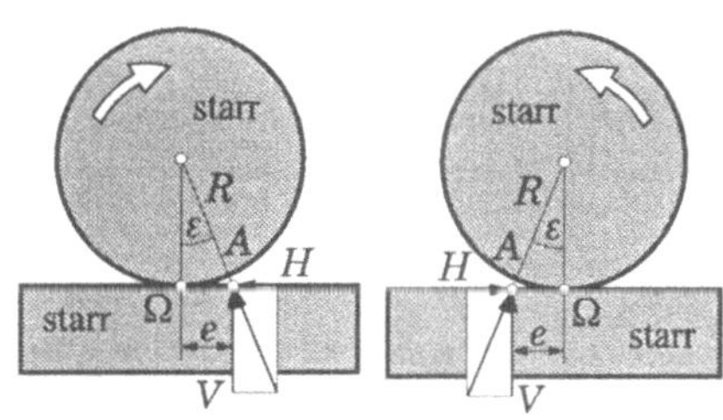

7.2.6.1 Transport auf Rädern, Inneres Antriebs- bzw. Bremsmoment

Ein Kraftfahrzeug befinde sich auf einer schiefen Ebene. Die Reibung reiche aus, um Gleiten zu verhindern. Das Fahrzeug besteht im wesentlichen aus 3 Teilen: der Karosserie, dem Vorder- und dem Hinterradpaar. Demnach können $3 \times 3 = 9$ Gleichgewichtsbedingungen angeschrieben werden, die zur Bestimmung der Unbekannten $A_x\, A_y\, B_x\, B_y\, N_1\, H_1\, N_2\, H_2$ und des Antriebsmomentes M (bzw. des Bremsmomentes) ausreichen.

Optimale Vorgangsweise

Gleichgewichtsbedingungen aufstellen für das Gesamtsystem, zusammen mit den Momentengleichgewichtsbedingungen $\sum M_A = 0$ und $\sum M_B$ für das Hinterrad- bzw. das Vorderradpaar alleine (5 Gleichungen für $N_1\, H_1\, N_2\, H_2$ und M!):

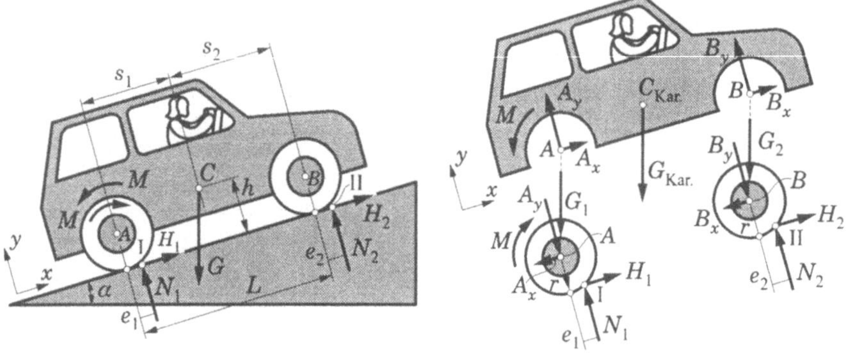

<u>Gesamtsystem</u>:

$$\sum F_x = 0: \quad H_1 + H_2 - G\sin\alpha = 0 \quad\text{.................. 1)}$$

$$\sum F_y = 0: \quad N_1 + N_2 - G\cos\alpha = 0 \quad\text{.................. 2)}$$

$$\sum \overset{\curvearrowright}{M}_{\mathrm{II}} = 0 = N_1(L - e_1 + e_2) - G\big[\cos\alpha(s_2 + e_2) + \sin\alpha \cdot h\big] = 0 \quad\text{.................. 3)}$$

Das „innere" Antriebsmoment geht nicht in diese Gleichung ein!

<u>Hinterradpaar</u>:

$$\sum \overset{\curvearrowright}{M}_A = 0 = M - H_1 r - N_1 e_1 \quad\text{.................. 4)}$$

<u>Vorderradpaar</u>:

$$\sum \overset{\curvearrowright}{M}_B = 0 = -H_2 r - N_2 e_2 \quad\text{.................. 5)}$$

Dabei ist angenommen, daß der Einfluß der Lagerreibung unbedeutend sei (Kugellager). Die Elimination der Kräfte $N_1\, H_1\, N_2$ und H_2 aus ...1) bis ...5) kann wie folgt durchgeführt werden:

$$\text{...4)} + \text{...5)} \;\Rightarrow\; M - (H_1 + H_2)r - (N_1 e_1 + N_2 e_2) = 0. \quad\text{Mit ...1)} \;\Rightarrow$$

$$\left.\begin{array}{r} N_1 e_1 + N_2 e_2 = M - G\sin\alpha\, r \\[4pt] \text{und ...2)} \quad N_1 + N_2 = G\cos\alpha \end{array}\right\} \;\Rightarrow\; N_1 = \frac{M - G(\sin\alpha\, r + \cos\alpha\, e_2)}{e_1 - e_2}$$

Damit ergibt sich dann aus ...3) für M:

$$\boxed{\,M = G\left\{\sin\alpha\left[r + \frac{h(e_1 - e_2)}{L - e_1 + e_2}\right] + \cos\alpha\left[e_2 + \frac{(s_2 + e_2)(e_1 - e_2)}{L - e_1 + e_2}\right]\right\}\,}$$

Das erforderliche Bremsmoment, den Kraftwagen auf der schiefen Ebene zu halten, erhält man aus dieser Formel, wenn man e_1, e_2 durch $-e_1, -e_2$ ersetzt. Für $e_1 = 0 \wedge e_2 = 0$ wird

$$M = G\, r\sin\alpha.$$

7.2.6.2 Transport auf Rädern, äußerer Antrieb

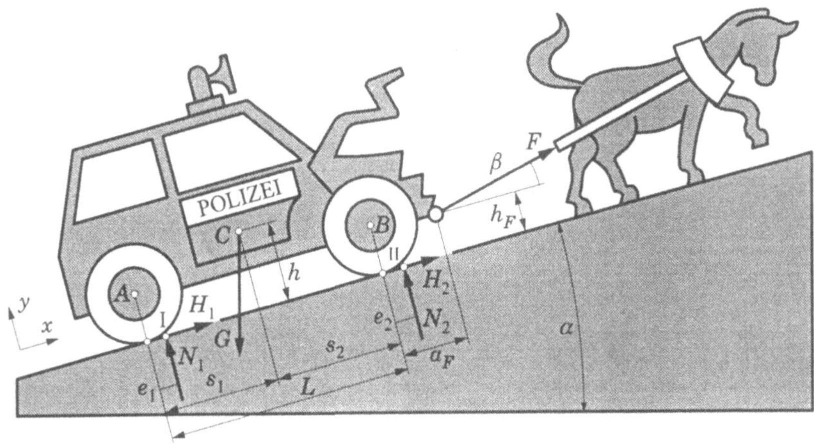

Ein verunglücktes Fahrzeug (mit funktionstüchtig gebliebenen Fahrwerk) werde auf einer schiefen Ebene abgeschleppt. Gesucht ist die für das Abschleppen erforderliche Kraft F (bzw. die Haltekraft). Es soll wieder so vorgegangen werden, wie im vorhergehenden Beispiel:

Gesamtsystem:

$$\sum F_x = 0 = H_1 + H_2 - G\sin\alpha + F\cos\beta = 0 \quad\dots\dots\dots\dots 1)$$

$$\sum F_y = 0 = N_1 + N_2 - G\cos\alpha + F\sin\beta = 0 \quad\dots\dots\dots\dots 2)$$

$$\sum M_{\mathrm{II}} = 0 = N_1\left(L - e_1 + e_2\right) - G\left[\cos\alpha\left(s_2 + e_2\right) + \sin\alpha\, h\right] +$$

$$+ F\left[\cos\beta\, h_F - \sin\beta\left(a_F - e_2\right)\right]\dots\dots\dots\dots 3)$$

Hinterradpaar:

$$\sum M_A = 0 = N_1 e_1 + H_1 r = 0 \quad\dots\dots\dots\dots 4)$$

Vorderradpaar:

$$\sum M_B = 0 = N_2 e_2 + H_2 r = 0 \quad\dots\dots\dots\dots 5)$$

Aus ...4) + ...5) erhält man mit ...1): $N_1 e_1 + N_2 e_2 = -r\left[G\sin\alpha - F\cos\beta\right]$.

Zusammen mit ...2): $\qquad\qquad N_1 + N_2 = G\cos\alpha - F\sin\beta$

ergibt sich daraus: $\qquad N_1 = \dfrac{F\left(\cos\beta\, r + e_2\sin\beta\right) - G\left(\sin\alpha\, r + e_2\cos\alpha\right)}{e_1 - e_2}$.

Setzt man diesen Ausdruck in ...3) ein, dann findet man für den gesuchten Zusammenhang:

$$\boxed{F = G\,\frac{\left(\sin\alpha\, r + e_2\cos\alpha\right)\left(L + e_2 - e_1\right) + \left[\left(s_2 + e_2\right)\cos\alpha + h\sin\alpha\right]\left(e_1 - e_2\right)}{\left(\cos\beta\, r + e_2\sin\beta\right)\left(L + e_2 - e_1\right) + \left[h_F\cos\beta - \left(a_F - e_2\right)\sin\beta\right]\left(e_1 - e_2\right)}}$$

Für die „Haltekraft" ist in dieser Formel e_1 und e_2 durch $-e_1$ und $-e_2$ zu ersetzen.

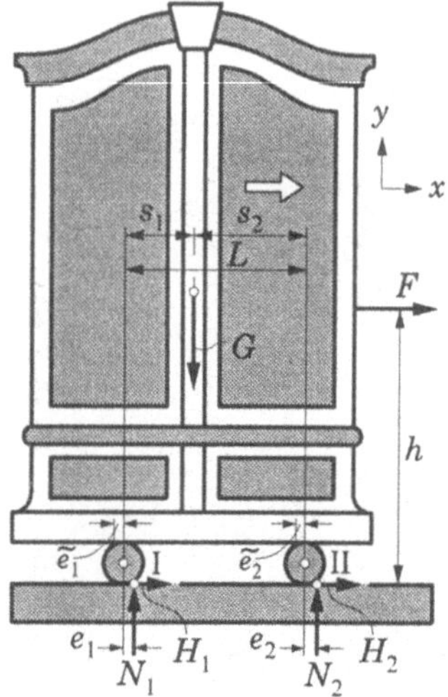

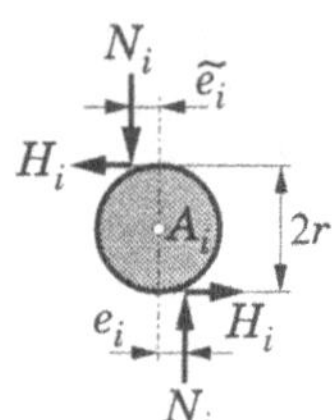

Ein schwerer Kasten sei auf zwei gleichgroßen (r) Walzen (mit vernachlässigbarem Eigengewicht) gestellt und soll (auf horizontalem Boden) seitlich bewegt werden (F). Für das Gesamtsystem (Kasten + 2 Walzen) gelten folgende Gleichungen:

$$\sum F_x = 0 = H_1 + H_2 + F = 0 \qquad \text{1)}$$

$$\sum F_y = 0 = N_1 + N_2 - G = 0 \qquad \text{2)}$$

$$\sum M_{\mathrm{II}} = 0 = N_1\left[L + e_2 - e_1\right] - G\left(s_2 + e_2\right) + Fh \quad \text{3)}$$

Beim Verschieben ändert sich der Walzenabstand L nicht, wohl aber s_1 und s_2 ! Für die Walzen gelten:

$$\sum M_{B_1} = 0 = N_1\left(e_1 + \tilde{e}_1\right) + H_1 2r = 0 \qquad \text{4)}$$

$$\sum M_{B_2} = 0 = N_2\left(e_2 + \tilde{e}_2\right) + H_2 2r = 0 \qquad \text{5)}$$

Die Elimination von $N_1\, H_1\, N_2\, H_2$ ergibt:

$$\boxed{F = G\,\frac{\left(e_2 + \tilde{e}_2\right)\left(L + e_2 - e_1\right) + \left(s_2 + e_2\right)\left[\left(e_1 + \tilde{e}_1\right) - \left(e_2 + \tilde{e}_2\right)\right]}{2r\left(L + e_2 - e_1\right) + h\left[\left(e_1 + \tilde{e}_1\right) - \left(e_2 + \tilde{e}_2\right)\right]}}$$

8 Raumkraftsystem

Wir hatten es bisher, von einigen Ausnahmen abgesehen (z. B. bei der Schraube), mit ebenen (Einzel-) Kraftsystemen zu tun, also mit Kraftsystemen, bei denen die Wirkungslinien aller Kräfte in einer Ebene liegen. Wirken diese Kräfte auf einen starren Körper, dann können die Kräfte regelgerecht zusammmmengesetzt werden, wodurch das Kraftsystem auf eine Einzelkraft oder ein Einzelkraftpaar äquivalent zurückgeführt (reduziert) wird. Das ebene Kraftsystem ist äquivalent einer Einzelkraft in genau bestimmter Lage oder einem Kraftpaar in unbestimmter Lage, aber bestimmtem Moment und bestimmtem Drehsinn.

Wir haben gesehen, daß der Begriff des „Kraftpaares", der dem Kraftbegriff gleichwertig zu Seite gestellt wird, sich zwangsläufig ergibt, wenn der Betrag der Resultierenden verschwindet und diese Resultierende im Unendlichen zu liegen kommt. Anstelle dieser „Nullkraft im Unendlichen" verwenden wir lieber das Kraftpaar mit nicht verschwindender Öffnung. Bevor wir an die Reduktion des *Raumkraftsystems* herangehen, beschäftigen wir uns nun etwas ausführlicher als bisher mit den Eigenschaften eines Kraftpaares.

8.1 Eigenschaften des Kraftpaares

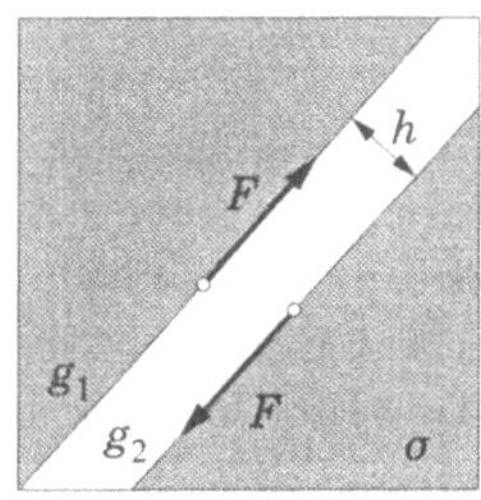

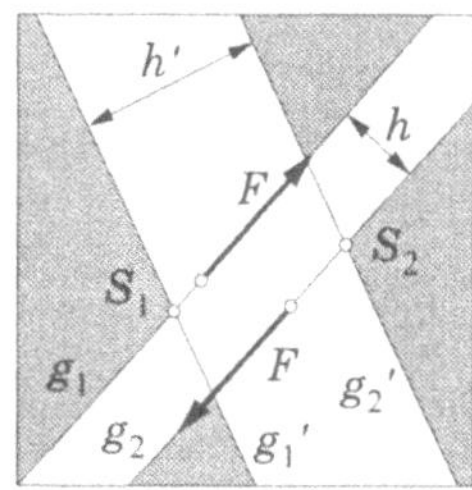

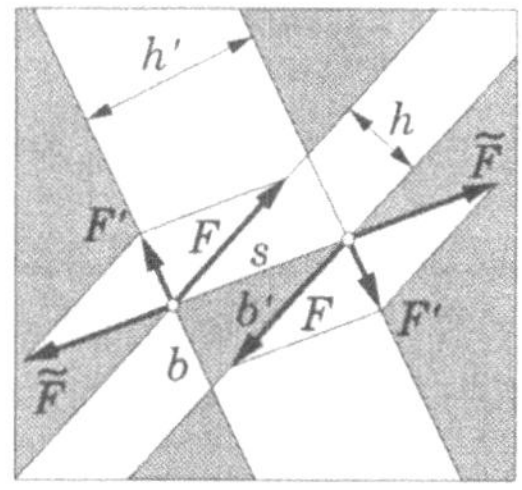

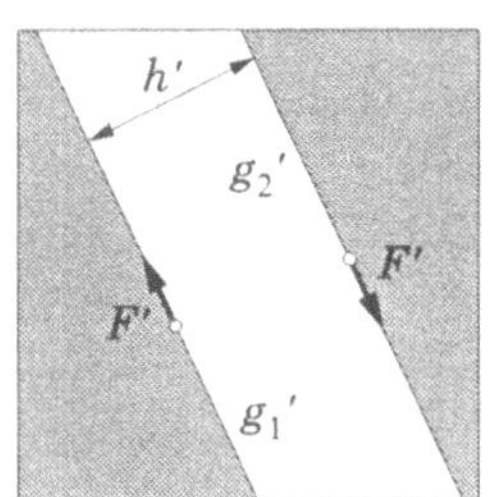

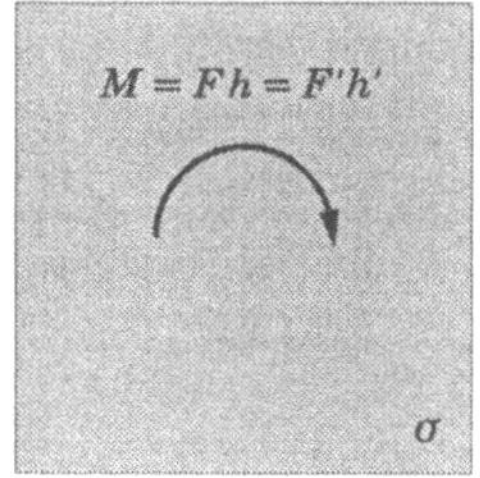

Gegeben sei ein im Uhrzeigersinn drehendes Kraftpaar $(F; h)$ mit dem Kraftbetrag F und der Öffnung h. Das Kraftpaar bestimmt eine Ebene σ. Das Kraftpaar soll nun äquivalent in ein anderes Kraftpaar $(F'; h')$ umgeformt werden, wobei die beiden Wirkungslinien von $\mathbf{F'}$ und

$-\mathbf{F}'$ bzw. die Öffnung h' vorgegeben und F' gesucht seien. Obige Bildfolge zeigt die Lösung: $g_1 \cap g_1' = S_1$, $g_2 \cap g_2' = S_2$, womit s bestimmt ist. Hinzufügen des Gleichgewichtskraftpaares $(\widetilde{F}, 0)$ (mit $\widetilde{\mathbf{F}} = \mathbf{F}' - \mathbf{F}$) bestimmt F' und $\widetilde{F}$. Aus $b'h' = bh$ folgt $h'/h = b/b' = F/F'$ und daraus $M = Fh = F'h'$: Das Moment des Kraftpaares ist invariant.

8.1.1 Zusammensetzung zweier Kraftpaare in der gleichen Ebene ($\sigma_1 = \sigma_2$)

Befinden sich die beiden Kraftpaare (F_1, h_1) und (F_2, h_2) in derselben Ebene ($\sigma_1 = \sigma_2$) und haben sie gleichen Drehsinn, dann sind sie äquivalent einem Einzel-Kraftpaar (F, h), das im gleichen Sinne dreht und für das, wenn h beliebig gewählt wird, $F = (F_1 h_1 + F_2 h_2)/h$ ist, bzw. wenn F beliebig gewählt wird, $h = (F_1 h_1 + F_2 h_2)/F$ ist. Das Moment des resultierenden Kraftpaares ist gleich der Summe der Momente der einzelnen Kraftpaare.

8.1.2 Verschiebung eines Kraftpaares in eine zu seiner Ebene parallelen Ebene

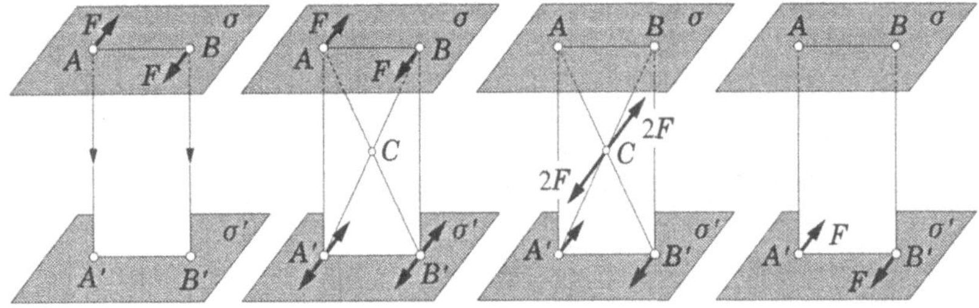

In den Punkten A bzw. B eines starren Körpers sollen die Kräfte eines Kraftpaares angreifen. Ihre Wirkungslinien bestimmen σ. Die Punkte A und B sollen in beliebiger Richtung parallel projiziert werden in die Ebene $\sigma' \parallel \sigma$. Werden in A' bzw. B' Gleichgewichtskräftepaare $(F, 0)$ (siehe Bildfolge) angebracht, dann können Kräfte in gleicher Richtung zu Resultierenden in C zusammengesetzt werden; und nach Entfernen des Gleichgewichtskräftepaares $(2F, 0)$ in C bleibt lediglich das nach σ' transferierte Kraftpaar $(F, 0)$ übrig. D. h. ein Kraftpaar darf nicht nur in seiner Wirkungsebene beliebig verschoben werden, es darf auch in eine zu seiner Wirkungsebene parallele Ebene übertragen werden.

8.1.3 Zusammensetzung von zwei Kräftepaaren in verschiedenen Ebenen ($\sigma_1 \neq \sigma_2$)

8.1.3.1 Parallele Ebenen $\sigma_1 \parallel \sigma_2$

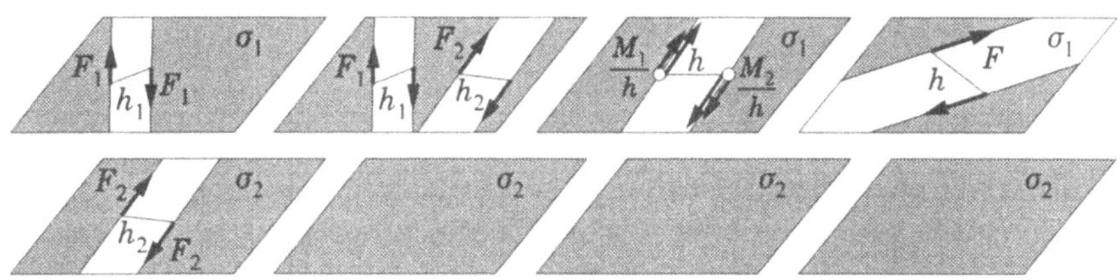

(F_2, h_2) kann von σ_2 in die Ebene σ_1 übertragen werden. Wählt man h, so können (F_1, h_1)

$\Leftrightarrow \left(\dfrac{F_1 h_1}{h}, h \right)$ und $(F_2, h_2) \Leftrightarrow \left(\dfrac{F_2 h_2}{h}, h \right)$ äquivalent umgeformt werden und die Kräfte

$F_1 h_1 / h$ und $F_2 h_2 / h$ addiert ergeben das resultierende Kraftpaar $\left(\dfrac{F_1 h_1 + F_2 h_2}{h}, h \right)$ mit dem

Moment $F h = F_1 h_1 + F_2 h_2 = M_1 + M_2 = M$.

8.1.3.2 Nichtparallele Wirkungsebenen $\sigma_1 \not\parallel \sigma_2$

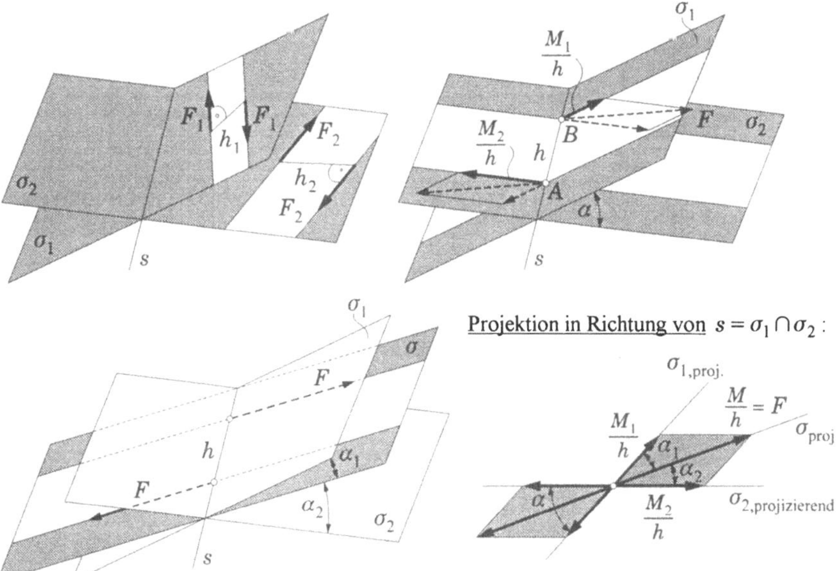

Cosinussatz: $F^2 = \left(\dfrac{M_1}{h} \right)^2 + \left(\dfrac{M_2}{h} \right)^2 + 2 \dfrac{M_1}{h} \dfrac{M_2}{h} \cos \alpha$

<u>Gegeben</u>: Kraftpaar (F_1, h) in Ebene σ_1 , Kraftpaar (F_2, h_2) in Ebene $\sigma_2 \nparallel \sigma_1$.

Die Ebenen $\sigma_1 \sigma_2$ schließen den Winkel α ein und schneiden sich in der Geraden $s = \sigma_1 \cap \sigma_2$. In dieser Geraden s werde die Strecke AB von der Länge h gewählt. Jedes Kraftpaar kann äquivalent umgeformt werden in ein anderes mit der Öffnung h :

$$(F_1, h) \Longleftrightarrow \left(\frac{M_1}{h}, h\right) \text{ in } \sigma_1 \text{ mit } M_1 = F_1 h_1$$

$$(F_2, h) \Longleftrightarrow \left(\frac{M_2}{h}, h\right) \text{ in } \sigma_2 \text{ mit } M_2 = F_2 h_2$$

Die geometrische Addition der Kräfte M_1/h und M_2/h ergibt

$$F = \sqrt{\left(\frac{M_1}{h}\right)^2 + \left(\frac{M_2}{h}\right)^2 + 2\frac{M_1}{h} \cdot \frac{M_2}{h} \cos\alpha} \, ,$$

und damit das Kraftpaar (F, h) in der Ebene σ mit dem Moment $M = Fh$ $\Rightarrow$

$$\boxed{M = \sqrt{M_1^2 + M_2^2 + 2M_1 M_2 \cos\alpha}}$$

Die Ebene σ ist festgelegt durch:

$$\boxed{\alpha_1 = \arctan\frac{M_2 \sin\alpha}{M_1 + M_2 \cos\alpha} \quad \text{bzw.} \quad \alpha_2 = \arctan\frac{M_1 \sin\alpha}{M_2 + M_1 \cos\alpha}}$$

8.1.4 Der Vektor eines Kraftpaares, der Momentenvektor

Die eben gezeigte Zusammensetzung von Kraftpaaren zu einem resultierenden Kraftpaar kann wesentlich einfacher durchgeführt werden, wenn man für das Kraftpaar einen *Momentenvektor* **M** einführt, der normal zu σ gerichtet, die Länge Fh be-

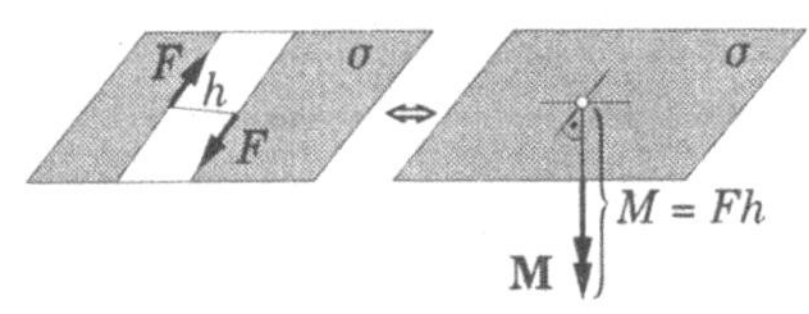

sitzt und in die Fortschrittsrichtung einer Rechtsschraube (im Drehsinn des Kraftpaares) zeigt.

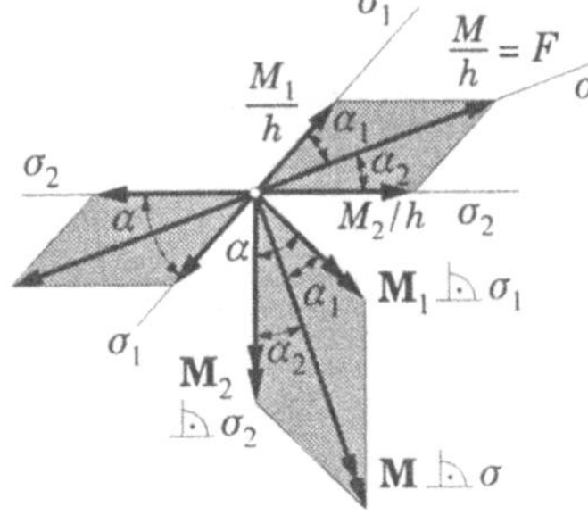

Ersetzt man das Kraftpaar (F_1, h_1) in σ_1 durch $\mathbf{M}_1(\perp\sigma_1)$ und (F_2, h_2) in σ_2 durch $\mathbf{M}_2(\perp\sigma_2)$ und addiert die Vektoren $\mathbf{M} = \mathbf{M}_1 + \mathbf{M}_2$, so erhält man wie oben:

$$M^2 = \mathbf{M} \circ \mathbf{M} = \mathbf{M}_1^2 + \mathbf{M}_2^2 + 2\mathbf{M}_1 \circ \mathbf{M}_2 \quad \Rightarrow$$

$$M = \sqrt{M_1^2 + M_2^2 + 2M_1 M_2 \cos\alpha}$$

Die Ebene σ ist durch **M** festgelegt.

$$\alpha_1 = \text{Winkel zwischen } \mathbf{M} \text{ und } \mathbf{M}_1: \quad \alpha_1 = \arctan\left[\frac{M_2 \sin\alpha}{M_1 + M_2 \cos\alpha}\right] \text{ bzw. } \alpha_2 = \ldots$$

Der so für das Kraftpaar eingeführte Momentenvektor ist im Gegensatz zum liniengebundenen Vektor der Kraft ein <u>freier Vektor am starren Körper</u>. Dies folgt aus der oben nachgewiesenen Verschiebbarkeit des Kraftpaares in seiner Ebene bzw. aus der Übertragbarkeit in eine dazu parallele Ebene.

8.2 Reduktion des Raumkraftsystems

8.2.1 Die Dyade

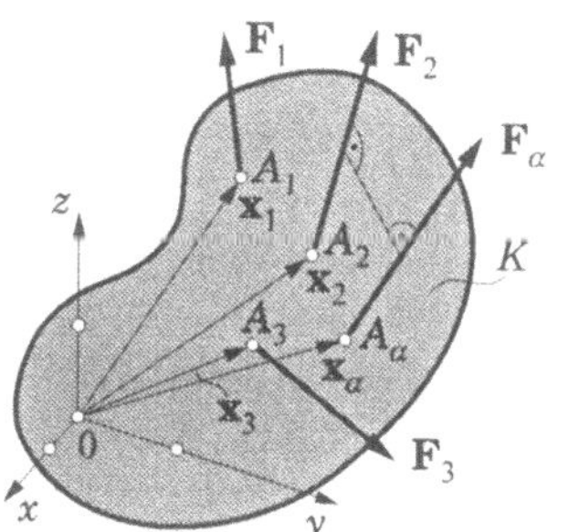

Gegeben sei ein starrer Körper, auf den N Einzelkräfte einwirken. Die Angriffspunkte (A_α) der Kräfte $\mathbf{F}_\alpha$ seien durch die Ortsvektoren $\mathbf{x}_\alpha$ gegeben. Mit den $2 \times N$-Vektoren

$$\mathbf{x}_\alpha \qquad \alpha = 1,2,3\ldots N$$
$$\text{und } \mathbf{F}_\alpha \qquad \alpha = 1,2,3\ldots N$$

ist das Raumkraftsystem gegeben. Die Trägergeraden g_α der Einzelkräfte sind im allgemeinen zueinander windschief, d. h. sie schneiden sich nicht. Mit dem Verschiebungsaxiom für die Kräfte am starren Körper und dem Parallelogrammaxiom gelingt (zum Unterschied beim ebenen Kraftsystem) beim Raumkraftsystem die Reduktion nicht. Wir haben aber bereits alles Nötige für die Durchführung der Reduktion des Raumkraftsystems zuhanden: Einzelkräfte am starren Körper sind in ihrer Wirkungslinie verschiebbar, und Kraftpaare können durch ihren freien Momentenvektor ersetzt werden.

Ohne Einschränkung der Allgemeinheit kann der Koordinatenursprung 0 als Reduktionspunkt gewählt werden.

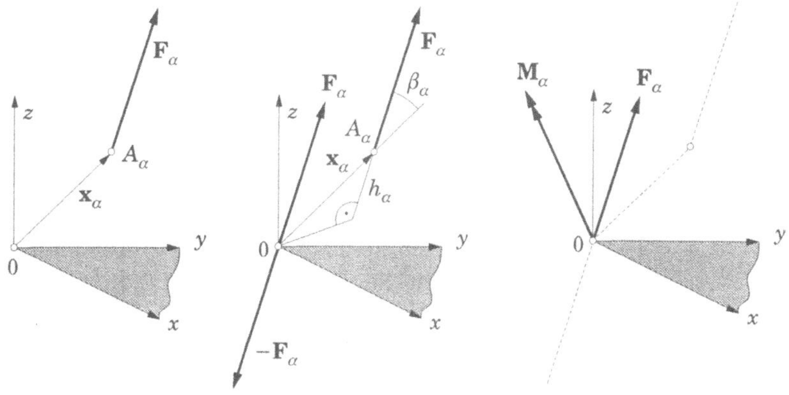

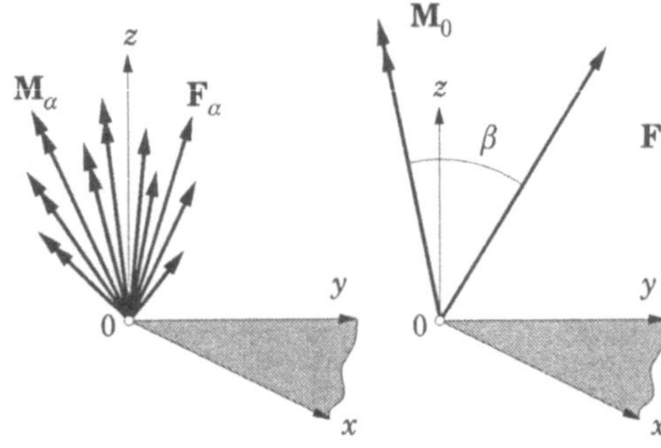

Wir bringen das Gleichgewichtskräftepaar $(F_\alpha, 0)$ im Reduktionspunkt 0 an (d. h. wir setzen $+\mathbf{F}_\alpha$ und $-\mathbf{F}_\alpha$ in 0 an) und ersetzen das nun entstandene Kraftpaar $(\mathbf{F}_\alpha, h_\alpha)$ mit der Öffnung h_α ($\mathbf{F}_\alpha$ in A_α und $-\mathbf{F}_\alpha$ in 0) durch seinen Momentenvektor $\mathbf{M}_\alpha$. $\mathbf{M}_\alpha$ steht senkrecht auf der von $\mathbf{x}_\alpha$ und $\mathbf{F}_\alpha$ bestimmten Ebene. Der Betrag des Momentenvektors ist

$$
\begin{aligned}
\left| \mathbf{M}_\alpha \right| &= \left| \mathbf{F}_\alpha \right| \cdot h_\alpha = \\
&= \left| \mathbf{F}_\alpha \right| \cdot \left| \mathbf{x}_\alpha \right| \sin \beta_\alpha = \\
&= \left| \mathbf{x}_\alpha \times \mathbf{F}_\alpha \right|
\end{aligned}
$$

Unter Berücksichtigung der Rechtsschraubregel folgt daraus: $\qquad \mathbf{M}_\alpha = \mathbf{x}_\alpha \times \mathbf{F}_\alpha$.

Verfährt man mit allen vorhandenen Kräften $\mathbf{F}_\alpha (\alpha = 1, 2, \ldots N)$ in der gleichen Weise, so erhält man im Reduktionspunkt 0 ein Büschel von Kräften $\mathbf{F}_\alpha$ und ein Büschel von Momenten $\mathbf{M}_\alpha$. Die Kräfte haben alle den gemeinsamen Angriffspunkt (0) und können gemäß dem Parallelogrammaxiom geometrisch addiert werden. Die freien Momentenvektoren $\mathbf{M}_\alpha$ können ebenfalls geometrisch zusammengesetzt werden:

$$
\boxed{\ \mathbf{F} = \sum\nolimits_{\alpha=1}^{N} \mathbf{F}_\alpha \ } \quad , \quad \boxed{\ \mathbf{M}_0 = \sum\nolimits_{\alpha=1}^{N} \mathbf{M}_\alpha = \sum\nolimits_{\alpha=1}^{\alpha=N} \mathbf{x}_\alpha \times \mathbf{F}_\alpha \ }
$$

Die beiden Vektoren $(\mathbf{F}, \mathbf{M}_0)$ bezeichnen wir als *Dyade*. Sie können auch zu einem Gebilde höherer Art zusammengefaßt werden, zu einem sogenannten Kraftmotor

$$
\hat{\mathbf{F}} = \begin{pmatrix} \mathbf{F} \\ \mathbf{M}_0 \end{pmatrix}
$$

„Motor" ist ein Kunstwort aus <u>Mo</u>ment und Vek<u>tor</u>. Für Motoren gelten ähnliche Rechenregeln wie für Vektoren. Wir werden aber in die „Motorrechnung", die in der Starrkörpermechanik gewisse Vorteile bringt, hier nicht eindringen.

8.2.2 Die Dyname = Kraftschraube, die Zentralachse

Wir können nun noch weiter fragen, ob es nicht Reduktionspunkte gibt, für die der Winkel β zwischen dem resultierenden Momentenvektor $\mathbf{M}$ und der resultierenden Kraft $\mathbf{F}$ verschwindet: Es gibt sogar unendlich viele solcher Punkte:

Um Reduktionspunkte zu finden, für die $\beta = 0$ wird, zerlegen wir $\mathbf{M}$ in die Richtung von $\mathbf{F}$ und senkrecht dazu: $\mathbf{M} = \widetilde{\mathbf{M}} + \mathbf{M}^{\perp}$, und ersetzen das Moment $\mathbf{M}^{\perp}$ durch das Kraftpaar (F, h). Das Gleichgewichtskraftpaar $(F, 0)$ kann entfernt werden, und dann verbleiben $\mathbf{F}$ (im Endpunkt N des Ortsvektors $\mathbf{x}$ angreifend) und der freibewegliche Momentenvektor $\widetilde{\mathbf{M}}$ – der auch in N angreifend gedacht werden kann. $\mathbf{F}$ und $\widetilde{\mathbf{M}}$ sind parallelgerichtete Vektoren.

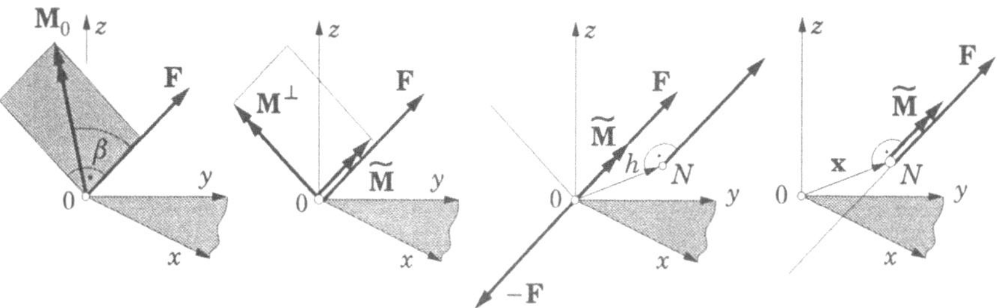

Für den Ortsvektor von N gilt:

$$M^{\perp} = M \sin\beta = hF \quad \Rightarrow \quad h = M \sin\beta \cdot \frac{F}{F^2} = |\mathbf{x}| = \frac{|\mathbf{F} \times \mathbf{M}|}{F^2} \quad \Rightarrow \quad \boxed{\mathbf{x} = \frac{\mathbf{F} \times \mathbf{M}}{\mathbf{F}^2}}$$

und für das Moment $\widetilde{M}$ findet man

$$\widetilde{M} = M \cos\beta = MF \cos\beta / F \quad \Rightarrow \quad \boxed{\widetilde{\mathbf{M}} = \frac{(\mathbf{F} \circ \mathbf{M})\mathbf{F}}{\mathbf{F}^2}}$$

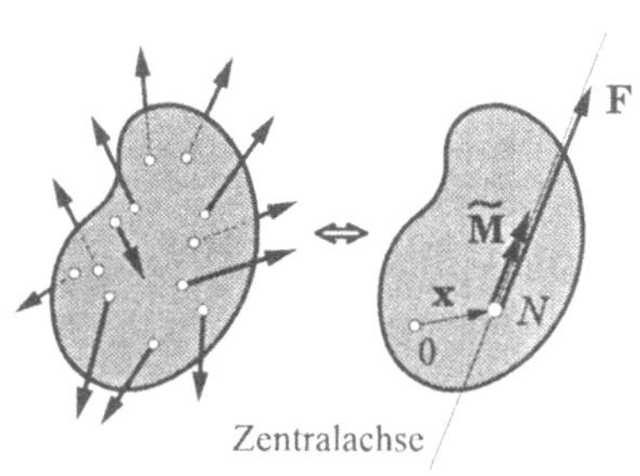

Da die resultierende Kraft $\mathbf{F}$ am starren Körper angreifend in ihrer Wirkungslinie beliebig verschoben werden darf, haben wir mit N nicht nur diesen einen Reduktionspunkt gefunden, für den $\beta = 0$ wird – jeder Punkt der Trägergeraden von $\mathbf{F}$ durch N ist ein Reduktionspunkt, für den $\beta = 0$ ist! Diese Trägergerade nennen wir die *Zentralachse* des Raumkraftsystems und die auf ihr verschiebbare spezielle Dyade $(\mathbf{F}, \widetilde{\mathbf{M}})$ nennen wir die *Dyname* oder *Kraftsschraube des Raumkraftsystems*. Die Kraftschraube ist das einfachste Gebilde, auf das ein Raumkraftsystem äquivalent zurückführbar ist.

8.2.2.1 Die Invarianten des Raumkraftsystems

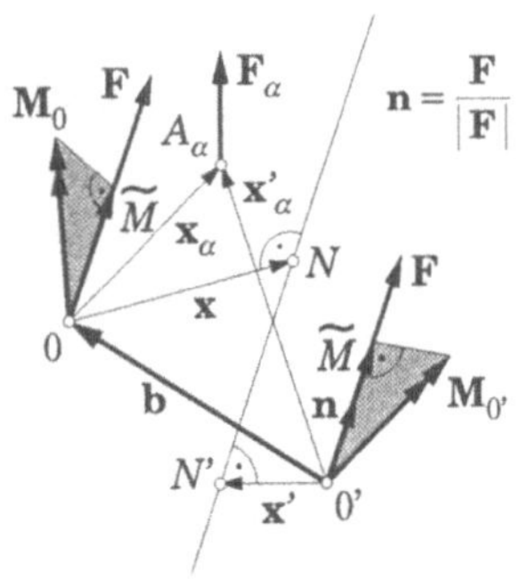

Unabhängig (invariant) von der Wahl des Reduktionspunktes erweisen sich der resultierende Kraftvektor $\mathbf{F}$ und das Schraubenmoment $\widetilde{\mathbf{M}}$ sowie die Lage der Zentralachse. Kurz, die Dyname ist unabhängig von der Wahl des Reduktionspunktes.

$\mathbf{F} = \sum \mathbf{F}_\alpha$ ist natürlich von 0 unabhängig,

$$\mathbf{M}_0 = \sum \mathbf{x}_\alpha \times \mathbf{F}_\alpha,$$

$$\mathbf{M}_{0'} = \sum \mathbf{x}'_\alpha \times \mathbf{F}_\alpha = \sum (\mathbf{x}_\alpha + \mathbf{b}) \times \mathbf{F}_\alpha =$$

$$= \mathbf{M}_0 + \mathbf{b} \times \mathbf{F}$$

d. h. $\mathbf{M}_0 \neq \mathbf{M}_{0'}$ aber die Projektionen $\mathbf{M}_{0'} \cdot \mathbf{F}/F = (\mathbf{M}_0 + \mathbf{b} \times \mathbf{F}) \cdot \mathbf{F}/F = \mathbf{M}_0 \cdot \mathbf{F}/F$ sind gleich groß: $\widetilde{M} = \mathbf{M}_0 \cdot \mathbf{F}/F = \mathbf{M}_{0'} \cdot \mathbf{F}/F$ ist also unabhängig vom Reduktionspunkt und damit auch $\widetilde{\mathbf{M}}$. Für die Zentralachsenlage gilt $\mathbf{x} = (\mathbf{F} \times \mathbf{M}_0)/\mathbf{F}^2$ bzw.

$$\mathbf{x}' = \frac{\mathbf{F} \times \mathbf{M}_{0'}}{\mathbf{F}^2} = \frac{\mathbf{F} \times (\mathbf{M}_0 + \mathbf{b} \times \mathbf{F})}{\mathbf{F}^2} = \mathbf{x} + \frac{\mathbf{F}}{F} \times \left(\mathbf{b} \times \frac{\mathbf{F}}{F} \right)$$

bzw. mit $\mathbf{F}/|\mathbf{F}| = \mathbf{F}/F = \mathbf{n}$: $\mathbf{x}' - (\mathbf{x} + \mathbf{b}) = (\mathbf{n} \circ \mathbf{b}) \mathbf{n}$.

D. h. N und N' liegen auf derselben Geraden, d. h. die Lage der Zentralachse ist vom Reduktionspunkt unabhängig.

8.2.2.2 Sonderfall des ebenen Kraftsystems

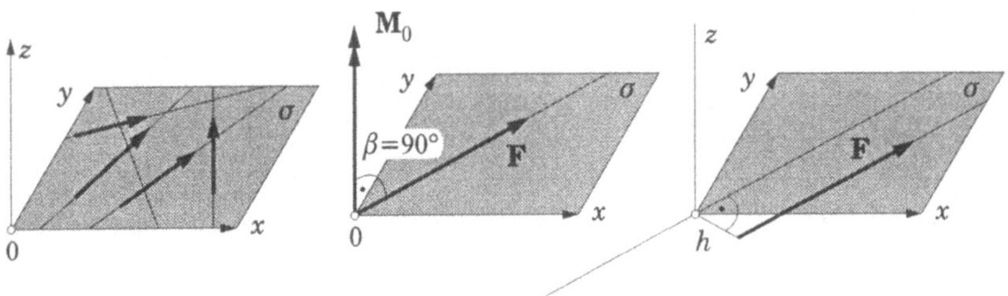

Lassen wir die xy-Ebene mit der Ebene σ zusammenfallen, in die die Wirkungslinien der Kräfte $\mathbf{F}_\alpha$ eingebettet sind. Die Momentenvektoren $\mathbf{M}_\alpha$ und damit auch $\mathbf{M}_0 = \sum \mathbf{M}_\alpha$ werden dann in der z-Achse liegen. Die Projektion von $\mathbf{M}_0$ in die Richtung von $\mathbf{F}$ (in der xy-Ebene) ist gleich Null:

$$\widetilde{M} = \frac{\mathbf{F} \circ \mathbf{M}_0}{|\mathbf{F}|} = 0$$

Das Reduktionsergebnis ist also entweder eine <u>Einzelkraft</u> in bestimmter Lage,

$$\mathbf{x} = \frac{\mathbf{F} \times \mathbf{M}_0}{\mathbf{F} \circ \mathbf{F}} \quad \Rightarrow \quad |\mathbf{x}| = \frac{FM \sin 90°}{F^2} = h = \frac{M}{F},$$

oder, wenn $\mathbf{F} = 0$, ist es ein Einzelmoment bzw. ein <u>Kraftpaar</u> in der xy-Ebene.

8.3 Die Gleichgewichtsbedingungen für den starren Körper

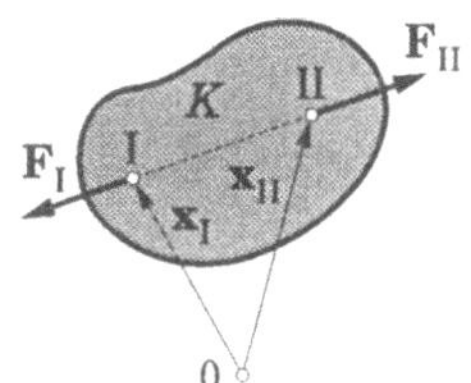

Wir haben als (zweites) Axiom der Statik folgende Behauptung formuliert: Zwei gleichgroße, entgegengesetzt gerichtete Kräfte auf gleicher Wirkungslinie halten sich am starren Körper im Gleichgewicht. Sind I und II die Angriffspunkte der Kräfte $\mathbf{F}_{\mathrm{I}}$ und $\mathbf{F}_{\mathrm{II}}$ am starren Körper K (Skizze), dann müssen für Gleichgewicht folgende Bedingungen erfüllt sein:

$$\mathbf{F}_{\mathrm{I}} + \mathbf{F}_{\mathrm{II}} = 0 \quad \text{und} \quad (\mathbf{x}_{\mathrm{II}} - \mathbf{x}_{\mathrm{I}}) \times \mathbf{F}_{\mathrm{II}} = 0.$$

Jedes Raumkraftsystem kann äquivalent auf zwei Kräfte zurückgeführt werden:

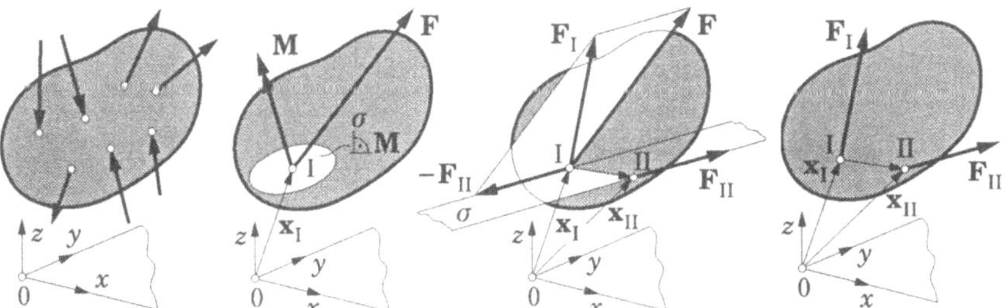

Angenommen die Reduktion auf den Punkt I ergäbe die Dyade $(\mathbf{F}, \mathbf{M})$. Das Moment $\mathbf{M}$ werde durch das Kraftpaar $\mathbf{F}_{\mathrm{II}}$ in II und $-\mathbf{F}_{\mathrm{II}}$ in I ersetzt. Die Addition von $-\mathbf{F}_{\mathrm{II}}$ und $\mathbf{F}$ ergibt $\mathbf{F}_{\mathrm{I}}$. Damit ist das Raumkraftsystem äquivalent auf die zwei Kräfte $\mathbf{F}_{\mathrm{I}}$ in I und $\mathbf{F}_{\mathrm{II}}$ in II zurückgeführt. Die Gleichgewichtsbedingungen für das Raumkraftsystem können nun formuliert werden:

$$\mathbf{F}_{\mathrm{I}} + \mathbf{F}_{\mathrm{II}} = \mathbf{F} = 0 \; ; \quad (\mathbf{x}_{\mathrm{II}} - \mathbf{x}_{\mathrm{I}}) \times \mathbf{F}_{\mathrm{II}} = \mathbf{M} = 0.$$

Ein starrer Körper unter dem Einfluß eines Raumkraftsystems verharrt im Zustand der Ruhe (im Gleichgewicht), wenn die *Summe der Kräfte* und die *Summe der Momente* bezüglich eines Reduktionspunktes verschwinden. Für den Koordinatenursprung als Reduktionspunkt gilt:

$$\boxed{\text{Gleichgewicht} \quad \Leftrightarrow \quad \mathbf{F} = \sum \mathbf{F}_\alpha = 0 \quad \wedge \quad \mathbf{M}_0 = \sum (\mathbf{x}_\alpha \times \mathbf{F}_\alpha) = 0}$$

112

Anmerkung

Man kann diese Gleichgewichtsbedingungen noch kürzer fassen und sagen: Gleichgewicht liegt vor, <u>wenn das Moment der Kräfte bezüglich jeder beliebigen Raumachse verschwindet</u>. Diese Forderung genügt tatsächlich, denn:

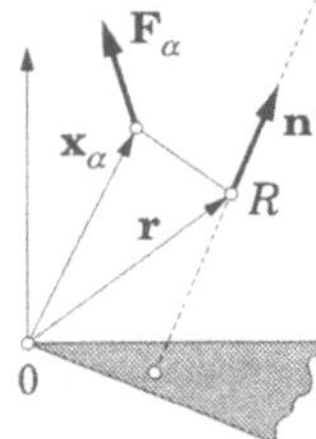

Eine Gerade ist gegeben durch den Ortsvektor $\mathbf{r}$ und den Richtungsvektor $\mathbf{n}\,(\mathbf{n}^2 = 1)$. Wird der Punkt R als Reduktionspunkt gewählt, dann ist

$$\mathbf{M}_R = \sum (\mathbf{x}_\alpha - \mathbf{r}) \times \mathbf{F}_\alpha = \sum \mathbf{x}_\alpha \times \mathbf{F}_\alpha - \mathbf{r} \times \sum \mathbf{F}_\alpha = \mathbf{M}_0 - \mathbf{r} \times \mathbf{F}$$

und das Moment der Kräfte um die Gerade berechnet sich zu

$$M = \mathbf{M}_R \circ \mathbf{n} = \mathbf{M}_0 \cdot \mathbf{n} - (\mathbf{r} \times \mathbf{F}) \circ \mathbf{n} = \mathbf{M}_0 \cdot \mathbf{n} - (\mathbf{n} \times \mathbf{r}) \cdot \mathbf{F}.$$

Da aber $\mathbf{n}$ und $\mathbf{r}$ (und damit auch $(\mathbf{n} \times \mathbf{r})$) voraussetzungsgemäß „beliebig" sein sollen, folgt daraus $\mathbf{M}_0 = 0 \quad \wedge \quad \mathbf{F} = 0$.

8.4 Räumliches Parallelkraftsystem, Mittelpunkt des Parallelkraftsystems

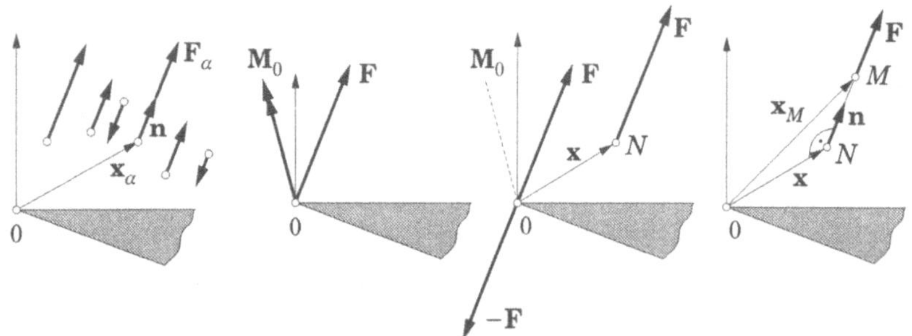

Sind die Kräfte $\mathbf{F}_\alpha$ gleichgerichtet, dann gilt

$$\mathbf{F} = \sum \mathbf{F}_\alpha = \mathbf{n} \sum F_\alpha = \mathbf{n}F \quad \text{und} \quad \mathbf{M}_0 = \sum \mathbf{x}_\alpha \times \mathbf{n} F_\alpha = \left(\sum \mathbf{x}_\alpha F_\alpha\right) \times \mathbf{n}$$

oder mit Abkürzung $\dfrac{\sum \mathbf{x}_\alpha F_\alpha}{\sum F_\alpha} = \mathbf{x}_M$:

$$\mathbf{M}_0 = \mathbf{x}_M \times \mathbf{n}F = \mathbf{x}_M \times \mathbf{F}.$$

Das Reduktionsergebnis ist eine <u>Einzelkraft</u>, denn das Schraubmoment

$$\tilde{M} = \mathbf{F} \circ \frac{\mathbf{M}}{|\mathbf{F}|} = \mathbf{n} \circ (\mathbf{x}_M \times \mathbf{n}F) = 0$$

verschwindet.

Die Lage der Zentralachse bestimmt

$$\mathbf{x} = (\mathbf{F} \times \mathbf{M})/\mathbf{F} \circ \mathbf{F} = \mathbf{M} \times (\mathbf{x}_M \times \mathbf{n}) = \mathbf{x}_M - (\mathbf{n} \circ \mathbf{x}_M)\mathbf{n},$$

d. h. N und der Punkt M liegen auf der Zentralachse.

Der durch $\mathbf{x}_M = \sum \mathbf{x}_\alpha F_\alpha / \sum F_\alpha$ definierte Punkt M auf der Zentralachse heißt *Mittelpunkt des Parallelkraftsystems*. Er ist unabhängig von der Richung $\mathbf{n}$ des Parallelkraftsystems, d. h. er ist im starren Körper ein fixierter Punkt!

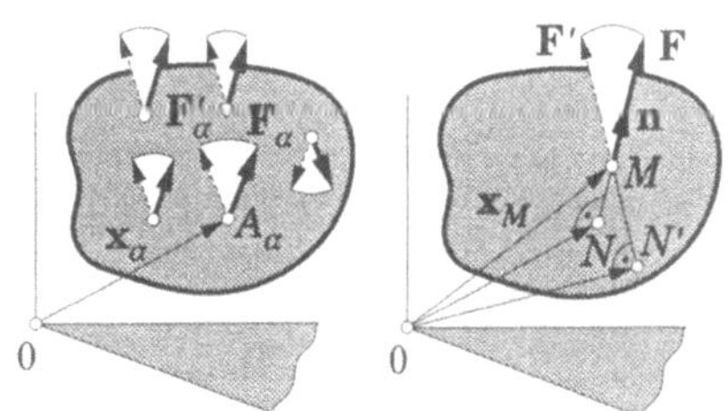

Ersetzt man die in den Angriffspunkten A_α angreifenden Kräfte $\mathbf{F}_\alpha = \mathbf{n}F_\alpha$ durch die Kräfte gleicher Beträge (F_α), aber anderer Richtung ($\mathbf{M}'$): $\mathbf{F}'_\alpha = \mathbf{n}'F_\alpha$, so erhält man für dieses neue Kraftsystem:

$$\mathbf{F}' = \sum \mathbf{n}'F_\alpha = \mathbf{n}'F,$$
$$\mathbf{M}'_0 = \sum \mathbf{x}_\alpha \times \mathbf{n}'F_\alpha = \mathbf{x}_M \times \mathbf{n}'F$$

und $\quad \mathbf{x}' = \dfrac{\mathbf{F}' \times \mathbf{M}'_0}{\mathbf{F}' \circ \mathbf{F}'} = \mathbf{x}_M - (\mathbf{n}' \circ \mathbf{x}_M)\mathbf{n}'$, d. h. die Zentralachse dreht sich um den Mittelpunkt des Parallelkraftsystems, der gegeben ist durch:

$$\boxed{\mathbf{x}_M = \frac{\sum \mathbf{x}_\alpha F_\alpha}{\sum F_\alpha}}$$

Anmerkung

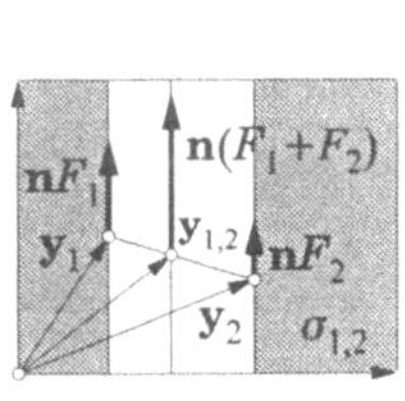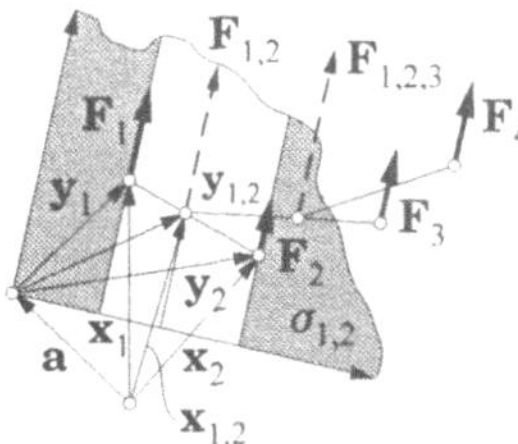

Die Formel für den „Mittelpunkt des räumlichen Parallelkraftsystems" kann aus der Formel für den Mittelpunkt des ebenen Kraftsystems, die wir schon kennengelernt haben, abgeleitet werden: Die Kräfte $\mathbf{F}_1 = \mathbf{n}F_1$ und $\mathbf{F}_2 = \mathbf{n}F_2$ spannen eine Ebene $\sigma_{1,2}$ auf. Der „Mittelpunkt" von $\mathbf{F}_1$ und $\mathbf{F}_2$ ist in dieser Ebene gegeben durch

$$\mathbf{y}_{1,2} = \frac{\mathbf{y}_1 F_1 + \mathbf{y}_2 F_2}{F_1 + F_2} \quad \text{bzw. im Raum:}$$

$$\mathbf{y}_{1,2} + \mathbf{a} = \frac{\mathbf{y}_1 F_1 + \mathbf{y}_2 F_2}{F_1 + F_2} + \mathbf{a} = \frac{(\mathbf{y}_1 + \mathbf{a})F_1 + (\mathbf{y}_2 + \mathbf{a})F_2}{F_1 + F_2} \quad \Rightarrow \quad \mathbf{x}_{1,2} = \frac{\mathbf{x}_1 F_1 + \mathbf{x}_2 F_2}{F_1 + F_2}.$$

Dementsprechend ist dann der Mittelpunkt der Kräfte $\mathbf{F}_1 + \mathbf{F}_2$ und $\mathbf{F}_3$ gegeben durch

$$\mathbf{x}_{1,2,3} = \frac{\mathbf{x}_{1,2}F_{1,2} + \mathbf{x}_3 F_3}{F_{1,2} + F_3} = \frac{\mathbf{x}_1 F_1 + \mathbf{x}_2 F_2 + \mathbf{x}_3 F_3}{F_1 + F_2 + F_3} \quad \text{u. s. w.} \quad \Rightarrow \quad \mathbf{x}_{1,2,3\ldots N} = \mathbf{x}_M = \frac{\sum \mathbf{x}_\alpha F_\alpha}{\sum F_\alpha}$$

8.5 Schwerpunkt, Massenzentrum (Massenmittelpunkt)

Bei den Gewichtskräften von Körpern, deren Abmessungen sehr viel kleiner sind als der Erdradius, handelt es sich näherungsweise um Parallelkraftsysteme. Der Mittelpunkt des Systems der Gewichtskräfte heißt *Schwerpunkt S* .

Wir definieren das *Massenzentrum C* (den Massenmittelpunkt), der in der Dynamik des starren Körpers eine bedeutende Rolle spielt (und der näherungsweise mit dem Schwerpunkt S zusammenfällt) durch:

$$\boxed{\; \mathbf{x}_C := \frac{\sum m_\alpha \mathbf{x}_\alpha}{\sum m_\alpha} \approx \mathbf{x}_S \;}$$

Ist die Fallbeschleunigung $g \approx \text{konst}$, dann gilt

$$\mathbf{x}_M = \mathbf{x}_S = \frac{\sum G_\alpha \mathbf{x}_\alpha}{\sum G_\alpha} = \frac{g \sum m_\alpha \mathbf{x}_\alpha}{g \sum m_\alpha} = \frac{\sum m_\alpha \mathbf{x}_\alpha}{\sum m_\alpha} = \mathbf{x}_C \;.$$

Ist die Masse kontinuierlich verteilt, dann gilt für das Massenzentrum:
$$\boxed{\; \mathbf{x}_C = \frac{\int \mathbf{x}\, dm}{\int dm} \;}$$

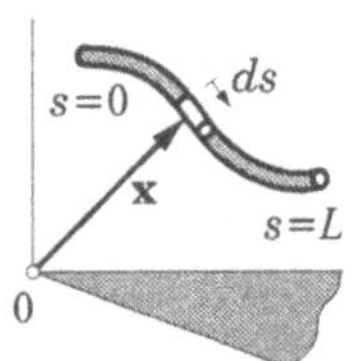

Für einen <u>drahtartigen Körper</u>, mit $A\,[\mathrm{m}^2]$ dem Drahtquerschnitt, dessen Abmessungen sehr klein sein sollen verglichen mit der Länge L des Drahtes, und $\rho\,[\mathrm{kg/m^3}]$ der Dichte des Drahtmaterials gilt:

$$dm = \rho\, A\, ds = \mu_L(s)\, ds$$

(μ_L ist die Masse pro Längeneinheit).

Damit wird $\mathbf{x}_C = \dfrac{\int \mathbf{x}\, dm}{\int dm} = \dfrac{\int \mathbf{x}\, \mu_L\, ds}{\int \mu_L\, ds}$, und für $\mu = \text{konst}$:
$$\boxed{\; \mathbf{x}_C = \frac{\int \mathbf{x}\, ds}{\int ds} \;}$$

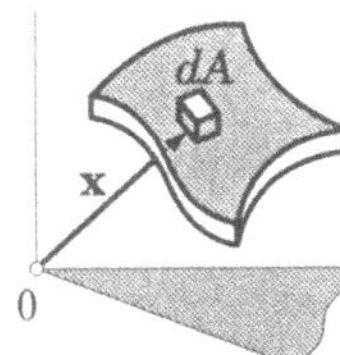

Für einen <u>schalenförmigen Körper</u> mit der Schalendicke δ [m], die sehr viel kleiner sein soll als die Schalenabmessungen sonst, und der Dichte $\rho \left[\mathrm{kg/m^3} \right]$ des Schalenmaterials gilt:

$$dm = \rho\,\delta\,dA = \mu_A\,dA$$

(μ_A ist die Masse pro Flächeneinheit).

Damit wird $\quad \mathbf{x}_C = \dfrac{\int \mathbf{x}\,dm}{\int dm} = \dfrac{\iint \mathbf{x}\,\mu_A\,dA}{\iint \mu_A\,dA}$, und für $\mu = $ konst :

$$\mathbf{x}_C = \frac{\iint \mathbf{x}\,dA}{\iint dA}$$

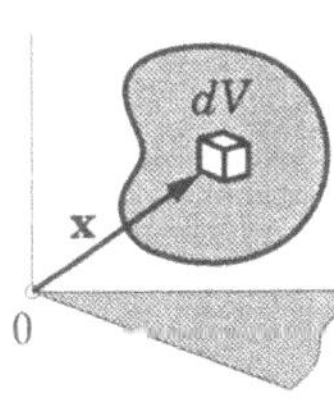

Für einen <u>massiven Körper</u> gilt $\quad dm = \rho\,dV = \mu_V\,dV \quad$ ($\rho = \mu_V$ ist die Masse pro Volumeneinheit). Im allgemeinen Fall ist ρ eine Funktion des Ortes.

Das Massenzentrum berechnet sich aus $\quad \mathbf{x}_C = \dfrac{\int \mathbf{x}\,dm}{\int dm} = \dfrac{\iiint \mathbf{x}\,\rho\,dV}{\iiint \rho\,dV}$

Ist $\rho = $ konst., dann gilt:

$$\mathbf{x}_C = \frac{\iiint \mathbf{x}\,dV}{\iiint dV}$$

8.5.1 Berechnung des Massenzentrums aus Teilmassenzentren

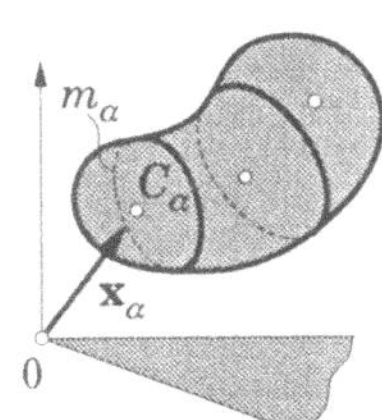

Ist die Lage ($\mathbf{x}_\alpha$) der Zentren (C_α) der Teilmassen

$$m_\alpha = \iiint\limits_{V_\alpha} \rho\,dV$$

bekannt, dann kann die Lage ($\mathbf{x}_C$) des Zentrums C der Gesamtmasse $m = \iiint_V \rho\,dV$ gemäß der folgenden Formel berechnet werden:

$$\mathbf{x}_C = \frac{\sum m_\alpha \mathbf{x}_\alpha}{\sum m_\alpha}$$

Aus $\quad \mathbf{x}_C = \dfrac{\int_m \mathbf{x}\,dm}{\int_m dm} = \dfrac{\int_{m_1} \mathbf{x}\,dm + \int_{m_2} \mathbf{x}\,dm + \dots}{\left(m_1 + m_2 + \dots \right)}$

folgt mit $\quad \mathbf{x}_\alpha = \dfrac{\int_{m_\alpha} \mathbf{x}\,dm}{m_\alpha} \quad \Rightarrow \quad \mathbf{x}_C = \dfrac{m_1 \mathbf{x}_1 + m_2 \mathbf{x}_2 + m_3 \mathbf{x}_3 + \dots}{m_1 + m_2 + m_3 + \dots}$

8.5.2 Beispiele

8.5.2.1 Homogenes Prisma (Volumenzentrum)

Das Massenzentrum eines homogenen (ρ = konst.), schrägen
Prismas ist identisch mit dem Massenzentrum der Zentren der
Endquerschnittsflächen. Sind I bzw. II die Flächenzentren
der Basis- bzw. der Deckfläche, dann gilt für C :

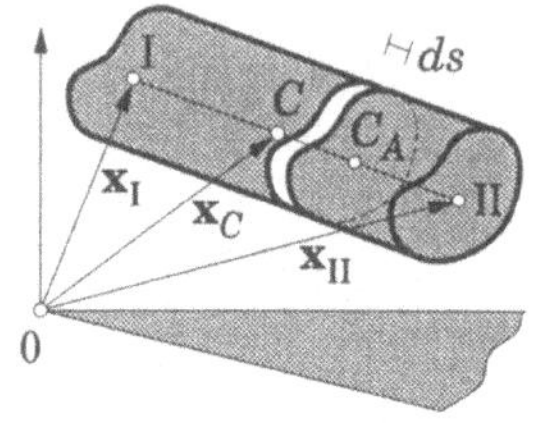

$$\mathbf{x}_C = \frac{\mathbf{x}_I + \mathbf{x}_{II}}{2}$$

8.5.2.2 Massenzentrum eines homogenen Tetraeders (Volumenzentrum)

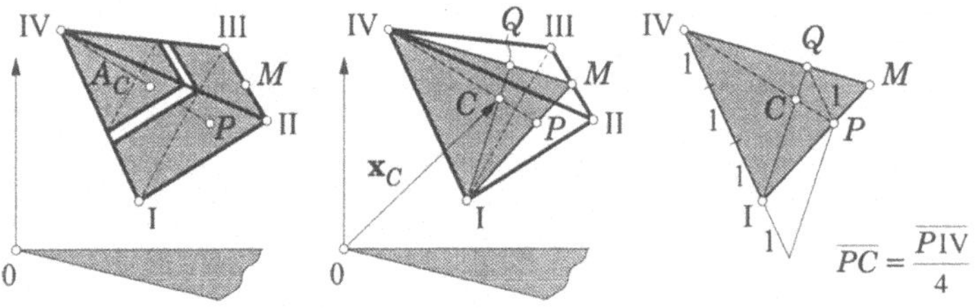

$$\overline{PC} = \frac{\overline{P\,IV}}{4}$$

Das Tetraeder kann durch Schnitte parallel zur Basis (I, II, III) in dünne Dreiecksscheiben
zerlegt gedacht werden. Die Volumenzentren der unendlich dünnen Scheiben fallen zusammen
mit den Flächenzentren A_C . Diese erfüllen die Strecke zwischen der Spitze IV und dem Zentrum P der Basisfläche (I, II, III). Auf dieser Geraden muß das Massenzentrum C liegen.
In gleicher Weise schließt man, daß C auch auf der Strecke von I nach Q (Zentrum der
Fläche II, III, IV) liegen muß. Aus $\triangle\,I\,M\,IV$ findet man: $\overline{PC} = \overline{P\,IV}/4$. Für ein Koordinatensystem in der Dreiecksebene haben wir S. 35 abgeleitet

$$\mathbf{y}_P = \frac{\mathbf{y}_I + \mathbf{y}_{II} + \mathbf{y}_{III}}{3}$$

Mit $\quad \mathbf{x} = \mathbf{a} + \mathbf{y} \quad$ folgt daraus $\quad \mathbf{x}_P = \dfrac{\mathbf{x}_I + \mathbf{x}_{II} + \mathbf{x}_{III}}{3}$.

Aus $\quad \mathbf{x}_C = \mathbf{x}_P + \dfrac{1}{4}(\mathbf{x}_{IV} - \mathbf{x}_P) \quad$ erhält man dann: $\qquad \mathbf{x}_C = \dfrac{(\mathbf{x}_I + \mathbf{x}_{II} + \mathbf{x}_{III} + \mathbf{x}_{IV})}{4}$

8.5.2.3 Massenzentrum eines allgemeinen homogenen Kegels (Volumenzentrum)

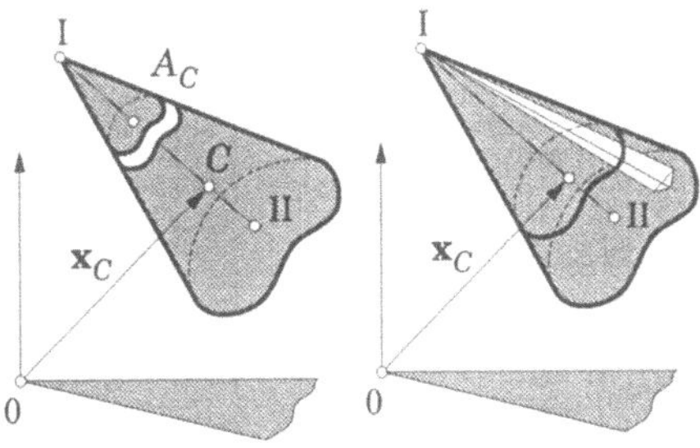

Jeder allgemeine Kegel kann durch Schnitte parallel zur Basisfläche in infinitesimale Scheibchen zerschnitten gedacht werden. Die Flächenzentren der Schnittflächen erfüllen die Strecke zwischen I und II (II ist Zentrum der Basisfläche). Das ist ein erster Ort für C. Die Zerlegung des Kegels in infinitesimale Tetraeder zeigt, daß C in einer Fläche ∥ zur Basisfläche, die sich in der Höhe $H/4$ von der Basis aus gerechnet befindet, ebenfalls liegen muß.

Mit $\quad \mathbf{x}_C = \mathbf{x}_{II} + \dfrac{1}{4}(\mathbf{x}_I - \mathbf{x}_{II})\quad$ folgt:

$$\boxed{\mathbf{x}_C = \frac{\mathbf{x}_I + 3\mathbf{x}_{II}}{4}}$$

Der Nachweis, daß das Volumenzentrum C des allgemeinen (schrägen) Kegels (der Höhe H) in $H/4$ Höhe von der Basisfläche aus gerechnet liegt, sei hier noch rechnerisch nachgewiesen. Ist A_H die Basisfläche, dann ist die Schnittfläche im Abstand z von der Spitze gegeben durch

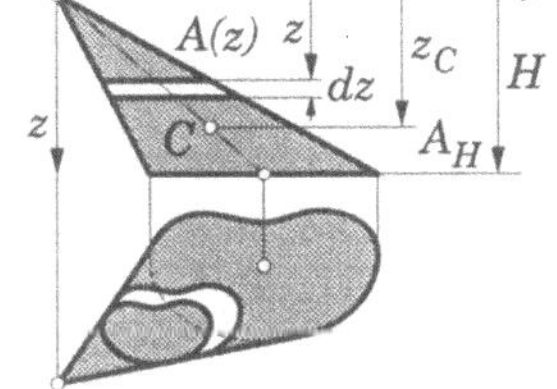

$$A(z) = A_H \frac{z^2}{H^2}$$

damit ergibt sich aus

$$z_C = \frac{\int z\,dV}{\int dV} = \frac{\int z\,A(z)\,dz}{\int A(z)\,dz} = \frac{\displaystyle\int_0^H z\,A_H\,z^2\,dz}{\displaystyle\int_0^H A_H\,z^2\,dz} = \frac{H^4}{4}\cdot\frac{1}{\dfrac{H^3}{3}} \quad\Rightarrow\quad \boxed{z_S = \frac{3}{4}H}$$

Mikroaufgabe

Wie weit darf die Spitze eines schiefen homogenen Kreiskegels über die Kippkante auskragen, wenn er am Boden nur einfach aufruht, ohne befestigt zu sein?

Die Kippgrenze ist erreicht, wenn das Massenzentrum C über der Kippachse k zu liegen kommt. Man überlegt sich leicht, daß dies der Fall ist, wenn die Horizontalentfernung der Spitze von der Kippachse gleich $3R$ wird.

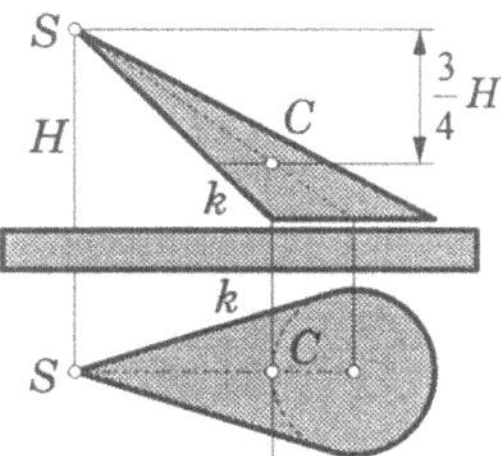

118

8.5.2.4 Massenzentrum eines homogenen Rotations-Vollkörpers

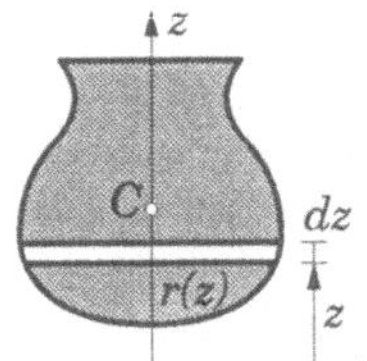

Ist die Kontur des Körpers gegeben durch $r(z)$, dann kann die Lage des Volumenzentrums berechnet werden aus:

$$z_C = \frac{\int z \cdot r^2(z)\pi\, dz}{\int r^2(z)\pi\, dz} \ .$$

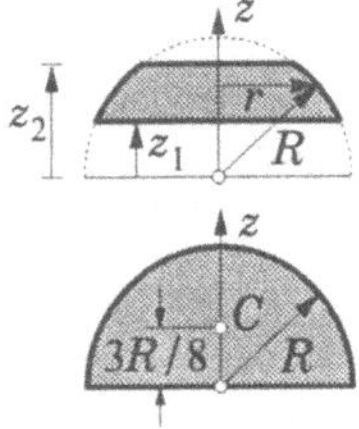

Für die Kugelschichte gilt $r(z) = \sqrt{R^2 - z^2}$.

Damit wird

$$z_C = \frac{\int z\left(R^2 - z^2\right)\pi\, dz}{\int \left(R^2 - z^2\right)\pi\, dz} = \frac{R^2\left(z_2^2 - z_1^2\right)/2 - \left(z_2^4 - z_1^4\right)/4}{R^2(z_2 - z_1) - \left(z_2^3 - z_1^3\right)/3} \ .$$

Halbkugel: $z_1 = 0$, $z_2 = R$: $\qquad z_C = \dfrac{3}{8}R$

8.5.2.5 Massenzentrum der Rotationsschalen

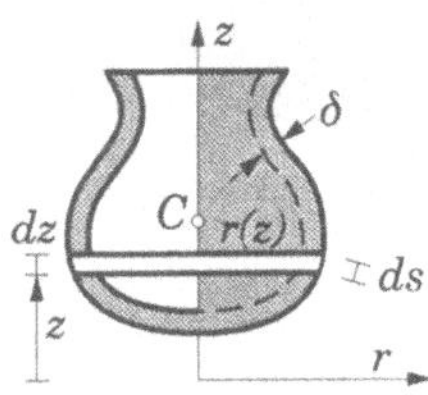

Die Kontur sei durch $r(z)$ gegeben, δ sei sehr klein und konstant.

Mit $\quad ds = \sqrt{dr^2 + dz^2} = \sqrt{1 + \left(\dfrac{dr}{dz}\right)^2}\, dz$

und $\quad dV = 2r(z)\pi\, ds \cdot \delta \quad$ erhält man:

$$z_C = \frac{\int z\, 2\pi\, r(z)\sqrt{1 + (dr/dz)^2}\, dz}{\int 2\pi\, r(z)\sqrt{1 + (dr/dz)^2}\, dz}$$

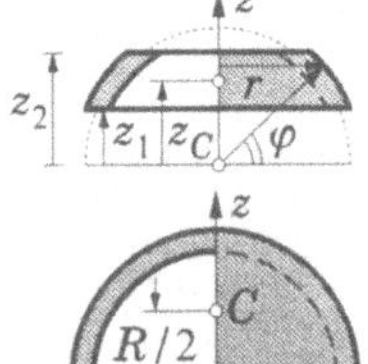

Für die Kugelschalenschichte folgt mit

$$ds = R\, d\varphi,\ z = R\sin\varphi,\ r = R\cos\varphi \ \Rightarrow$$

$$z_C = \frac{\int z\, 2r\pi\, ds}{\int 2r\pi\, ds} = \frac{R(\sin\varphi_2 + \sin\varphi_1)}{2} = \frac{z_2 + z_1}{2}$$

Für die Halbkugelschale wird: $\qquad z_C = \dfrac{R}{2}$

Kugelsektor

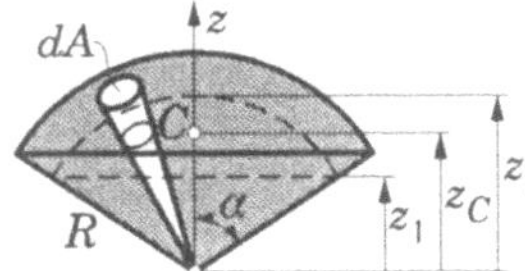

Ein Kugelsektor kann zusammengesetzt gedacht werden aus infinitesimalen Kegelchen (Basisfläche dA, Höhe R), deren Volumenzentren auf der Oberfläche einer Kugelschale mit dem Radius $3R/4$ liegen. Daraus folgt für $z_C = (z_1 + z_2)/2$ schließlich:

$$x_C = \frac{3}{4} R \frac{1 + \cos\alpha}{2}$$

Massenzentrum des Zykloidenkorbes
(Ein etwas aufwendigeres Beispiel)

Die Zykloide entsteht durch Abrollen eines Kreises (mit dem Radius R) auf der Geraden $z = 2R$. Demnach ist die Kontur (in Parameterform) gegeben durch:

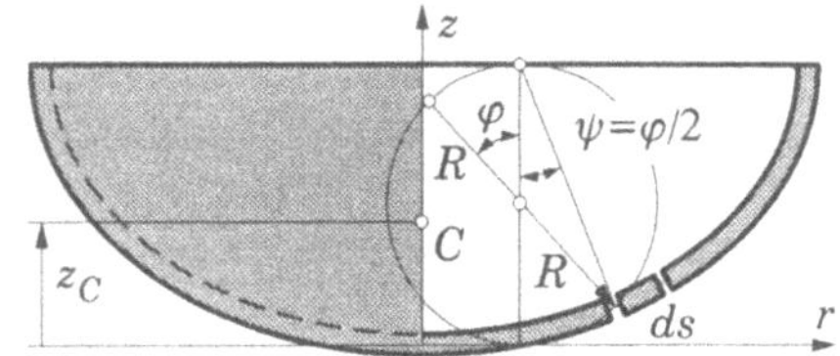

$$r(\varphi) = R(\varphi + \sin\varphi), \quad z(\varphi) = R(1 - \cos\varphi)$$

oder mit $\psi = \dfrac{\varphi}{2} \;\Rightarrow\; r(\psi) = 2R(\psi + \sin\psi \cos\psi), \quad z(\psi) = 2R\sin^2\psi$

Mit $dr = R(1 + \cos\varphi)d\varphi$ und $dz = R\sin\varphi\, d\varphi$ erhält man für das Linienelement

$$ds = \sqrt{dx^2 + dz^2} = R\sqrt{(1 + \cos\varphi)^2 + \sin^2\varphi}\, d\varphi = R\sqrt{2(1 + \cos\varphi)}\, d\varphi =$$

$$= \sqrt{2}\, R\sqrt{2\cos^2(\varphi/2)}\, d\varphi = 2R\cos(\varphi/2)d\varphi = 4R\cos\psi\, d\psi$$

Damit kann die Lage des Massenzentrums des Korbes berechnet werden.

Aus $\quad z_C = \dfrac{\int z\, 2r\pi\, ds}{\int 2r\pi\, ds} \quad$ erhält man

$$z_C = \frac{\int_0^\pi R(1 - \cos\varphi)2\pi R(\varphi + \sin\varphi)2R\cos\left(\dfrac{\varphi}{2}\right)d\varphi}{\int_0^\pi 2\pi R(\varphi + \sin\varphi)2R\cos\left(\dfrac{\varphi}{2}\right)d\varphi} =$$

$$= 2R\frac{\int_0^{\pi/2}\sin^2\psi(\psi + \sin\psi\cos\psi)\cos\psi\, d\psi}{\int_0^{\pi/2}(\psi + \sin\psi\cos\psi)\cos\psi\, d\psi}$$

$$\frac{z_C}{2R} = \frac{\int_0^{\pi/2} \psi\, d\left(\frac{\sin^3 \psi}{3}\right) - \int_0^{\pi/2} \left(1-\cos^2 \psi\right)\cos^2 \psi\, d(\cos\psi)}{\int_0^{\pi/2} \psi\, d(\sin\psi) - \int_0^{\pi/2} \cos^2 \psi\, d(\cos\psi)} =$$

$$= \frac{\psi\,\frac{\sin^3 \psi}{3}\Big|_0^{\pi/2} - \frac{1}{3}\int_0^{\pi/2} \sin^3 \psi\, d\psi - \left(\frac{\cos^3 \psi}{3} - \frac{\cos^5 \psi}{5}\right)\Big|_0^{\pi/2}}{\psi\sin\psi\Big|_0^{\pi/2} - \int_0^{\pi/2} \sin\psi\, d\psi - \frac{\cos^3 \psi}{3}\Big|_0^{\pi/2}}$$

$$= \frac{\frac{\pi}{6} + \frac{1}{3}\int_0^{\pi/2}\left(1-\cos^2 \psi\right)d(\cos\psi)}{\frac{\pi}{2}-1+\frac{1}{3}} = \frac{\frac{\pi}{6} + \frac{1}{3}\left(\cos\psi - \frac{\cos^3 \psi}{3}\right)\Big|_0^{\pi/2} + \frac{2}{15}}{\frac{\pi}{2}-\frac{2}{3}}$$

$$\frac{z_C}{2R} = \frac{1}{3}\cdot\frac{\pi/2 - 4/15}{\pi/2 - 10/15} \qquad \Rightarrow \qquad \boxed{z_S = \frac{\frac{2R}{3}(15\pi - 8)}{15\pi - 20} = 2R\cdot 0{,}480804807}$$

8.6 Statisch bestimmte Lagerung des starren Körpers

Für den starren Körper im Raum liefern die Gleichgewichtsbedingungen $\mathbf{F} = 0 \wedge \mathbf{M}_0 = 0$ sechs Gleichungen. Die Zahl der Unbekannten darf somit 6 nicht überschreiten, wenn die Aufgabe *statisch bestimmt* sein soll. Nehmen wir an, ein starrer Körper stütze sich über sechs *Pendelstützen* gegen den Boden ab. Die Pendelstützen tragen an ihren Enden reibungsfreie Kugelgelenke, und sie selbst sind nicht durch äußere Lasten belastet. Sie können dann nur Kräfte in der Verbindung der Gelenkkugel – Mittelpunkte übertragen.

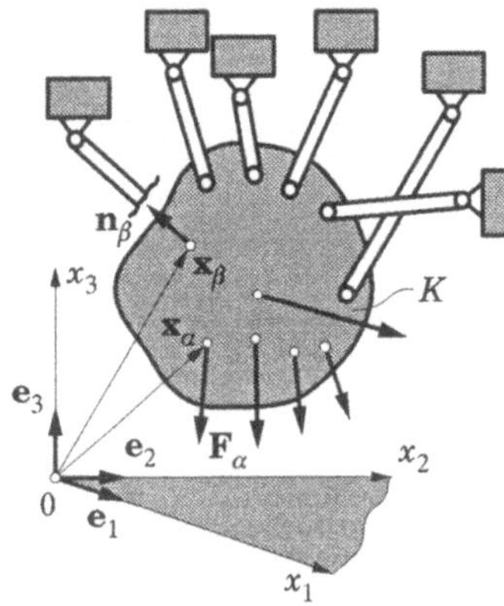

Mit dem Einheitsvektor $\mathbf{n}$ ($\mathbf{n}^2 = 1$) kann für die Kraft in der Pendelstütze

$$\mathbf{S} = \mathbf{n}\cdot S \qquad \text{angesetzt werden.}$$

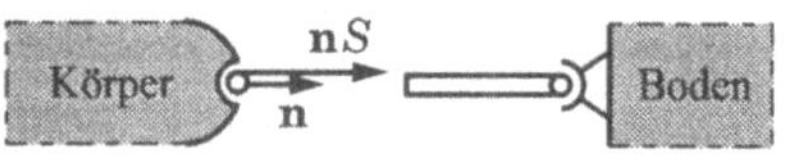

Der starre Körper werde von einem Raumkraftsystem belastet: Die Kräfte $\mathbf{F}_\alpha$ und ihre Angriffspunkte $\mathbf{x}_\alpha$ seien gegeben ($\alpha = 1,2,3\ldots N$). Gegeben seien außerdem die Lage der Kugelgelenke im Körper durch die Ortsvektoren $\mathbf{x}_\beta$ und die Richtungen der Stabachsen durch die Einheitsvektoren $\mathbf{n}_\beta$ $\beta = (1,2\ldots6)$. Die Gleichgewichtsbedingungen lauten:

$$\mathbf{F} = \sum_1^6 \mathbf{n}_\beta S_\beta + \sum_1^N \mathbf{F}_\alpha = 0 \qquad\qquad \mathbf{M} = \sum_1^6 \mathbf{x}_\beta \times \mathbf{n}_\beta S_\beta + \sum_1^N \mathbf{x}_\alpha \times \mathbf{F}_\alpha = 0$$

oder auch mit den Motoren $\widehat{\mathbf{M}}$ bzw. $\widehat{\mathbf{f}}$:

$$\widehat{\mathbf{n}}_\beta = \begin{pmatrix} \mathbf{n}_\beta \\ \mathbf{x}_\beta \times \mathbf{n}_\beta \end{pmatrix} \qquad \text{und} \qquad \widehat{\mathbf{f}} = \begin{pmatrix} \sum_1^N \mathbf{F}_\alpha \\ \sum_1^N \mathbf{x}_\alpha \times \mathbf{F}_\alpha \end{pmatrix} \quad \Rightarrow \quad \sum_1^6 \widehat{\mathbf{n}}_\beta S_\beta + \widehat{\mathbf{f}} = 0 \, .$$

bzw. ausgeschrieben: $\qquad \widehat{\mathbf{n}}_1 S_1 + \widehat{\mathbf{n}}_2 S_2 + \widehat{\mathbf{n}}_3 S_3 + \widehat{\mathbf{n}}_4 S_4 + \widehat{\mathbf{n}}_5 S_5 + \widehat{\mathbf{n}}_6 S_6 + \widehat{\mathbf{f}} = 0$

Werden die Vektoren auf das kartesische Koordinatensystem $(0, x_1, x_2, x_3)$ bezogen, dann kann man folgende 6×1 bzw. 6×6 -Matrizen einführen:

$$\underset{\sim}{c}_\beta = \left(\frac{\underset{\sim}{n}_\beta}{\underset{\sim}{x}_\beta \times \underset{\sim}{n}_\beta} \right) = \begin{pmatrix} n_{1\beta} \\ n_{2\beta} \\ n_{3\beta} \\ x_{2\beta}n_{3\beta} - x_{3\beta}n_{2\beta} \\ x_{3\beta}n_{1\beta} - x_{1\beta}n_{3\beta} \\ x_{1\beta}n_{2\beta} - x_{2\beta}n_{1\beta} \end{pmatrix} =: \begin{pmatrix} c_{1\beta} \\ c_{2\beta} \\ c_{3\beta} \\ c_{4\beta} \\ c_{5\beta} \\ c_{6\beta} \end{pmatrix}$$

$$\underset{\sim}{f} = \left(\frac{\sum_1^N \underset{\sim}{F}_\alpha}{\sum_1^N \underset{\sim}{x}_\alpha \times \underset{\sim}{F}_\alpha} \right) = \begin{pmatrix} \Sigma F_{1\alpha} \\ \Sigma F_{2\alpha} \\ \Sigma F_{3\alpha} \\ \Sigma x_{2\alpha}F_{3\alpha} - x_{3\alpha}F_{2\alpha} \\ \Sigma x_{3\alpha}F_{1\alpha} - x_{1\alpha}F_{3\alpha} \\ \Sigma x_{1\alpha}F_{2\alpha} - x_{2\alpha}F_{1\alpha} \end{pmatrix} = \begin{pmatrix} f_1 \\ f_2 \\ f_3 \\ f_4 \\ f_5 \\ f_6 \end{pmatrix}$$

$$\underset{\sim}{C} = \begin{pmatrix} \underset{\sim}{c}_1 & \underset{\sim}{c}_2 & \underset{\sim}{c}_3 & \underset{\sim}{c}_4 & \underset{\sim}{c}_5 & \underset{\sim}{c}_6 \end{pmatrix} = \begin{pmatrix} c_{11} & c_{12} & c_{13} & c_{14} & c_{15} & c_{16} \\ c_{21} & c_{22} & c_{23} & c_{24} & c_{25} & c_{26} \\ c_{31} & c_{32} & c_{33} & c_{34} & c_{35} & c_{36} \\ c_{41} & c_{42} & c_{43} & c_{44} & c_{45} & c_{46} \\ c_{51} & c_{52} & c_{53} & c_{54} & c_{55} & c_{56} \\ c_{61} & c_{62} & c_{63} & c_{64} & c_{65} & c_{66} \end{pmatrix}, \quad \underset{\sim}{s} = \begin{pmatrix} S_1 \\ S_2 \\ S_3 \\ S_4 \\ S_5 \\ S_6 \end{pmatrix}$$

und damit die Gleichgewichtsbedingungen in Matrizenform schreiben:

$$\sum_1^6 \underset{\sim}{c}_\beta \, S_\beta = -\underset{\sim}{f} \qquad \Rightarrow$$

$$\underset{\sim}{c}_1 S_1 + \underset{\sim}{c}_2 S_2 + \underset{\sim}{c}_3 S_3 + \underset{\sim}{c}_4 S_4 + \underset{\sim}{c}_5 S_5 + \underset{\sim}{c}_6 S_6 = -\underset{\sim}{f} \qquad \Rightarrow \qquad \boxed{\underset{\sim}{C}\,\underset{\sim}{s} = -\underset{\sim}{f}}$$

Die Auflösung nach $\underset{\sim}{S}$ ergibt: $\qquad \boxed{\underset{\sim}{s} = -\underset{\sim}{C}^{-1}\underset{\sim}{f}}$

oder ausgeschrieben nach der CRAMERschen Regel:

$$S_1 = -\frac{\det(\underset{\sim}{f}\,\underset{\sim}{c}_2\,\underset{\sim}{c}_3\,\underset{\sim}{c}_4\,\underset{\sim}{c}_5\,\underset{\sim}{c}_6)}{\det(\underset{\sim}{c}_1\,\underset{\sim}{c}_2\,\underset{\sim}{c}_3\,\underset{\sim}{c}_4\,\underset{\sim}{c}_5\,\underset{\sim}{c}_6)} \;,\quad S_2 = -\frac{\det(\underset{\sim}{c}_1\,\underset{\sim}{f}\,\underset{\sim}{c}_3\,\underset{\sim}{c}_4\,\underset{\sim}{c}_5\,\underset{\sim}{c}_6)}{\det(\underset{\sim}{c}_1\,\underset{\sim}{c}_2\,\underset{\sim}{c}_3\,\underset{\sim}{c}_4\,\underset{\sim}{c}_5\,\underset{\sim}{c}_6)} \;,\quad S_3 = \ldots \text{ usw.}$$

Kritischer Lagerungsfall

$$\boxed{(\det \underset{\sim}{C} = 0) \wedge (\underset{\sim}{f} \neq 0) \;\Rightarrow\; \underset{\sim}{S} \to \infty}$$

Verschwindet die Koeffizientendeterminante $\det \underset{\sim}{C} = \det(\underset{\sim}{c}_1\,\underset{\sim}{c}_2\,\underset{\sim}{c}_3\,\underset{\sim}{c}_4\,\underset{\sim}{c}_5\,\underset{\sim}{c}_6) = 0$ und nicht gleichzeitig die Belastung $(\underset{\sim}{f} \neq 0)$, dann wachsen die Spannkräfte über alle Grenzen, und zugleich ist die Lagerung des starren Körpers <u>wackelig</u>.

Einschaltung

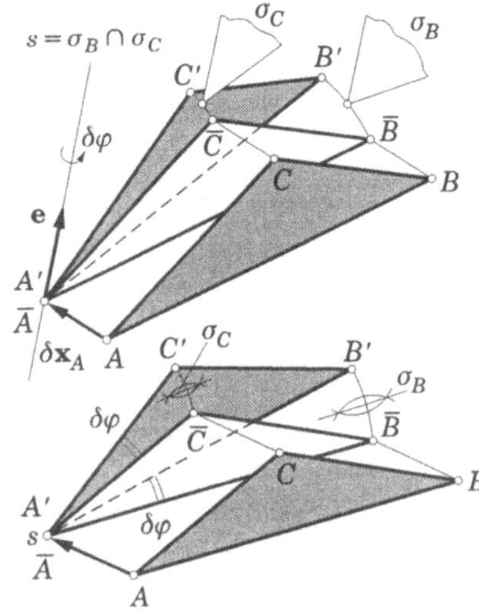

<u>Projektion</u> in Richtung von $s = \sigma_B \cap \sigma_C$

Um zu zeigen, daß für $\det \underset{\sim}{C} = 0$ der Körper infinitesimal beweglich (wackelig) gelagert ist, betrachten wir zwei „benachbarte" Körperlagen. Es genügt offensichtlich, drei Punkte $A\,B\,C$ des Körpers zu wählen, also ein Dreieck ABC, und von diesem Dreieck zwei infinitesimal benachbarte Lagen $\triangle ABC$ und $\triangle A'B'C'$ zu betrachten. Es soll gezeigt werden, daß $\triangle ABC$ in zwei Schritten, einer Parallelverschiebung und einer Drehbewegung, in die Lage $\triangle A'B'C'$ übergeführt werden kann.

Die Parallelverschiebung $\delta\mathbf{x}_A = \overrightarrow{AA'}$ (aller Körperpunkte) bringt $\triangle ABC$ in die Lage $\triangle \overline{A}\,\overline{B}\,\overline{C}$, wobei $\overline{A} \equiv A'$ ist. Die Symmetrieebenen der Strecken $\overline{B}B'$ und $\overline{C}C'$: σ_B und σ_C schneiden sich in einer Geraden $s = \sigma_B \cap \sigma_C$ durch A'. Eine Drehung um diese Schnittgerade s durch den Winkel $\delta\varphi$ bringt $\triangle \overline{A}\,\overline{B}\,\overline{C}$ zur Deckung mit dem Dreieck $\triangle A'B'C'$.

Der Winkel $\delta\varphi$ erscheint in der Projektion der Schnittgeradenrichtung s in wahrer Größe. Eine infinitesimale Lagenänderung eines starren Körpers kann demnach durch das Vektorenpaar

$$\delta\mathbf{x}_A \quad \text{und} \quad \delta\boldsymbol{\varphi} = \mathbf{e}\,\delta\varphi \quad \text{beschrieben werden.}$$

Wir haben eine infinitesimale Parallelverschiebung (Translation) und eine <u>anschließende</u> infinitesimale Drehung $\delta\boldsymbol{\varphi} = \mathbf{e}\,\delta\varphi$ (Rotation) durchgeführt, um $\triangle ABC \Rightarrow$ in $\triangle A'B'C'$ überzuführen ($\mathbf{e}$ ist dabei in A' anzusetzen!). Ebensogut aber hätten wir zuerst die Drehung $\delta\boldsymbol{\varphi} = \mathbf{e}\,\delta\varphi$ (mit $\mathbf{e}$ in A!) und anschließend die Parallelverschiebung $\delta\mathbf{x}_A$ durchführen können. Um dies einzusehen, braucht man nur das $\triangle A'B'C'$ um $-\delta\mathbf{x}_A$ parallel zurückverschieben, wodurch $\triangle \underline{A}\,\underline{B}\,\underline{C}$ erhalten wird. Die Dreieckslage $\triangle \underline{A}\,\underline{B}\,\underline{C}$ aber geht durch eine Drehung

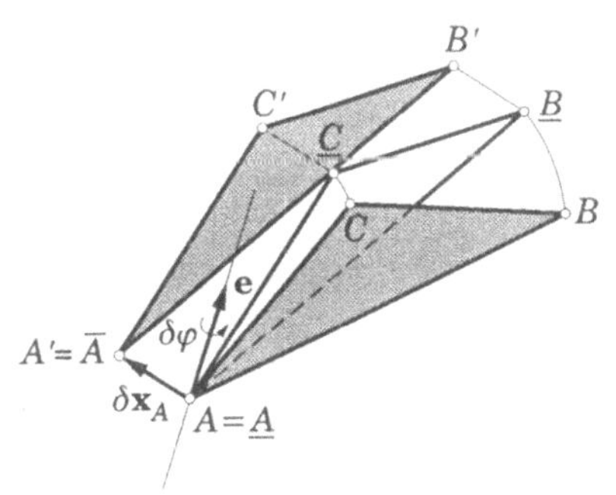

um $\mathbf{e}$ (in A) durch den Winkel $\delta\varphi$ aus der Dreieckslage $\triangle ABC$ hervor! Dabei ist es gar nicht notwendig, daß die Translation und die Rotation infinitesimal klein sind.

Aufgrund der infinitesimalen Kleinheit von $\delta\mathbf{x}_A$ und $\delta\boldsymbol{\varphi} = \mathbf{e}\,\delta\varphi$ ist die Punkteverlagerung der Punkte des starren Körpers bis auf Größen von zweiter Kleinheitsordnung dieselbe, wenn die Translation $\delta\mathbf{x}_A$ und anschließend die Drehung um $\mathbf{e}$ in A (statt A') durch den Winkel $\delta\varphi$ durchgeführt wird.

8.7 Die infinitesimale Verlagerung eines körperfesten Punktes B

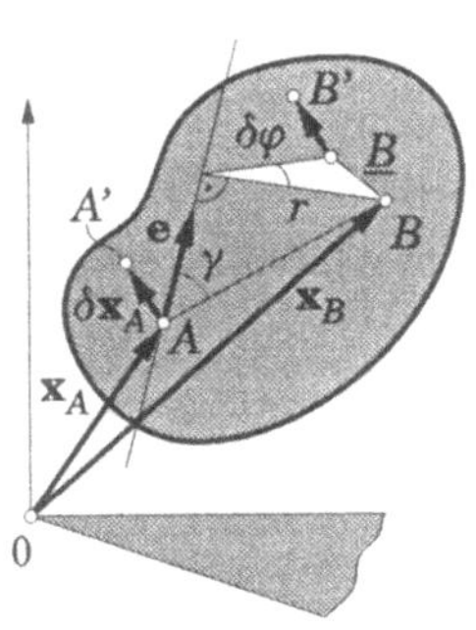

Sind $\delta\boldsymbol{\varphi} = \mathbf{e}\,\delta\varphi$ und $\delta\mathbf{x}_A$ gegeben, dann kann die Punktverlagerung jedes Punktes (B) des starren Körper angegeben werden. Zunächst gilt:

$$\left| \overrightarrow{B\underline{B}} \right| = r\,d\varphi = \left| \mathbf{x}_B - \mathbf{x}_A \right| \sin\gamma\,\delta\varphi = \left| \delta\boldsymbol{\varphi} \times \left(\mathbf{x}_B - \mathbf{x}_A \right) \right|,$$

woraus unter Berücksichtigung der Rechtsschraubregel

$$\overrightarrow{B\underline{B}} = \delta\boldsymbol{\varphi} \times \left(\mathbf{x}_B - \mathbf{x}_A \right) \quad \text{erhalten wird.}$$

Mit $\overrightarrow{\underline{B}B'} = \delta\mathbf{x}_A$ erhält man dann:

$$\overrightarrow{BB'} = \boxed{\delta\mathbf{x}_B = \delta\mathbf{x}_A + \delta\boldsymbol{\varphi} \times \left(\mathbf{x}_B - \mathbf{x}_A \right)}$$

Kehrt man die Reihenfolge um:

Zuerst die Translation $\delta \mathbf{x}_A$ und dann die Drehung $\delta\boldsymbol{\varphi}$, dann muß diese um $\mathbf{e}$ in A' erfolgen, wenn das gleiche $\delta \mathbf{x}_B$ erhalten werden soll:

$$\delta \mathbf{x}_B = \delta \mathbf{x}_A + \delta\boldsymbol{\varphi} \times \left[\mathbf{x}_B - \left(\mathbf{x}_A + \delta \mathbf{x}_A \right) \right].$$

Da aber $-\delta\boldsymbol{\varphi} \times \delta \mathbf{x}_A$ ein Term von zweiter Kleinheitsordnung ist, stimmen die Formeln (bis auf Terme zweiter Kleinheitsordnung) überein!

Zurück zum auf sechs Pendelstützen gelagerten starren Körper.

Die Pendelstützen lassen eine infinitesimale Beweglichkeit des starren Körpers dann und nur dann zu, wenn $\delta \mathbf{x}_\beta \perp \mathbf{n}_\beta$ für $\beta = 1,2,\ldots 6$ gilt. Mit $\delta \mathbf{x}_A = \delta \mathbf{x}_0$, $\mathbf{x}_A = 0$ wird

$$\delta \mathbf{x}_\beta \circ \mathbf{n}_\beta = \left(\delta \mathbf{x}_0 + \delta\boldsymbol{\varphi} \times \mathbf{x}_\beta \right) \circ \mathbf{n}_\beta =$$

$$= \delta \mathbf{x}_0 \cdot \mathbf{n}_\beta + \left(\mathbf{x}_\beta \times \mathbf{n}_\beta \right) \circ \delta\boldsymbol{\varphi} = 0 \qquad \beta = 1,2,3,4,5,6$$

Bezogen auf das kartesische Koordinatensystem ($0\ x_1\ x_2\ x_3$) kann man dafür (in Matrizenform) auch schreiben:

$$\begin{bmatrix} \underline{c}_1^T \\ \underline{c}_2^T \\ \underline{c}_3^T \\ \underline{c}_4^T \\ \underline{c}_5^T \\ \underline{c}_6^T \end{bmatrix} \cdot \begin{bmatrix} \delta \underline{x}_0 \\ \delta \underline{\varphi} \end{bmatrix} = \underline{0} \quad \Rightarrow \quad \underset{\sim}{C}^T \cdot \delta \underline{X} = \underline{0}$$

Dieses homogene (lineare) Gleichungssystem besitzt eine von Null verschiedene Lösung dann und nur dann ($\delta \underset{\sim}{X} \neq 0$ bzw. $\delta \underline{x}_0 \neq 0 \ \wedge \ \delta \underline{\varphi} \neq 0$), wenn

$$\det \underset{\sim}{C}^T = 0 \, .$$

Da aber $\det \underset{\sim}{C}^T = \det \underset{\sim}{C}$ ist, ist die Lagerung des starren Körpers genau dann wackelig, wenn die Spannkraftmatrix $\underset{\sim}{S}$ über alle Grenzen wächst.

„Sichtbares" Kennzeichen: Existiert eine Gerade, die alle sechs Wirkungslinien von $\mathbf{S}_\beta$ schneidet, dann ist $\det \underset{\sim}{C} = 0$. Das ist aber nur eine hinreichende, keine notwendige Bedingung für $\det \underset{\sim}{C} = 0$!

8.8 Beispiele

8.8.1 Bestimmung der Schwerpunktslage eines Sportlers beim Hochsprung (Lage des Massenzentrums)

Der Hochsprung-Weltrekord liegt zur Zeit bei 2 Meter 38 cm. Um die Lage des Massenzentrums des Sportlers in einer bestimmten Stellung (von der z. B. Fotografien vorliegen) zu bestimmen, kann man den Sportler die Stellung näherungsweise auf einer Dreipunkt-Waage einnehmen lassen. Mißt man die Auflagerkräfte A_1, A_2 und A_3, so kann damit die Lage des Massenzentrums C bestimmt werden. Es sei angenommen, daß die Eichung der Waage das Eigengewicht der Platte schon berücksichtigt.

Aus $\quad \sum F_z = 0 , \quad \sum M_x = 0 \quad$ und $\quad \sum M_y = 0 \quad$ folgt

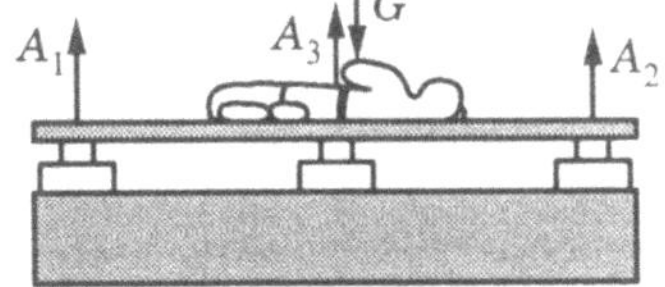

$$y_C = \frac{A_3 h}{G}$$

$$x_C = \frac{A_2 L + A_3 L/2}{G}$$

Wird C beim „Flop" <u>über</u> die Latte bewegt oder unten durch?

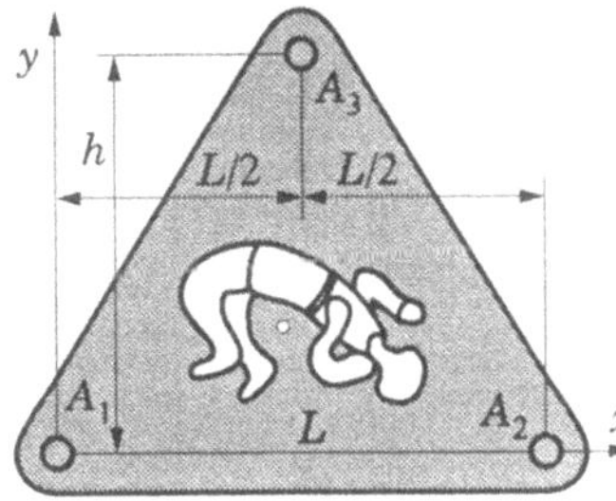

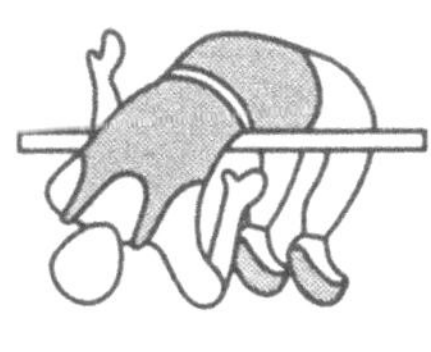

8.8.2 Falltüre

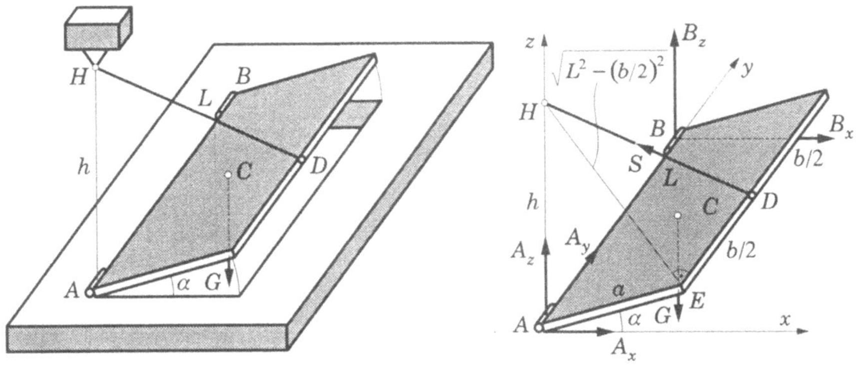

126

Eine in ihren Angeln A und B reibungsfrei drehbare Türe werde von einem Seil (einer Schnur) offen gehalten. In der Türangel A können 3 Kraftkomponenten A_x, A_y und A_z aufgenommen werden, in der Türangel B, einem Halslager, dagegen nur zwei: B_x und B_z. Gegeben seien die Abmessungen der Tür a, b, die Höhe h des Fixpunktes H und die Länge des Halteseiles L. Damit kann der Winkel α bestimmt werden: Aus dem rechtwinkeligen Dreieck $\triangle DEH$ folgt $EH = \sqrt{L^2 - (b/2)^2}$. Damit ergibt der Cosinussatz für $\triangle AEH$ $\Rightarrow$

$$\left(\sqrt{L^2 - (b/2)^2}\right)^2 = h^2 + a^2 - 2ah\cos(90 - \alpha) \qquad \Rightarrow$$

$$\alpha = \arcsin \frac{h^2 + a^2 - L^2 + (b/2)^2}{2ah}.$$

Die Ortsvektoren der Angriffspunkte der Kräfte bezogen auf $(A\,x\,y\,z)$ (Spaltenmatrizen):

$$\underline{x}_A = \begin{bmatrix} 0 \\ 0 \\ 0 \end{bmatrix}, \quad \underline{x}_B = \begin{bmatrix} 0 \\ b \\ 0 \end{bmatrix}, \quad \underline{x}_G = \begin{bmatrix} (a/2)\cos\alpha \\ b/2 \\ (a/2)\sin\alpha \end{bmatrix}, \quad \underline{x}_D = \begin{bmatrix} a\cos\alpha \\ b/2 \\ a\sin\alpha \end{bmatrix} \quad \text{bzw.} \quad \underline{x}_H = \begin{bmatrix} 0 \\ 0 \\ h \end{bmatrix}$$

Die Kraftvektoren bezogen auf das Koordinatensystem $(A\,x\,y\,z)$ (Spaltenmatrizen):

$$\underline{A} = \begin{bmatrix} A_x \\ A_y \\ A_z \end{bmatrix}, \quad \underline{B} = \begin{bmatrix} B_x \\ 0 \\ B_z \end{bmatrix}, \quad \underline{G} = \begin{bmatrix} 0 \\ 0 \\ -G \end{bmatrix}, \quad \underline{S} = \frac{\underline{x}_H - \underline{x}_D}{L} S = S \cdot \begin{bmatrix} -(a/L)\cos\alpha \\ -b/2L \\ h/L - (a/2)\sin\alpha \end{bmatrix}$$

Die Gleichgewichtsbedingungen:

$$\sum \mathbf{F} = \mathbf{A} + \mathbf{B} + \mathbf{G} + \mathbf{S} = 0$$

$$\sum \mathbf{M} = \mathbf{x}_A \times \mathbf{A} + \mathbf{x}_B \times \mathbf{B} + \mathbf{x}_G \times \mathbf{G} + \mathbf{x}_H \times \mathbf{S} = 0$$

Als Angriffspunkt von $\mathbf{S}$ kann sowohl D als auch H gewählt werden.

Daraus erhält man folgende 6 Gleichungen für die Unbekannten A_x, A_y, A_z, B_x, B_z und S:

$$A_x + B_x - S(a/L)\cos\alpha = 0 \quad\dots\dots\dots\dots\dots\text{1)}$$
$$A_y - S(b/2L) = 0 \quad\dots\dots\dots\dots\dots\dots\dots\text{2)}$$
$$A_z + B_z - G + S\big[h/L - (a/L)\sin\alpha\big] = 0 \quad\dots\text{3)}$$
$$B_z b - G\,b/2 - S(-b/2L)h = 0 \quad\dots\dots\dots\text{4)}$$
$$G(a/2)\cos\alpha + S(-a/L)\cos\alpha\,h = 0 \quad\dots\dots\text{5)}$$
$$-B_x b = 0 \quad\dots\dots\dots\dots\dots\dots\dots\dots\dots\text{6)}$$

Aus ...6) folgt $B_x = 0$, aus ...5) $S = G(L/2h)$, aus ...4) mit S :

$$B_z = G/2 - S(h/2L) = G/2 - G/4 = G/4,$$

aus ...3) mit S und B_z folgt

$$A_z = G - B_z - S\left[h/L - (a/L)\sin\alpha\right] = G - G/4 - G(L/2h)\left[h/L - (a/L)\sin\alpha\right] =$$
$$= G/4 + G(a/2h)\sin\alpha$$

aus ...2) mit S erhält man für

$$A_y = Sb/2L = G(L/2h)(b/2L) = Gb/4h$$

und schließlich folgt aus ...1) mit $B_x = 0$ und $S = G\,L/2h$ für

$$A_x = S\cos\alpha\,a/L = G\,L/2h\cos\alpha\,a/L = G\cos\alpha\,(a/2h)$$

Zusammenfassung: $\boxed{S = G(L/2h)}$ $\quad \underset{\sim}{A} = G \cdot \boxed{\begin{array}{c} (a/2h)\cos\alpha \\ b/4h \\ 1/4 + (a/2h)\sin\alpha \end{array}}$, $\underset{\sim}{B} = G \cdot \boxed{\begin{array}{c} 0 \\ 0 \\ 1/4 \end{array}}$

9 Das Prinzip der virtuellen Verschiebungen

Johann BERNOULLI (1667 bis 1748, Basel) hat, erstmals 1717 in einem Brief an P. VARIGNON, das Prinzip der virtuellen Verschiebungen formuliert. Dieses Prinzip stützt sich auf dem Begriff der Arbeit und wird auch das *Prinzip der virtuellen Arbeiten* genannt.

Um dieses Prinzip formulieren zu können, sind wir genötigt, einige Begriffe einzuführen, die wir bisher nicht verwendet haben. Vor allem den **Begriff der Arbeit** einer Kraft.

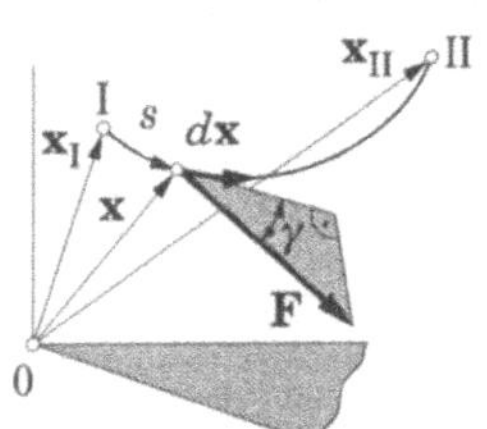

Wird der Angriffspunkt einer Kraft (mit dem Ortsvektor $\mathbf{x}$) entlang einer Bahn von $\mathbf{x}_I$ nach $\mathbf{x}_{II}$ bewegt, dann ist die Arbeit der im Endpunkt von $\mathbf{x}$ angreifenden Kraft $\mathbf{F}$ definiert durch

$$W\Big|_I^{II} := \int_{\mathbf{x}_I}^{\mathbf{x}_{II}} |\mathbf{F}| \cos\gamma \, |d\mathbf{x}| \qquad W \text{ von } work \text{ bzw. } Werk$$

$$\boxed{W\Big|_I^{II} := \int_{\mathbf{x}_I}^{\mathbf{x}_{II}} \mathbf{F} \circ d\mathbf{x}}$$

Nur wenn $\mathbf{F} = $ konstant ist, dann wird $W\Big|_I^{II} = \mathbf{F} \circ (\mathbf{x}_{II} - \mathbf{x}_I)$, und wenn $\mathbf{F} = $ konst. und $\mathbf{F}$ immer $\|$ zur Verschiebung $d\mathbf{x}$ ist, dann gilt $W = F \cdot s$. Der hier definierte Arbeitsbegriff deckt sich nur teilweise mit dem alltäglichen Arbeitsbegriff, wie ihn z. B. Gewerkschaften formulieren würden: Der horizontale Transport eines Zementsackes z. B. würde nach unserer Definition keine Arbeit bedeuten – was man natürlich einem Maurer nicht wird weismachen können.

Der nächste Begriff, den wir einführen müssen, ist der des **Freiheitsgrades eines Systems**.

Besteht das mechanische System aus einer endlichen Anzahl von starren Körpern, die in irgend einer Weise miteinander verbunden sind, dann bezeichnen wir die Anzahl der Parameter, die die Lage des Systems in allen Einzelheiten festlegen als den *Freiheitsgrad des Systems*. Beispiele sollen den Begriff verdeutlichen:

Systeme mit einem Freiheitsgrad

Man nennt solche Systeme auch Zwanglaufsysteme.

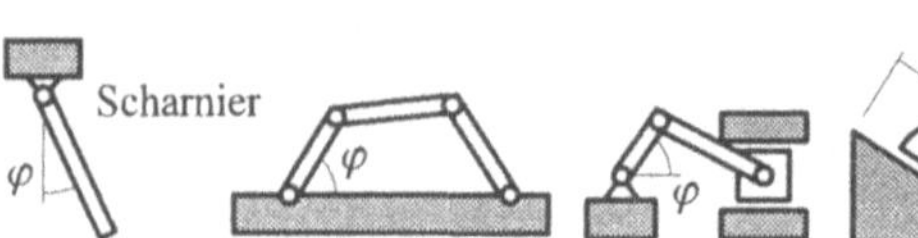

Systeme mit zwei Freiheitsgraden

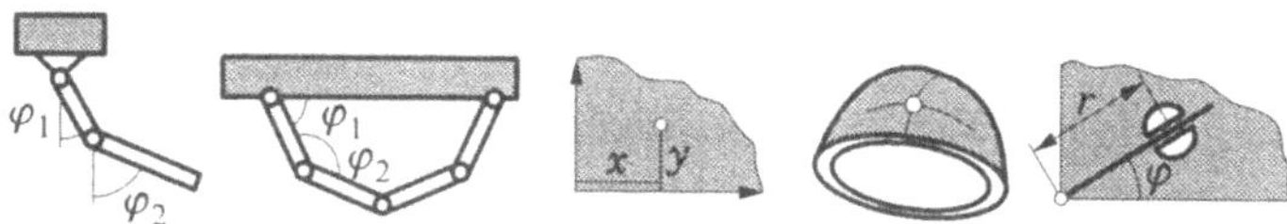

Systeme mit drei Freiheitsgraden

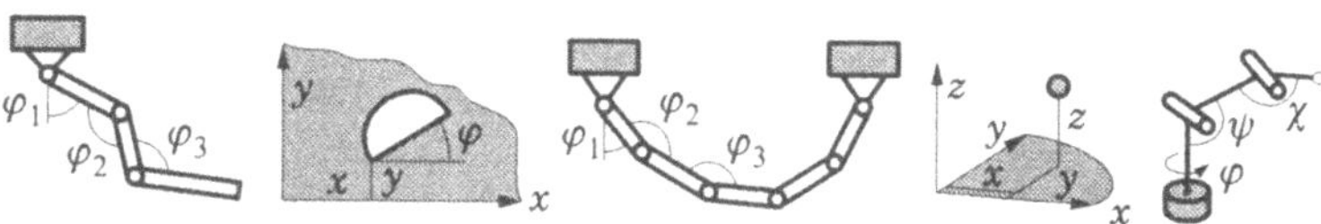

Systeme mit vier Freiheitsgraden

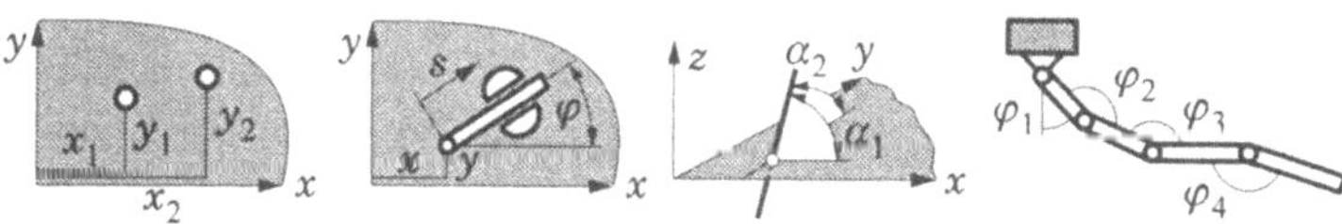

Systeme mit fünf Freiheitsgraden

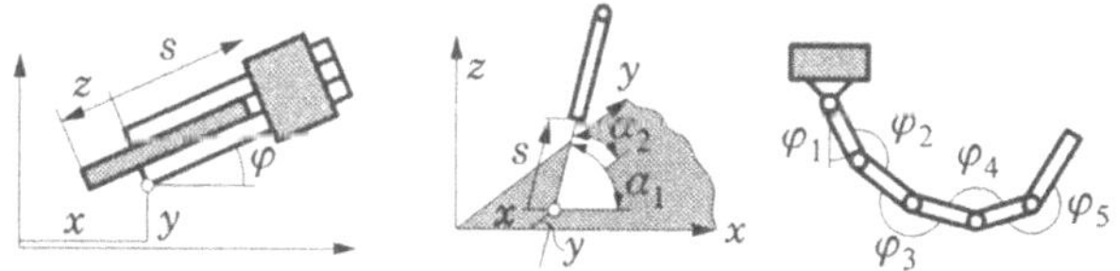

Systeme mit sechs Freiheitsgraden

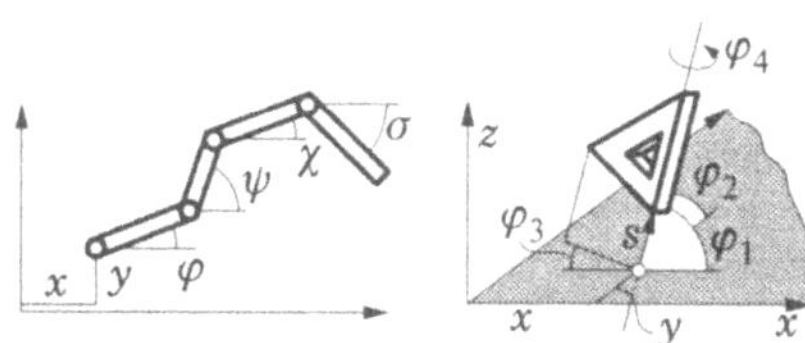

System mit zwölf Freiheitsgraden

Wir bezeichnen die Lagekoordinanten (Abstände oder Winkel) im allgemeinen Fall mit q_α. In einem System mit n Freiheitsgraden muß sich der Ortsvektor eines beliebigen Systempunktes als Funktion von q_α ($\alpha = 1, 2, 3, \ldots n$) angeben lassen:

$$\mathbf{x} = \mathbf{x}(q_1, q_2, \ldots q_n) = \mathbf{x}(q_\alpha) \qquad \alpha = 1, 2, 3, \ldots n$$

9.1 Wirkliche, mögliche und „virtuelle" infinitesimale Verschiebungen

Gegeben sei ein mechanisches System, das gewissen (geometrischen) Bedingungen unterworfen ist und unter dem Einfluß eines bestimmten Kraftsystems steht.

Verschiebt sich ein Punkt dieses Systems (in der infinitesimalen Zeitspanne dt) um eine bestimmte Strecke, so nennen wir diese die

wirkliche Verschiebung $d\mathbf{x}$ dieses Punktes.

Denkt man sich das Kraftsystem geändert und einwirkend auf dasselbe mechanische System wie zuerst (also unveränderte geometrische Bedingungen!), dann würde sich der oben in Augenschein genommene Punkt anders verschieben. Wir nennen die dann einsetzende Verschiebung eine

mögliche Verschiebung $\overset{\star}{d}\mathbf{x}$

Eine Punktverschiebung, die sich nicht infolge der Einwirkung eines Kraftsystemes vollzieht, sondern *vorgenommen* wird und mit den Systembedingungen (den Bindungen) in Einklang steht, soll

virtuelle Verschiebung $\delta\mathbf{x}$ des Punktes genannt werden.

Das Wort „virtuell" ist lateinisch-französichen Ursprungs:

vir = Mann, virtus = (Mannes-)Tugend, virtuelleVerschiebung bezeichnet also eine *Verschiebung, die keine der bestehenden Gesetze (Bindungen) verletzt.*

Um die drei infinitesimalen Punktverschiebungen zu verdeutlichen, betrachten wir folgendes einfaches Beispiel – ein kleiner Vorgriff auf die Dynamik: eine Perle auf dem bewegten starren Draht. Betrachten wir die zwei benachbarten Lagen des Drahtes: zum Zeitpunkt t und zum

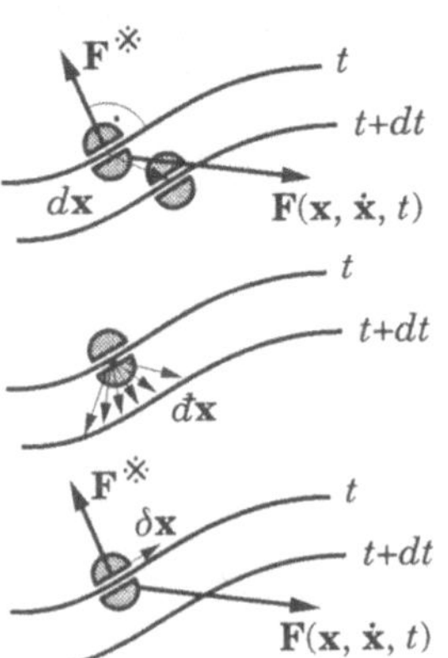

Zeitpunkt $t+dt$. Unter dem Einfluß der Kräfte $\mathbf{F}(\mathbf{x},\dot{\mathbf{x}},t)$ und der Zwangskraft $\mathbf{F}^{\star}$ verlagert sich die Perle um die wirkliche Verschiebung $d\mathbf{x}$.

Würden andere Kräfte auf den Massenpunkt einwirken, dann würde er sich anders verlagern. Alle so möglichen Verschiebungen $\overset{\star}{d}\mathbf{x}$ sind in der Skizze eingezeichnet.

Nun denken wir uns das System <u>zeitlich festgefroren</u> und eine willkürliche jetzt mögliche Verschiebung „vorgenommen" – Die Verschiebung ist also nicht durch irgendwelche vorhandene Kräfte zustande gekommen. Die Verschiebung, die bei festgefrorenen Bindungen möglich ist, heißt „virtuelle Verschiebung".

9.2 Eingeprägte (Aktionskräfte, Quasiaktionskräfte) und Zwangskräfte (Reaktionskräfte)

Kräfte, deren Abhängigkeit von der Lage, der Geschwindigkeit, der Zeit bekannt ist, nennen wir

Aktionskräfte $\qquad \mathbf{F} = \mathbf{F}(\mathbf{x}, \dot{\mathbf{x}}, t)$ $\qquad$ *Beispiele:* Gravitationskräfte
$\qquad\qquad\qquad\qquad\qquad\qquad\qquad\qquad\qquad\qquad$ Federkräfte
$\qquad\qquad\qquad\qquad\qquad\qquad\qquad\qquad\qquad\qquad$ Luftwiderstandskräfte

Kräfte, die durch die vorhandenen Systembindungen zustande kommen und für die keine physikalischen Gesetze angegeben werden können (die also unabhängige Unbekannte sind), nennen wir Zwangskräfte oder

Reaktionskräfte $\qquad \mathbf{F}^{*}$

Kräfte, für die ein physikalisches Gesetz vorliegt, in dem aber auch eine Zwangskraft $\mathbf{F}^{*}$ aufscheint, heißen

Quasiaktionskräfte $\quad \mathbf{F} = \mathbf{F}(\mathbf{x}, \dot{\mathbf{x}}, t, \mathbf{F}^{*})$ $\quad$ *Beispiel:* COULOMBsche Grenzreibungskraft

Aktionskräfte und Quasiaktionskräfte zusammen werden <u>eingeprägte Kärfte</u> genannt.

Damit sind wir nun in der Lage, das Prinzip der virtuellen Verschiebungen (der virtuellen Arbeiten) zu formulieren. Dieses Prinzip versichert, daß ein System dann und nur dann sich im Gleichgewicht befinden kann, wenn die Summe der infinitesimalen Arbeiten der <u>eingeprägten Kräfte</u> bei einer (infinitesimalen) virtuellen Verschiebung verschwindet:

$$\boxed{\text{Gleichgewicht} \quad \Longleftrightarrow \quad \delta W = \sum \mathbf{F} \circ \delta \mathbf{x} = 0}$$

Besitzt das System n Freiheitsgrade, dann gilt für den Ortsvektor $\mathbf{x}$ jedes Kraftangriffspunktes:

$$\mathbf{x}_{\alpha} = \mathbf{x}_{\alpha}(q_1, q_2, \ldots q_n) \;\Rightarrow\; \delta \mathbf{x}_{\alpha} = \frac{\partial \mathbf{x}_{\alpha}}{\partial q_1}\delta q_1 + \frac{\partial \mathbf{x}_{\alpha}}{\partial q_2}\delta q_2 + \ldots \frac{\partial \mathbf{x}_{\alpha}}{\partial q_n}\delta q_n$$

womit $\quad \delta W = \left(\sum \mathbf{F}_{\alpha} \circ \frac{\partial \mathbf{x}_{\alpha}}{\partial q_1}\right)\delta q_1 + \left(\sum \mathbf{F}_{\alpha} \circ \frac{\partial \mathbf{x}_{\alpha}}{\partial q_2}\right)\delta q_2 + \ldots \left(\sum \mathbf{F}_{\alpha} \circ \frac{\partial \mathbf{x}_{\alpha}}{\partial q_n}\right)\delta q_n$

wird, und wegen der Unabhängigkeit der virtuellen Verschiebungen δq_{α} folgende <u>n Gleichgewichtsbedingungen</u> erhalten werden:

$$\boxed{\left(\sum \mathbf{F} \circ \frac{\partial \mathbf{x}}{\partial q_1}\right) =: Q_1 = 0, \quad \left(\sum \mathbf{F} \circ \frac{\partial \mathbf{x}}{\partial q_2}\right) =: Q_2 = 0, \ldots\ldots \left(\sum \mathbf{F} \circ \frac{\partial \mathbf{x}}{\partial q_n}\right) =: Q_n = 0}$$

<u>Sind nur positionsabhängige Aktionskräfte</u> am Werk, dann sind das n Bestimmungsgeichungen für $q_1\, q_2\, q_3 \ldots q_n$.

Bevor wir die Gleichwertigkeit der Gleichgewichtsbedingungen, wie wir sie bis jetzt verwendet haben ($\mathbf{F} = 0 \wedge \mathbf{M} = 0$), mit $\delta W = 0$ nachweisen, werden wir einige Beispiele zur Einübung des Prinzips durchexerzieren. Natürlich kann ein Prinzip (=Axiom) nicht bewiesen werden (man kann nicht beweisen, daß die Natur so sein muß, wie sie ist, sondern nur feststellen, daß sie so ist wie sie ist!); es kann aber nachgewiesen werden, daß dieses Prinzip gleichwertig ist den Folgesätzen des Axiomensatzes, die wir an den Anfang gestellt haben.

Warum denn aber noch ein anderes Prinzip, wenn es ohnehin nichts Neues bringen kann? Die Antwort ist: In das Prinzip der virtuellen Verschiebungen gehen die Reaktionskräfte $\mathbf{F}^{*}$ nicht ein ($\mathbf{F}^{*} \circ \delta \mathbf{x} = 0$) und dadurch reduziert sich die Aufgabe auf die Bestimmung der Lageparameter q_α – vorausgesetzt allerdings, daß die Zwangskräfte (die unbekannten Reaktionskräfte) nicht über die „Quasiaktionskräfte" in das Gleichungssystem eingeschleppt werden. Also nur im „reibungsfreien Fall" genügen obige Gleichungen zur Lagebestimmung.

9.2.1 Das Archimedische Hebelgesetz

Aus
$$\sum F_x = 0 = A_x$$
$$\sum F_y = 0 = A_y - F_1 - F_2$$
$$\sum F_A = 0 = F_1 a_1 - F_2 a_2$$

folgen $A_x = 0$, $A_y = F_1 + F_2$

und $\boxed{F_1 a_1 = F_2 a_2}$

Die eingeprägten Kräfte seien F_1 und F_2 und Reaktionskräfte sind A_x und A_y (auf die Kennzeichnung durch einen Stern wollen wir verzichten). Das System besitzt eine Freiheitsgrad.

d. h. F_1 und F_2 können nicht beliebig gewählt werden, wenn Gleichgewicht möglich sein soll. Das Prinzip der virtuellen Verschiebungen fordert

$$\delta W = 0 = F_1\, \delta \varphi\, a_1 - F_2\, \delta \varphi\, a_2 = \left(F_1 a_1 - F_2 a_2 \right) \delta \varphi = 0$$

Da voraussetzungsgemäß $\delta \varphi \neq 0$ ist, folgt daraus ebenfalls: $\boxed{F_1 a_1 = F_2 a_2}$

9.2.2 Die Robervalsche Waage

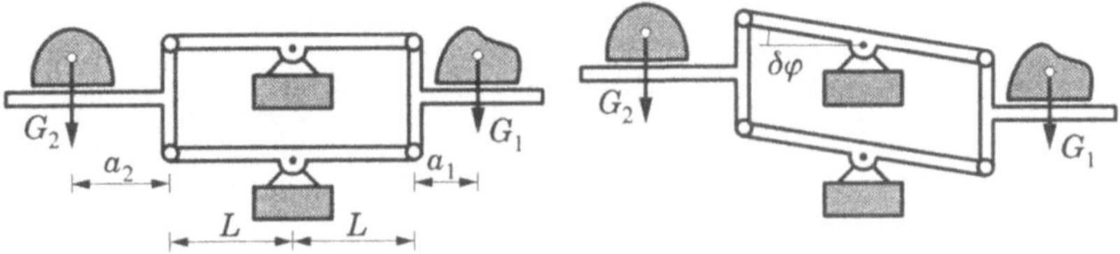

Aus $\quad \delta W = 0 = G_1\,\delta\varphi\,L - G_2\,\delta\varphi\,L = (G_1 - G_2)\,L\,\delta\varphi \qquad$ folgt $\quad \boxed{G_1 = G_2}$

Dieses Ergebnis ist auf dem Wege der Formulierung der Gleichgewichtsbedingungen für die einzelnen Teilkörper schon nicht mehr so bequem zu erhalten. Am schnellsten noch so:

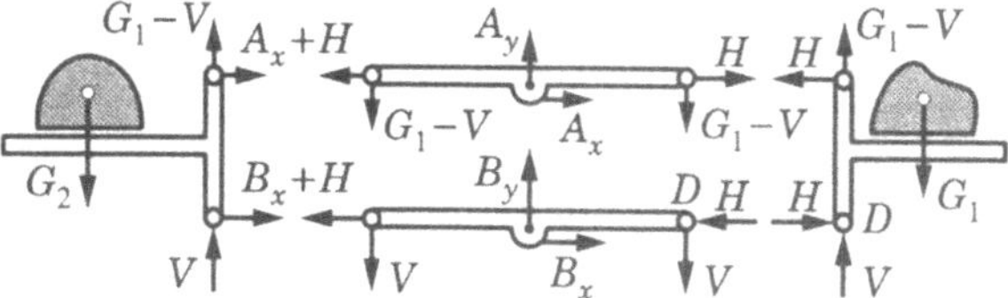

Führt man nur H und V im Gelenk D ein, dann folgt aus $\sum F_y$ für den Winkelhebel auf der „Gegenseite":

9.2.3 Die Nürnberger Schere

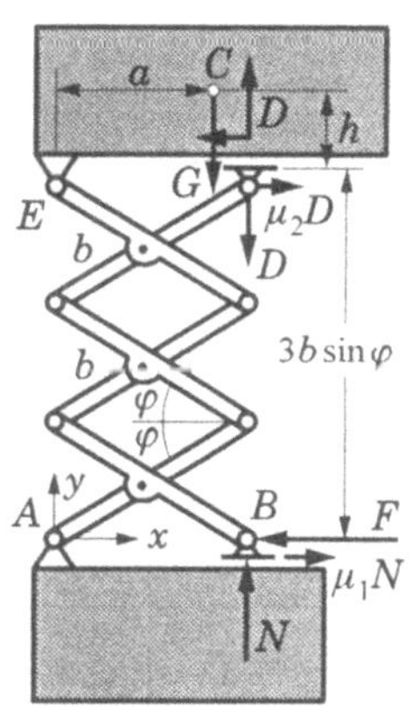

Das Prinzip der virtuellen Verschiebungen bewährt sich, wie oben festgestellt, besonders dann, wenn keine Reibungskräfte zu berücksichtigen sind. Wenn diese allerdings in einfacher Weise aus den anderen Gleichgewichtsüberlegungen zu bestimmen sind, dann ist das Prinzip der virtuellen Verschiebung wieder am zielführendesten. Im Falle der Nürnberger Schere können die COULOMBschen Reibungskräfte bei D und bei B unschwer bestimmt werden:

Aus $\quad \sum M_A = 0 \quad$ für das Gesamtsystem folgt

$$Ga - Nb\cos\varphi = 0,$$

damit wird die Reibungskraft $\quad \mu_1 N = \mu_1 \dfrac{Ga}{b\cos\varphi}$

Ebenso folgt aus $\sum M_E = 0$ für den Lastkörper: $\quad Ga = D \cdot b\cos\varphi \quad \Rightarrow \quad \mu_2 D = \mu_2 \dfrac{Ga}{b\cos\varphi}$

Für das Anheben der Last erhält man aus

$$\delta W = 0 = -G \cdot \delta y_C + (-F + \mu_1 N)\delta x_B + \mu_2 D\,\delta x_D = 0$$

Mit $\quad y_C = 3b\sin\varphi + h \quad\Rightarrow\quad \delta y_C = 3b\cos\varphi\,\delta\varphi$

und $\quad x_B = x_D = b\cos\varphi \quad\Rightarrow\quad \delta x_B = \delta x_D = -b\sin\varphi\,\delta\varphi \quad$ folgt daraus

$$\left[-G(3b\cos\varphi) + \left(-F + \mu_1 \frac{Ga}{b\cos\varphi}\right)(-b\sin\varphi) + \left(\mu_2 \frac{Ga}{b\cos\varphi}\right)(-b\sin\varphi) \right]\delta\varphi = 0$$

und man erhält dann für die gesuchte <u>Hubkraft</u>:

$$F = G\left(3\cot\varphi + \frac{\mu_1 + \mu_2}{\cos\varphi}\cdot\frac{a}{b}\right)$$

Die <u>Haltekraft</u> erhält man daraus, wenn man μ_1, μ_2 durch $-\mu_1, -\mu_2$ ersetzt.

9.2.4 Die Dezimalwaage

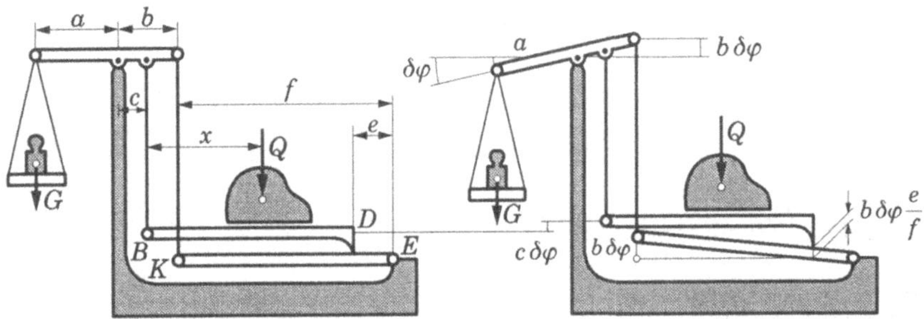

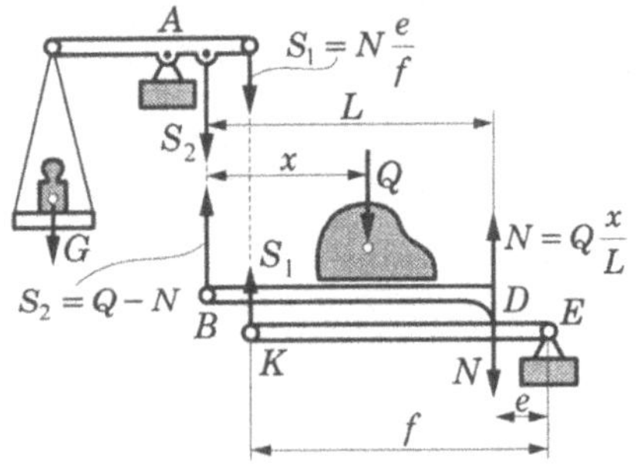

Zielsetzung: Die Maße b, c und e, f sollen so festgelegt werden, daß der Zusammenhang zwischen G und Q von der Laststellung (x) unabhängig wird.

Wenn der Zusammenhang zwischen G und Q von der Stellung der Last Q (also von x) unabhängig sein soll, dann muß die Lastbrücke bei einer virutellen Verschiebung parallel (zu sich selbst) verschoben werden – d. h. so gehoben bzw. gesenkt werden, daß keine Richtungsänderung erfolgt. In diesem Fall ist ja dann der Arbeitsweg der Last Q immer gleich groß, wo auch die Last positioniert ist auf der Brücke. Bei einer virtuellen Dreh-*Verschiebung* $\delta\varphi$ des Waagebalkens hebt sich das Ende B der Brücke um $c\,\delta\varphi$ und das Ende D um $(b\delta\varphi)e/f$. Die Gleichsetzung ergibt:

$$\boxed{\frac{c}{b} = \frac{e}{f}}$$

und das Prinzip der virtuellen Verschiebung liefert dann

$$\delta W = G a\,\delta\varphi - Q c\,\delta\varphi \;\Rightarrow$$

$$\boxed{G = \frac{c}{a}Q}$$

Für $\dfrac{c}{a} = \dfrac{1}{10}$ wird $G = \dfrac{Q}{10}$ (Dezimalwaage!)

Ohne Verwendung des Prinzips der virtuellen Verschiebung erhält man dieselben Ergebnisse etwas mühevoller: Die Kraft N, mit der die Brücke bei D auf den um E drehbaren Hebel EK drückt, ergibt sich aus $\sum M_B = 0 \Rightarrow NL - Qx = 0 \Rightarrow N = (x/L)Q$. Die Kraft S_1 in der vertikalen Stange, die die Hebelplatte KE hält, ergibt sich aus $\sum M_E = 0$ für diese Platte zu $S_1 = Ne/f$ und aus $\sum F_y = 0$ für die Lastbrücke folgt $S_2 = Q - N$. Schließlich liefert $\sum M_A = 0$ für den freigeschnittenen Waagebalken:

$$\left(N\frac{e}{f}\right)b + (Q-N)c - Ga = 0 \quad \Rightarrow \quad G = \frac{c}{a}Q + \frac{N}{a}\left(c - \frac{e}{f}b\right) = Q\left[\frac{c}{a} + \frac{x}{aL}\left(c - \frac{e}{f}b\right)\right] = G$$

für $c = eb/f$ wird G unabhängig von x $\Rightarrow$ $G = (c/a)Q$.

9.2.5 Das Zeichenbrett

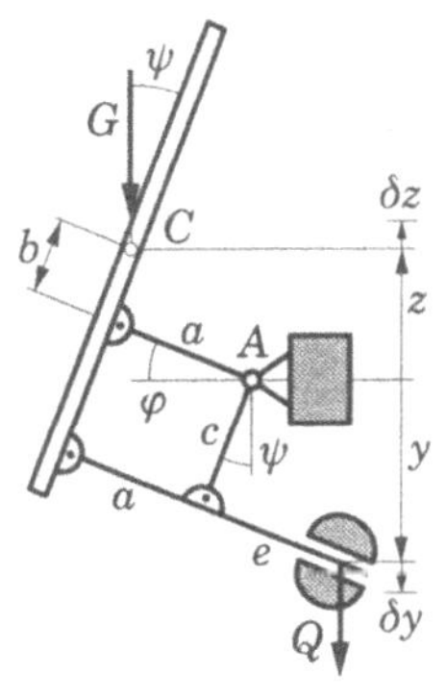

System mit zwei Freiheitsgraden. Wählt man φ und ψ als die Lagevariablen, dann folgt:

$$z = a\sin\varphi + b\cos\psi \quad \Rightarrow$$

$$\delta z = a\cos\varphi\,\delta\varphi - b\sin\psi\,\delta\psi$$

$$y = c\cos\psi + e\sin\varphi \quad \Rightarrow$$

$$\delta y = -c\sin\psi\,\delta\psi + e\cos\varphi\,\delta\varphi$$

und aus $\delta W = (-G)\delta z + Q\,\delta y$ folgt damit für Gleichgewicht

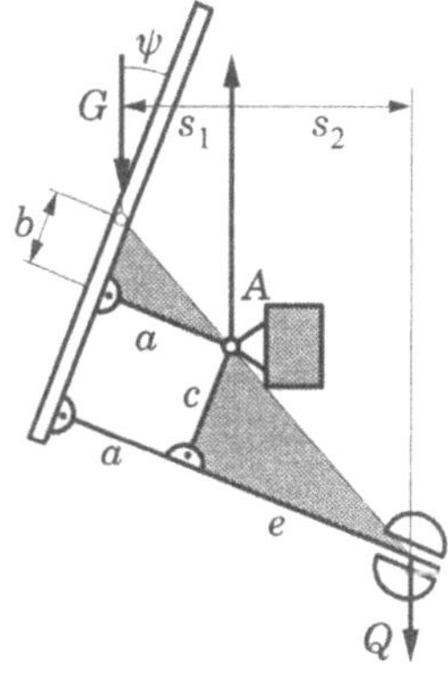

$$\delta W = -G\left[a\cos\varphi\,\delta\varphi - b\sin\psi\,\delta\psi\right] + Q\left[-c\sin\psi\,\delta\psi + e\cos\varphi\,\delta\varphi\right] =$$
$$= (-Ga + Qe)\cos\varphi\,\delta\varphi + (Gb - Qc)\sin\psi\,\delta\psi = 0$$

Wegen der Willkürlichkeit der Variationsverschiebungen $\delta\varphi$ und $\delta\psi$ folgt daraus:

$$Q = G\frac{b}{c} = G\frac{a}{e} \quad \Rightarrow \quad \boxed{\frac{b}{c} = \frac{a}{e}} \;,\; \boxed{Q = G\frac{b}{c}}$$

Wenn $b/c = a/e$, dann ist das Zeichenbrett in jeder Lage (ψ, φ) im Gleichgewicht! Es sei angemerkt, daß für $b/c = a/e$ das Gesamtmassenzentrum des Systems in jeder Systemlage sich im Auflager A befindet: Aus $\sum M_A = 0$ folgt $G \cdot s_1 = Q \cdot s_2$ $\Rightarrow$

$$Q = G\frac{s_1}{s_2} = G\frac{a}{e} = G\frac{b}{c} \quad \Rightarrow \quad \frac{a}{e} = \frac{b}{c}\,;\; Q = G\frac{b}{c} \quad \text{wie oben.}$$

9.2.6 Die Zeichenmaschine

In welcher Entfernung e muß welches Ausgleichsgewicht Q angebracht werden, damit die *Zeichenmaschine* in jeder Lage im Gleichgewicht sein kann?

Das System besitzt zwei Freiheitsgrade. Wir wählen φ und ψ als die Lageparameter des Systems. Mit

$$y = c\cos\psi + e\sin\varphi \qquad \Rightarrow \quad \delta y = -c\sin\psi\,\delta\psi + e\cos\varphi\,\delta\varphi$$
$$z = a\sin\varphi + b\cos\psi - k \quad \Rightarrow \quad \delta z = a\cos\varphi\,\delta\varphi - b\sin\psi\,\delta\psi$$

folgt aus
$$\delta W = -Q\,\delta y + G\,\delta z = 0$$
$$\delta W = -Q\bigl(-c\sin\psi\,\delta\psi + e\cos\varphi\,\delta\varphi\bigr) + G\bigl(a\cos\varphi\,\delta\varphi - b\sin\psi\,\delta\psi\bigr) =$$
$$= (Qc - Gb)\sin\psi\,\delta\psi + (-eQ + Ga)\cos\varphi\,\delta\varphi = 0$$

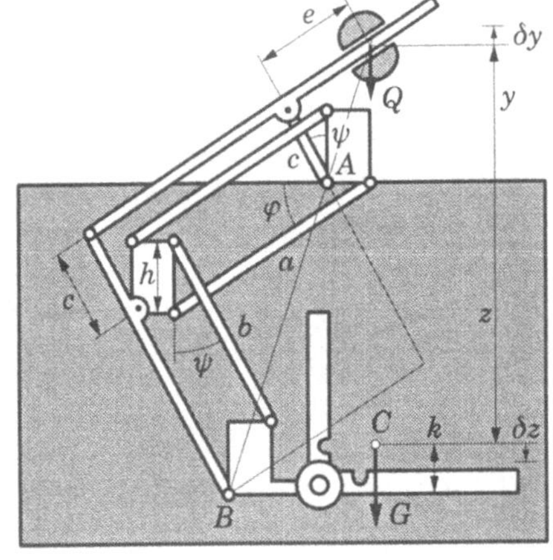

Wegen der Willkürlichkeit der Variationsverschiebungen folgt daraus (für $\delta\psi \neq 0$ $\wedge\ \delta\varphi = 0$): $(Qc - Gb)\sin\psi = 0$ und (für $\delta\psi = 0 \wedge \delta\varphi \neq 0$): $(-eQ + Ga)\cos\varphi = 0$. Soll für beliebige ψ bzw. φ Winkel (also nicht nur für $\psi = 0, \pi \ \wedge \ \varphi = \pi/2, 3\pi/2$) Gleichgewicht möglich sein, dann muß $(Qc - Gb) = 0 \ \wedge \ (-eQ + Ga) = 0$ gelten:

$$\Rightarrow \qquad \boxed{\dfrac{b}{c} = \dfrac{a}{e}} \ , \qquad \boxed{Q = G\dfrac{b}{c}}$$

Der Zeichenkopf kann offensichtlich nur translatorisch bewegt werden (keine Richtungsänderung!) Das Gewicht G könnte ebensogut in B statt in C angreifend gedacht werden $\Rightarrow$ dann kommt das Gesamtmassenzentrum unter der Bedingung $b/c = a/e$ in A zu liegen.

9.2.7 Das Torricellische Prinzip (Prinzip der virtuellen Verschiebungen bei Gewichtskräften)

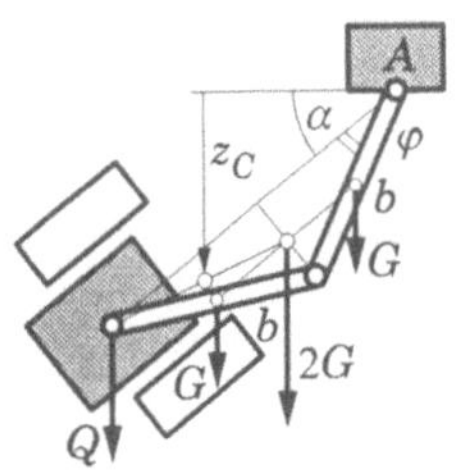

Sind neben Reaktionskräften nur Gewichtskräfte vorhanden, dann kann das Prinzip in der folgenden Weise formuliert werden:

> Im Falle des Gleichgewichtes nimmt der Gesamtschwerpunkt die tiefste bzw. die höchste Lage ein.

$$\delta W = \int (g\,dm)\delta z = g\,\delta\!\left(\int dm\,z\right) = g\,\delta(m\,z_C) = (mg)\delta z_C = 0 \;\Rightarrow\; \delta z_C = 0.$$

$$\boxed{\text{Gleichgewicht unter Gewichtskräften} \;\Rightarrow\; \delta z_C = 0}$$

Beispiel:
$$z_C = \frac{2G\,\dfrac{b}{2}\left[\sin(\alpha+\varphi)+\cos\varphi\sin\alpha\right] + Q\,2b\cos\varphi\sin\alpha}{(2G+Q)} \;\Rightarrow\; \delta z_C = 0 \;\Rightarrow$$

$$G\cos(\alpha+\varphi) - (G+2Q)\sin\alpha\sin\varphi = 0 \;\Rightarrow\; \boxed{\varphi = \arctan\left[\frac{G\cot\alpha}{2(G+Q)}\right]}$$

9.3 Nachweis der Gleichwertigkeit

Nachweis der Gleichwertigkeit der Gleichgewichtsbedingungen für den starren Körper $\sum \mathbf{F} = 0 \;\wedge\; \sum \mathbf{M} = 0$ und dem Prinzip der virtuellen Verschiebungen $\delta W = 0$.

9.3.1 Ebenes Kraftsystem

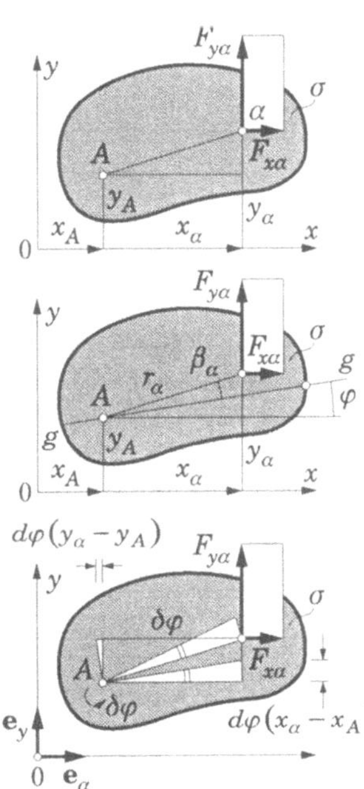

Für das ebene Kraftsystem am starren Körper haben wir aus den Axiomen, die wir der Statik zugrunde gelegt haben, folgende Gleichgewichtsbedingungen hergeleitet:

$$\mathbf{F} := \sum \mathbf{F}_\alpha = 0 \;\Rightarrow\; \left(\sum F_{x\alpha} = 0\right)\wedge\left(\sum F_{y\alpha} = 0\right)$$
$$M_A := \sum M_{A\alpha} = 0$$
$$= \sum_\alpha (x_\alpha - x_A)F_{y\alpha} - (y_\alpha - y_A)F_{x\alpha} = 0$$

A ist ein willkürlich zu wählender Bezugspunkt für die Momente M_α. A kann natürlich auch mit 0 zusammenfallen $\Rightarrow x_A = 0$, $y_A = 0$.

Der in der Ebene (x, y) frei bewegliche Scheibenkörper (σ) besitzt drei Freiheitsgrade. Als Lageparameter eignen sich z. B. x_A, y_A und der Winkel φ, den eine beliebige körperfeste Gerade (g) mit der (raumfesten) x-Achse einschließt. Eine virtuelle Lagenänderung der starren Scheibe ist dann gegeben durch die infinitesimalen Lageparameteränderungen:

$$\delta x_A,\; \delta y_A \;\text{ und }\; \delta\varphi.$$

Die infinitesimalen Verschiebungen der Lastangriffspunkte ($\alpha = 1, 2, \ldots N$) ergeben sich damit aus:

$$x_\alpha = x_A + r_\alpha \cos(\beta_\alpha + \varphi) \quad \Rightarrow \quad \delta x_\alpha = \delta x_A - r_\alpha \sin(\beta_\alpha + \varphi)\delta\varphi = \delta x_A - (y_\alpha - y_A)\delta\varphi$$
$$y_\alpha = y_A + r_\alpha \sin(\beta_\alpha + \varphi) \quad \Rightarrow \quad \delta y_\alpha = \delta y_A + r_\alpha \cos(\beta_\alpha + \varphi)\delta\varphi = \delta y_A + (x_\alpha - x_A)\delta\varphi .$$

Die bei einer infinitesimalen virtuellen Verschiebung der Scheibe von den Kräften $\mathbf{F}_\alpha$ ($\alpha = 1, 2, \ldots N$) verrichtete infinitesimale Arbeit δW berechnet sich dann aus:

$$\delta W = \sum_\alpha \left(F_{x\alpha}\delta x_\alpha + F_{y\alpha}\delta y_\alpha \right) = \sum_\alpha F_{x\alpha}\left[\delta x_\alpha - (y_\alpha - y_A)\delta\varphi\right] + F_{y\alpha}\left[\delta y_A + (x_\alpha - x_\alpha)\delta\varphi\right] =$$

$$= \left(\sum_\alpha F_{x\alpha}\right)\delta x_A + \left(\sum_\alpha F_{y\alpha}\right)\delta y_A + \left[\sum_\alpha (x_\alpha - x_A)F_{y\alpha} - (y_\alpha - y_A)F_{x\alpha}\right]\delta\varphi$$

oder mit $F_x = \left(\sum_\alpha F_{x\alpha}\right)$, $F_y = \left(\sum_\alpha F_{y\alpha}\right)$ und $M_A = \sum_\alpha (x_\alpha - x_A)F_{y\alpha} - (y_\alpha - y_A)F_{x\alpha}$

$$\delta W = F_x\, \delta x_A + F_y\, \delta y_A + M_A\, \delta\varphi$$

Einerseits folgt daraus mit ($F_x = 0$) $\wedge$ ($F_y = 0$) $\wedge$ ($M_A = 0$) für $\delta W = 0$, und andererseits ergibt sich aufgrund der gegenseitigen Unabhängigkeit von δx_A, δy_A und $\delta\varphi$ aus $\delta W = 0$

$$\begin{aligned}
\text{auch} \quad & F_x = 0 \quad && (\text{dazu wähle man } \delta x_A \neq 0,\ \delta y_A = 0,\ \delta\varphi = 0) \\
\text{und} \quad & F_y = 0 \quad && (\delta x_A = 0,\ \delta y_A \neq 0,\ \delta\varphi = 0) \\
\text{und} \quad & M_A = 0 \quad && (\delta x_A = 0,\ \delta y_A = 0,\ \delta\varphi \neq 0).
\end{aligned}$$

Somit gilt für das ebene Kraftsystem:

$$\boxed{\left(\sum F_{x\alpha} = 0\right) \wedge \left(\sum F_{y\alpha} = 0\right) \wedge \left(\sum M_{A\alpha} = 0\right) \quad \Longleftrightarrow \quad \delta W = 0}$$

Anmerkung:

Führt man den infinitesimalen Drehvektor $\delta\boldsymbol{\varphi}$ ein mit dem Betrag $|\delta\boldsymbol{\varphi}| = \delta\varphi$ und der Richtung ($\mathbf{e}_z$) senkrecht zur Ebene (x, y) in der die Bewegung stattfindet, dann können die oben angegebenen Variationsverschiebungen δx_α und δy_α vektoriell zusammengefaßt werden:

$$\left.\begin{aligned}
\delta x_\alpha &= \delta x_A - (y_\alpha - y_A)\delta\varphi \\
\delta y_\alpha &= \delta y_A - (x_\alpha - x_A)\delta\varphi
\end{aligned}\right\} \quad \Rightarrow \quad \delta\mathbf{x}_\alpha = \delta\mathbf{x}_A + \delta\boldsymbol{\varphi}\times(\mathbf{x}_\alpha - \mathbf{x}_A) \quad \delta\mathbf{x}_A \perp \delta\boldsymbol{\varphi}$$

Der Nachweis ist mit

$$(\mathbf{x}_\alpha - \mathbf{x}_A) = \mathbf{e}_x(x_\alpha - x_A) + \mathbf{e}_y(y_\alpha - y_A) + \mathbf{e}_z 0$$

und $\quad \delta\boldsymbol{\varphi} = \mathbf{e}_x 0 + \mathbf{e}_y 0 + \mathbf{e}_z \delta\varphi \quad$ leicht zu führen:

$$\delta\boldsymbol{\varphi}\times(\mathbf{x}_\alpha - \mathbf{x}_A) = (x_\alpha - x_A)\delta\varphi\,\mathbf{e}_y - (y_\alpha - y_A)\delta\varphi\,\mathbf{e}_x .$$

Damit wird

$$\delta W = \sum \delta \mathbf{x}_\alpha \circ \mathbf{F}_\alpha = \delta \mathbf{x}_A \circ \sum \mathbf{F}_\alpha + \sum \delta \boldsymbol{\varphi} \times (\mathbf{x}_\alpha - \mathbf{x}_A) \circ \mathbf{F}_\alpha =$$
$$= (\delta \mathbf{x}_A) \circ \mathbf{F} + \delta \boldsymbol{\varphi} \circ \sum (\mathbf{x}_\alpha - \mathbf{x}_A) \times \mathbf{F}_\alpha$$
$$= \delta \mathbf{x}_A \circ \mathbf{F} + \delta \boldsymbol{\varphi} \circ \mathbf{M}_A = (\delta x_A) F_x + (\delta y_A) F_y + (\delta \varphi) M_A \quad \text{(wie oben)}$$

9.3.2 Nachweis der Äquivalenz $(\mathbf{F} = 0) \wedge (\mathbf{M} = 0) \Leftrightarrow \delta W = 0$ für das Raumkraftsystem

Bei der Untersuchung der Wackeligkeit des auf sechs Pendelstützen ruhenden starren Körpers haben wir festgestellt, daß zwei infinitesimale Nachbarlagen des Körpers durch eine bestimmte infinitesimale Translation $\delta \mathbf{x}_A$ und eine bestimmte infinitesimale Rotation $\delta \boldsymbol{\varphi} = \mathbf{n} \delta \varphi$ ineinander übergeführt werden können. (A ist ein beliebiger Körperpunkt, $\mathbf{n}$ ist in A anzusetzen). Beim <u>freien</u> starren Körper sind $\underline{\delta \mathbf{x}_A \text{ und } \delta \boldsymbol{\varphi} \text{ voneinander unabhängig}}$. Die infinitesimale Verschiebung des Körperpunktes B ist mit $\delta \mathbf{x}_A$ und $\delta \boldsymbol{\varphi}$ gegeben durch

$$\boxed{\delta \mathbf{x}_B = \delta \mathbf{x}_A + \delta \boldsymbol{\varphi} \times (\mathbf{x}_B - \mathbf{x}_A)}$$

Die infinitesimale Arbeit δW aller am Körper angreifenden Kräfte $\mathbf{F}_\alpha$ ergibt sich mit der infinitesimalen Verschiebung der Kraftangriffspunkte $\delta \mathbf{x}_\alpha = \delta \mathbf{x}_A + \delta \boldsymbol{\varphi} \times (\mathbf{x}_\alpha - \mathbf{x}_A)$ zu:

$$\delta W = \sum \mathbf{F}_\alpha \circ \delta \mathbf{x}_\alpha = \sum \mathbf{F}_\alpha \circ \left[\delta \mathbf{x}_A + \delta \boldsymbol{\varphi} \times (\mathbf{x}_\alpha - \mathbf{x}_A) \right] =$$
$$= \left(\sum \mathbf{F}_\alpha \right) \circ \delta \mathbf{x}_A + \delta \boldsymbol{\varphi} \circ \sum (\mathbf{x}_\alpha - \mathbf{x}_A) \times \mathbf{F}_\alpha$$
$$\delta W = \mathbf{F} \circ \delta \mathbf{x}_A + \mathbf{M}_A \circ \delta \boldsymbol{\varphi}$$

Mit $(\mathbf{F} = 0) \wedge (\mathbf{M}_A = 0)$ folgt daraus sofort $\delta W = 0$, und umgekehrt erhält man wegen der Unabhängigkeit der viruellen Verschiebungen beim freien starren Körper aus $\delta W = 0 \Rightarrow$

$(\mathbf{F} = 0)$, wenn man $\delta \mathbf{x}_A \neq 0 \wedge \delta \boldsymbol{\varphi} = 0$ wählt und

$(\mathbf{M}_A = 0)$, wenn man $\delta \mathbf{x}_A = 0 \wedge \delta \boldsymbol{\varphi} \neq 0$ setzt.

Gleichgewicht des freien starren Körpers unter dem Einfluß eines Raumkraftsystem ($\mathbf{x}_\alpha$, $\mathbf{F}_\alpha$):

$$\boxed{(\mathbf{F} = 0) \wedge (\mathbf{M}_A = 0) \iff \delta W = 0}$$

Anmerkung zum wackelig gelagerten starren Körper auf sechs Pendelstützen

Wir haben nachgewiesen, daß Wackeligkeit und $S_\beta \to \infty$ ($\beta = 1,2,\dots 6$) gleichzeitig auftreten. Dies läßt sich auch anhand des Prinzips der virtuellen Verschiebungen zeigen. Endliche Stützkräfte S_β geben wegen $\mathbf{n}_\beta \circ \delta \mathbf{x}_\beta = 0$ (Skizze S. 120) in δW keinen Beitrag. Für

Gleichgewicht muß $\delta W = \sum \mathbf{F}_\alpha \circ \delta \mathbf{x}_\alpha + \sum S_\beta \, \mathbf{n}_\beta \circ \delta \mathbf{x}_\beta$ gleich Null sein. Ist die Lastgruppe $\mathbf{F}_\alpha$ am starren Körper für sich keine Gleichgewichtsgruppe, ist also $\sum \mathbf{F}_\alpha \circ \delta \mathbf{x}_\alpha \neq 0$, dann kann $\delta W = 0$ nur sein, wenn $S_\beta \to \infty$, so daß $\sum S_\beta \, \mathbf{n}_\beta \circ \delta \mathbf{x}_\beta = \infty \cdot 0$ wird.

9.4 Bestimmung von Reaktionskräften mit $\delta W = 0$

Wir haben festgestellt, daß Reaktionskräfte (normalerweise) in das Prinzip der virtuellen Verschiebungen nicht eingehen und gesagt, daß dies ein besonderer Vorzug des Prinzips sei. Ersetzt man allerdings eine Bindung äquivalent durch die entsprechende Reaktionskraft und erhöht dadurch die Beweglichkeit des Systems um einen Freiheitsgrad, dann gibt die Reaktionskraft bei den dann möglichen virtuellen Verschiebungen in δW durchaus einen Beitrag.

Beispiel

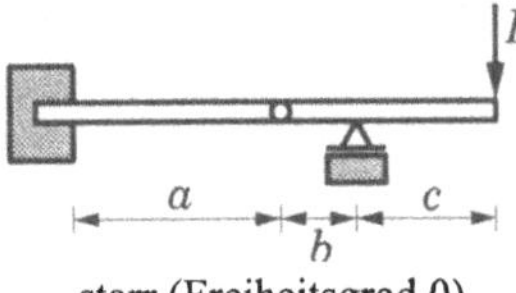
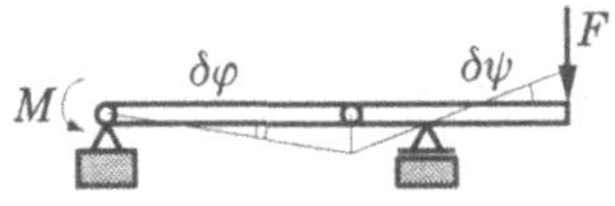

starr (Freiheitsgrad 0)   beweglich (Freiheitsgrad 1) ; $a\,\delta\varphi = b\,\delta\psi$

$$\delta W = -M\,\delta\varphi - Fc\,\delta\psi = -\left(M + Fc\,\frac{a}{b}\right)d\varphi = 0 \quad \Rightarrow \quad \boxed{\, M = -F \cdot c\,\frac{a}{b} \,}$$

Ein statisch bestimmtes starres System erhält durch das Lösen <u>einer</u> Bindung <u>einen</u> Freiheitsgrad. Damit kann die dieser Bindung entsprechende Reaktionskraft (bzw. das Reaktionsmoment) aus $\delta W = 0$ direkt bestimmt werden.

Auch im Falle des starren Körpers auf sechs Pendelstützen könnte man so die Stützkräfte S **einzeln** aus $\delta W = 0$ bestimmen (Allerdings bringt das hier keinen besonderen Vorteil). Entfernt man z. B. die sechste Pendelstütze, dann ist der Körper (auf den restlichen fünf Pendelstützen) mit einem Freiheitsgrad beweglich.

Aus $\quad \mathbf{n}_\beta \circ \left[\delta \mathbf{x}_A + \delta\boldsymbol{\varphi} \times \left(\mathbf{x}_A - \mathbf{x}_\beta\right)\right] = 0, \quad \beta = 1, 2, 3, 4, 5$

können $\delta \mathbf{x}_A$ und $\delta\boldsymbol{\varphi}$ bis auf einen Faktor bestimmt werden (homogenes lineares Gleichungssystem). Aus $\delta W = 0 = S_6\,\mathbf{n}_6 \circ \delta \mathbf{x}_6 + \sum \mathbf{F}_\alpha \circ \delta \mathbf{x}_\alpha$ erhält man dann (der unbestimmte Faktor fällt heraus) direkt für S_6 :

$$S_6 = -\frac{\sum \mathbf{F}_\alpha \circ \left[\delta \mathbf{x}_A + \delta\boldsymbol{\varphi} \times \left(\mathbf{x}_\alpha - \mathbf{x}_A\right)\right]}{\mathbf{n}_6 \circ \left[\delta \mathbf{x}_A + \delta\boldsymbol{\varphi} \times \left(\mathbf{x}_6 - \mathbf{x}_A\right)\right]}$$

A ist ein beliebig zu wählender Körperpunkt.

10 Anhang

10.1 Ein Blick in die „Analytische Statik"

Die Lage eines mechanischen Systems mit n Freiheitsgraden kann durch die Angabe von n allgemeinen Lagekoordinaten festgelegt werden:

$$q_1, q_2, q_3 \ldots q_n \qquad \text{kurz} \quad q_\beta \ (\beta = 1, 2, \ldots n).$$

Das Prinzip der virtuellen Verschiebungen liefert n Gleichgewichtsbedingungen für das System mit n Freiheitsgraden

$$\delta W = 0 = \sum \mathbf{F}_\alpha \circ \delta \mathbf{x}_\alpha = \sum_\beta \left(\sum_\alpha \mathbf{F}_\alpha \circ \frac{\partial \mathbf{x}_\alpha}{\partial q_\beta} \right) \delta q_\beta =: \sum Q_\beta \, \delta q_\beta = 0 \qquad \Rightarrow$$

$$Q_1 = 0, \quad Q_2 = 0, \quad \ldots \ldots Q_n = 0 \quad \text{kurz} \quad Q_\beta(q_1, q_2, \ldots q_n) = 0 \ (\beta = 1, 2, \ldots n)$$

Es sei nun angenommen, daß sich die „Verallgemeinerten Kräfte Q_β" als partielle Ableitungen einer skalaren Funktion $\Pi = \Pi(q_1, q_2, \ldots q_n)$ darstellen lassen, daß also gilt:

$$\boxed{Q_\beta = -\frac{\partial \Pi}{\partial q_\beta}}$$

Die skalare Funktion Π, die diese Eigenschaft besitzt, heißt das

Potential der Kräfte (das Minus-Vorzeichen ist Konventionssache).

Unter dieser Voraussetzung ist die Arbeit der Kräfte bei einer „Verschiebung" des Systems von einer Anfangslage in eine Endlage unabhängig vom „Weg", der dabei gewählt wird:

$$W = \sum_\alpha \int \mathbf{F}_\alpha \circ d\mathbf{x}_\alpha = \sum_\beta \int \sum_\alpha \mathbf{F}_\alpha \circ \frac{\partial \mathbf{x}_\alpha}{\partial q_\beta} \, dq_\beta = \int \sum_\beta Q_\beta \, dq_\beta =$$

$$= -\int \sum \frac{\partial \Pi}{\partial q_\beta} \, dq_\beta = -\int\limits_{q_{\beta,0}}^{q_\beta} d\Pi = \Pi(q_{1,0}, q_{2,0}, \ldots q_{n,0}) - \Pi(q_1, q_2, \ldots q_n)$$

142

Kehrt man auf beliebigen (Um-)Weg in die Ausgangslage zurück ($q_{\beta,0} = q_\beta$), dann gilt:

$$\boxed{W = \oint \sum_\alpha \mathbf{F}_\alpha \circ d\mathbf{x}_\alpha = 0}$$

Wann existiert ein Potential? Wie kann man an den vielleicht vorliegenden Funktionen

$$Q_\beta = Q_\beta(q_1, q_2, \ldots q_n) \qquad \text{ablesen, ob ein Potential existiert?}$$

Existiert Π, dann muß $\dfrac{\partial}{\partial q_\beta}\left(\dfrac{\partial \Pi}{\partial q_\gamma}\right) = \dfrac{\partial}{\delta q_\gamma}\left(\dfrac{\partial \Pi}{\delta q_\beta}\right)$ sein und das heißt, es muß gelten:

$$\boxed{\frac{\partial Q_\beta}{\partial q_\gamma} = \frac{\partial Q_\gamma}{\partial q_\beta}}$$

10.1.1 Reihenentwicklung des Potentials

Für $n = 1$ lautet die Taylorsche Reihenentwicklung:

$$\Pi(q_1) = \Pi(q_{1,0} + \delta q_1) = \Pi(q_{1,0}) + \left(\frac{\partial \Pi}{\partial q_1}\right)_{q_{1,0}} \delta q_1 + \frac{1}{2!}\left(\frac{\partial^2 \Pi}{\partial q_1^2}\right)_{q_{1,0}} (\delta q_1)^2 + \ldots$$

Den Fall von n Freiheitsgraden kann man auf den Fall einer einparametrigen Abhängigkeit von ξ zurückführen, indem man vorübergehend setzt:

$$q_\beta(\xi) = q_\beta + \xi\,\delta q_\beta$$

Damit wird $\quad \Pi(q_{\beta,0} + \xi\,\delta q_\beta) = \Pi(\xi) = \Pi(0) + \left(\dfrac{d\Pi}{d\xi}\right)_{\xi=0} \cdot \xi + \dfrac{1}{2!}\left(\dfrac{d^2\Pi}{d\xi^2}\right)_{\xi=0} \cdot \xi^2 + \ldots$

Mit $\quad \dfrac{d\Pi}{d\xi} = \sum \dfrac{\partial \Pi}{\partial q_\beta} \cdot \delta q_\beta \quad$ und

$$\frac{d^2\Pi}{d\xi^2} = \sum \frac{\partial}{\partial q_\gamma}\left(\sum \frac{\partial \Pi}{\partial q_\beta} \delta q_\beta\right)\delta q_\gamma = \sum\sum \frac{\partial^2 \Pi}{\partial q_\beta\,\partial q_\gamma} \cdot \delta q_\beta\,\delta q_\gamma \quad \text{usw.}$$

erhält man daraus, wenn man noch $\xi = 1$ setzt:

$$\boxed{\Pi(q_{\beta,0} + \delta q_\beta) = \Pi(q_{\beta,0}) + \sum_\beta \left(\frac{\partial \Pi}{\partial q_\beta}\right)_{q_{\alpha,0}} \delta q_\beta + \sum_\beta \sum_\gamma \frac{1}{2!}\left(\frac{\partial^2 \Pi}{\partial q_\beta\,\partial q_\gamma}\right)_{q_{\alpha,0}} \delta q_\beta\,\delta q_\gamma + \ldots}$$

Bestimmt der Lageparametersatz $q_{\beta,0}$ eine Gleichgewichtslage, so kann vereinbart werden, daß man für $\Pi(q_{\beta,0}) = 0$ (da $Q_\beta = -\partial\Pi/\partial q_\beta$, kommt es beim Potential nicht auf eine additive Konstante an). Dann gilt wegen $\left(\dfrac{\partial\Pi}{\partial q_\beta}\right)_{q_{\alpha,0}} = 0$:

$$\Pi(q_{\beta,0} + \delta q_\beta) = \sum\sum\left(\frac{\partial^2\Pi}{\partial q_\beta\,\delta q_\gamma}\right)_{q_{\alpha,0}} \delta q_\beta\,\delta q_\gamma + \dots$$

10.1.2 Stabilität einer Gleichgewichtslage

Die Stabilität einer Gleichgewichtslage ($q_\beta = q_{\beta,0}$) hinsichtlich einer infinitesimalen Störauslenkung (δq_β) entscheiden die Glieder zweiter Kleinheitsordnung in der Reihenentwicklung des Potentials um die Gleichgewichtslage

$$\Pi(q_\beta) = \Pi(q_{\beta,0} + \delta q_\beta) = \sum_\beta\sum_\gamma \frac{1}{2}\left(\frac{\partial^2\Pi}{\partial q_\beta\,\partial q_\gamma}\right)_{q_\beta = q_\gamma = 0} \delta q_\beta\,\delta q_\gamma =: \delta^2\Pi$$

Die Arbeit der Kräfte am System bei einer Auslenkung aus der Gleichgewichtslage ist, wenn die (Integrabilitäts-)Bedingungen

$$\frac{\partial Q_\beta}{\partial q_\gamma} = \frac{\partial Q_\gamma}{\partial q_\beta}$$

erfüllt sind, unabhängig vom gewählten Auslenkweg und berechnet sich aus

$$W = \sum_\alpha \int Q_\alpha\,\delta q_\alpha = -\int\sum\frac{\partial\Pi}{\delta q_\alpha}\delta q_\alpha = -\Pi\,\Big|_{q_{\alpha,0}}^{q_\alpha} = \Pi(q_{\alpha,0}) - \Pi(q_\alpha)$$

Mit $\quad\Pi(q_{\alpha,0}) = 0$

$$W = -\Pi(q_\alpha) = -\delta^2\Pi$$

Stabil ist eine Gleichgewichtslage ($q_{\beta,0}$), wenn bei allen möglichen δq_β die vorhandenen Systemkräfte negative Arbeit verrichten ($W <$) [bei der Auslenkung gegen die Systemkräfte gearbeitet werden muß] bzw. das System bei jeder Auslenkung auf ein höheres Potential gehoben wird $\delta^2\Pi > 0$

$$\text{Stabil} \quad\Longleftrightarrow\quad \delta^2\Pi > 0 \quad \text{für alle } \delta q_\alpha \text{ Kombinationen}$$

144

Mit den Abkürzungen

$$\left(\frac{\partial^2 \Pi(q_\alpha)}{\partial q_\beta\, \delta q_\gamma}\right)_{q_\alpha = q_{\alpha,0}} =: \Pi_{\beta\gamma} \qquad \text{und den Matrizen} \quad \delta\underline{q} = \begin{pmatrix} \delta q_1 \\ \delta q_2 \\ \delta q_3 \\ \vdots \\ \delta q_n \end{pmatrix}$$

$$\underline{\underline{\Pi}} := \begin{pmatrix} \Pi_{11} & \Pi_{12} & \Pi_{13} \cdots \Pi_{1n} \\ \Pi_{12} & \Pi_{22} & \Pi_{23} & \Pi_{1n} \\ \Pi_{13} & \Pi_{23} & \Pi_{33} & \Pi_{1n} \\ \vdots & \vdots & \vdots & \vdots \\ \Pi_{1n} & \Pi_{2n} & \Pi_{3n} & \Pi_{nn} \end{pmatrix}$$

kann man in Matrizenform schreiben $\delta^2\Pi = \dfrac{1}{2}\,\delta\underline{q}^{\mathrm{T}}\,\underline{\underline{\Pi}}\,\delta\underline{q}$.

Matrizen $\underline{\underline{\Pi}}$, für die $\delta\underline{q}^{\mathrm{T}}\,\underline{\underline{\Pi}}\,\delta\underline{q}$ immer > 0 ist, heißen *positiv definite Matrizen*. Damit gilt

---

Stabil ist eine Gleichgewichtslage, wenn die Matrize $\underline{\underline{\Pi}}$ positiv definit ist.

Wir haben jetzt noch zu untersuchen, unter welchen Bedingungen die symmetrische Matrize $\underline{\underline{\Pi}}$ positiv definit ist. Dazu werden wir schrittweise vorgehen und beginnen mit den Systemen mit einem Freiheitsgrad:

10.1.2.1 Systeme mit einem Freiheitsgrad

Beispiel **Stehaufmännchen**

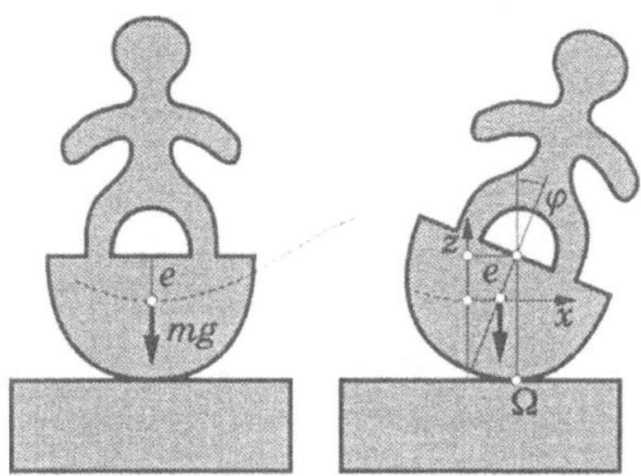

Lageparameter $q_1 = \varphi$, $q_{1,0} = \varphi_0 = 0$, $\varphi = \delta q$

Arbeit $W = -\int G\, dz = -mge(1 - \cos\varphi)$
$\qquad\qquad = -mge(1 - \cos\delta q)$

Potential $\Pi = -W = mge(1 - \cos\varphi) =$
$\qquad\qquad\qquad = mge(1 - \cos\delta q)$

$\Pi(0) = 0$

$$\frac{\partial \Pi}{\partial q_1} = \left(mge\,\sin q_1\right)_{q_{1,0}=0} = 0$$

$$\frac{\partial^2 \Pi}{\partial q_1^2} = \left(mge\,\cos q_1\right)_{q_{1,0}=0} = mge = \Pi_{11}$$

$$\delta^2\Pi = \frac{1}{2!}\cdot\frac{\partial^2\Pi}{\partial q_1^2}\,\delta q^2 = \frac{1}{2!}\Pi_{11}(\delta q)^2 = \frac{1}{2!}mge(\delta q)^2 \quad \Rightarrow \quad \text{stabil, sofern} \quad \boxed{e > 0}$$

Besitzt das System nur einen Freiheitsgrad und sind keine Quasiaktionskräfte vorhanden und hängen die Aktionskräfte in beliebiger Weise von den Lagekoordinaten q_α ab, dann besitzt es immer ein Potential. Besitzt das System eine Gleichgewichtslage, dann ist diese stabil, wenn

$$\left(\frac{\partial^2 \Pi}{\partial q_1^2}\right)_{q_1=q_{1,0}} = \Pi_{11} > 0 \qquad \text{ist.}$$

Bei Systemen mit nur einem Freiheitsgrad kann das Stabilitätsverhalten auch aus dem Vorhandensein bzw. Nichtvorhandensein eines „Rückstellmomentes" bzw. einer Rückstellkraft in der Auslenklage erkannt werden. Das Stehaufmännchen besitzt bezogen auf die Achse durch Ω in der Auslenklage ein Rücklenkmoment. Sich selbst überlassen wird es infolge von $M_\Omega = -mge\sin\varphi$ sich zurückzudrehen beginnen. Die Gleichgewichtslage ist daher für $e > 0$ stabil.

Anderes Beispiel

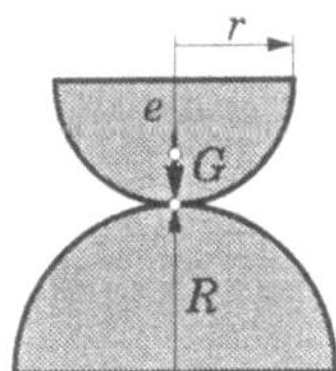
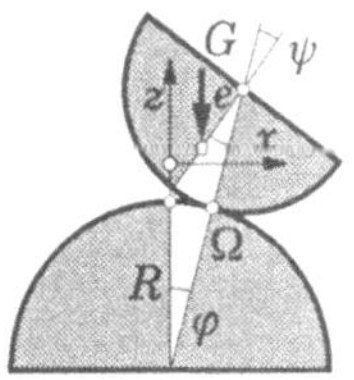

Rollbedingung $\quad \psi r = R\varphi \quad \Rightarrow \quad \psi = R\varphi/r$

Moment bezüglich Ω

$$\begin{aligned}
M_\Omega &= -mg\left[e\sin(\varphi+\psi)-r\sin\varphi\right] \\
&= -mg\left[e(\varphi+\psi)-r\varphi\right]+\dots \\
&= -mg\left[e(1+R/r)-r\right]\varphi+\dots \quad \Rightarrow
\end{aligned}$$

Stabilitätsbedingung: $\quad \boxed{e > \dfrac{r}{1+R/r}}$

Dasselbe ergibt sich aus

$$\Pi = mg\left\{\left[(R+r)\cos\varphi-e\cos(\varphi+\psi)\right]-(R+r-e)\right\} =$$

$$= mg\left\{e\left\langle 1-\cos\left[\varphi(1+R/r)\right]\right\rangle-(R+r)(1-\cos\varphi)\right\} \quad \Rightarrow \quad \Pi(0)=0$$

$$\frac{\partial \Pi}{\partial \varphi} = mg\left\{e\left(1+\frac{R}{r}\right)\sin\left[\varphi\left(1+\frac{R}{r}\right)\right]-(R+r)\sin\varphi\right\} \quad \Rightarrow \quad \left(\frac{\partial \Pi}{\partial \varphi}\right)_{(0)}=0$$

$$\frac{\partial^2 \Pi}{\partial \varphi^2} = mg\left\{e\left(1+\frac{R}{r}\right)^2\cos\left[\varphi\left(1+\frac{R}{r}\right)\right]-(R+r)\cos\varphi\right\}$$

für $\varphi=0$: $\quad \left(\dfrac{\partial^2 \Pi}{\partial \varphi^2}\right)_0 = mg\left(1+\dfrac{R}{r}\right)\left[e\left(1+\dfrac{R}{r}\right)-r\right] > 0 \quad \Rightarrow \quad \boxed{e > \dfrac{r}{1+R/r}}$

10.1.2.2 Systeme mit zwei Freiheitsgraden

Ein System, dessen Lage durch die zwei Lageparameter q_1 und q_2 festgelegt wird und das in der Lage $q_{1,0}$, $q_{2,0}$ eine Gleichgewichtslage besitzt, ist dort stabil gelagert, wenn

$$\delta^2 \Pi = \frac{1}{2}\delta q^T \underset{\sim}{\Pi}\, \delta q = \frac{1}{2}\left(\Pi_{11}\delta q_1^2 + 2\Pi_{12}\delta q_1 \delta q_2 + \Pi_{22}\delta q_2^2\right) > 0 \quad \text{ist u. z.}$$

für jedes infinitesimale Paar $\delta q_1, \delta q_2$. Der Ausdruck $\Pi_{11}\delta q_1^2 + 2\Pi_{12}\delta q_1 \delta q_2 + \Pi_{22}\delta q_2^2$ kann als Summe von quadratischen Termen allein (keine Mischterme) geschrieben werden:

$$\Pi_{11}\delta q_1^2 + 2\Pi_{12}\delta q_1 \delta q_2 + \Pi_{22}\delta q_2^2 = \frac{1}{\Pi_{11}}(\Pi_{11}\delta q_1 + \Pi_{12}\delta q_2)^2 + \left(-\frac{\Pi_{12}^2}{\Pi_{11}} + \Pi_{22}\right)\delta q_2^2$$

Damit wird

$$\delta^2 \Pi = \frac{1}{\Pi_{11}}(\Pi_{11}\delta q_1 + \Pi_{12}\delta q_2)^2 + \frac{1}{\Pi_{11}} \cdot \frac{1}{\left(\Pi_{11}\Pi_{22} - \Pi_{12}^2\right)}\left[\left(\Pi_{11}\Pi_{12} - \Pi_{12}^2\right)\delta q_2\right]^2$$

Daraus sind die Stabiltitätsbedingungen abzulesen:

$$\boxed{\text{Stabil} \quad \Leftrightarrow \quad (\Pi_{11} > 0)\wedge\left[\left(\Pi_{11}\Pi_{22} - \Pi_{12}^2\right) > 0\right]}$$

Π_{11} und $\Pi_{11}\Pi_{22} - \Pi_{12}^2$ sind die Hauptabschnittsdeterminantern der Matrix $\underset{\sim}{\Pi} = \begin{array}{|c|c|}\hline \Pi_{11} & \Pi_{12} \\\hline \Pi_{12} & \Pi_{22} \\\hline\end{array}$

Beispiel

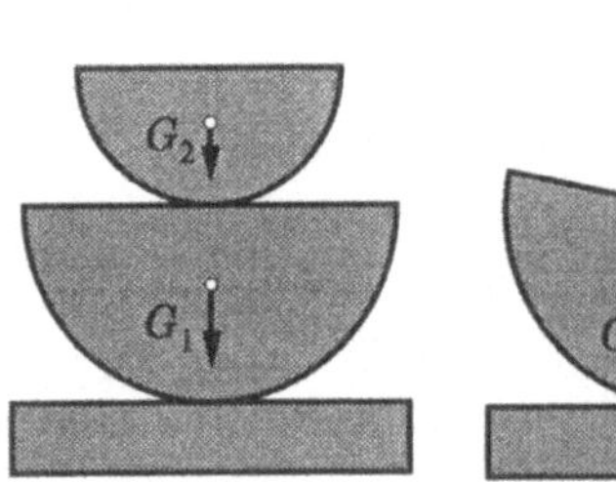
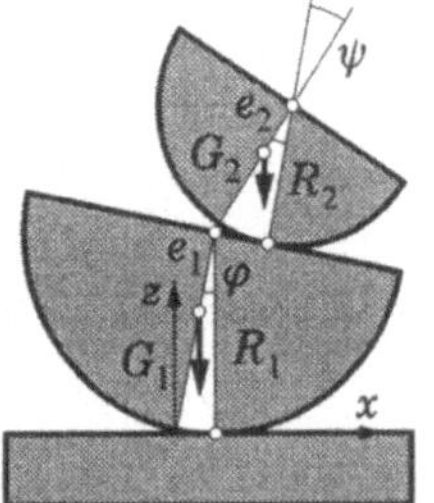

Zwei Halbzylinder ($G_1\ R_1\ e_1$, $G_2\ R_2\ e_2$) mit rauhen Oberflächen sind in der dargestellten Weise übereinander gelagert. Die Lageparameter seien $q_1 = \varphi$ und $q_2 = \psi$. Für $\varphi = 0\ \wedge\ \psi = 0$ ist Gleichgewicht möglich. Ist dieses Gleichgewicht stabil hinsichtlich beliebiger infinitesimaler Störauslenkungen?

$$\Pi = z_1 G_1 + z_2 G_2 + \text{konst} \quad \Rightarrow$$

$$\Pi = (R_1 - e_1 \cos\varphi)G_1 + \left[R_1 - (R_2\psi)\sin\varphi + R_2\cos\varphi - e_2\cos(\varphi + \psi)\right]G_2 + \text{konst}$$

$$\Pi = \left[R_1 - e_1\left(1 - \frac{\varphi^2}{2}\right)\right]G_1 + \left[R_1 - R_2\psi\varphi + R_2\left(1 - \frac{\varphi^2}{2}\right) - e_2\left(1 - \frac{(\varphi + \psi)^2}{2}\right)\right]G_2 + \ldots + \text{konst}$$

$$\Pi = \left(\frac{e_1}{2}G_1 - \frac{R_2}{2}G_2 + e_2\frac{G_2}{2}\right)\varphi^2 + \left(-R_2G_2 + e_2G_2\right)\varphi\psi + \left(+e_2\frac{G_2}{2}\psi^2\right) + \ldots + \text{konst}$$

$$\Pi = \frac{1}{2}\left\{[e_1G_1 - (R_2 - e_2)G_2]\varphi^2 - 2(R_2 - e_2)G_2\varphi\psi + e_2G_2\psi^2\right\} + \ldots + \text{konst}$$

Daraus folgen:

$$\Pi_{11} = \left(\frac{\partial^2\Pi}{\partial\varphi^2}\right)_{\varphi=0,\psi=0} = e_1G_1 - (R_2 - e_2)G_2, \qquad \Pi_{12} = \left(\frac{\partial^2\Pi}{\partial\varphi\,\partial\psi}\right)_{\varphi=0,\psi=0} = -(R_2 - e_2)G_2$$

$$\Pi_{22} = \left(\frac{\partial^2\Pi}{\partial\psi^2}\right)_{\varphi=0,\psi=0} = +e_2G_2$$

Die Gleichgewichtslage ($\varphi = 0, \psi = 0$) ist stabil, wenn gleichzeitig die Ungleichungen

$$[e_1G_1 - (R_2 - e_2)G_2] > 0 \quad \text{und} \quad [e_1G_1 - (R_2 - e_2)G_2](e_2G_2) - (R_2 - e_2)^2 G_2^2 > 0$$

gelten. Ist bereits die erste Ungleichung nicht erfüllt, dann ist die zweite ebenfalls nicht erfüllt, d. h. die Gleichgewichtslage ist labil. Wird die labile Gleichgewichtslage gestört durch eine Auslenkung δq_α, dann setzt selbsttätig eine Bewegung des Systems ein, die die Anfangsauslenkung vergrößert.

***Das Potential* $\Pi(q_1, q_2)$ *in der Umgebung einer Gleichgewichtslage* ($q_{10} - 0$, $q_{20} - 0$)**

Drei Fälle können unterschieden werden:

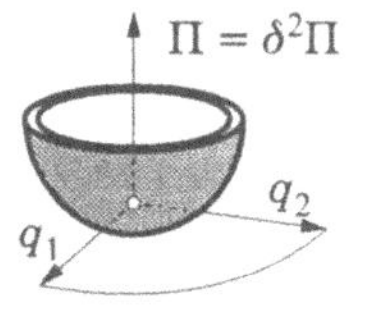

Gleichgewichtslage ist <u>stabil</u>

Positiv definites Potential

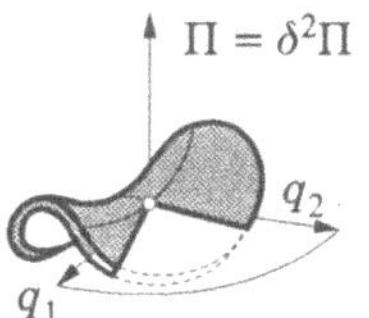

Gleichgewichtslage ist <u>labil</u>

Semidefinites Potential

$\Pi = \delta^2\Pi$
q_2
q_1

Gleichgewichtslage ist <u>labil</u>

Negativ definites Potential

1) Für jedes infinitesimale Paar $\delta q_1, \delta q_2 \neq 0$ gilt $\Pi > 0$ (Π ist positiv definit)

2) Für einige $\delta q_1, \delta q_2$ Paare ist $\Pi > 0$, für andere $\Pi < 0$, d. h. Π wird auch für einige $\delta q_1, \delta q_2 \neq 0$ selber gleich Null (semidefinites Potential)

3) Für alle $\delta q_1, \delta q_2 \neq 0$ Paare ist $\Pi < 0$. Negativ definites Potential.

10.1.2.3 Systeme mit drei Freiheitsgraden

Ein System, dessen Lage durch $q_1\, q_2\, q_3$ festgelegt werden kann, besitze in $q_{10}\, q_{20}\, q_{30}$ eine Gleichgewichtslage. Diese ist stabil, wenn für beliebige infinitesimale Wertetripel $\delta q_1\, \delta q_2\, \delta q_3$ gilt:

$$\delta^2\Pi = \frac{1}{2!}\Big\{\Pi_{11}(\delta q_1)^2 + 2\Pi_{12}\delta q_1\delta q_2 + 2\Pi_{13}\delta q_1\delta q_3 + \Pi_{22}(\delta q_2)^2 + 2\Pi_{23}\delta q_2\delta q_3 + \Pi_{33}(\delta q_3)^2\Big\} > 0$$

Auch hier kann $\delta^2\Pi$ als eine Summe von quadratischen Termen (die selbst Liniearausdrücke der δq_α sind) dargestellt werden, deren Koeffizienten die Stabilitätsbedingungen liefern. Den Nachweis führen wir jetzt aber anders als im sehr durchsichtigen Fall von zwei Freiheitsgraden – mit dem Vorteil der unmittelbaren Übertragbarkeit auf den allgemeinen Fall von n Freiheitsgraden: Jede Matrize $\underset{\sim}{\Pi}$ kann eindeutig als Produkt zweier Dreiecksmatrizen dargestellt werden (CHOLESKYzerlegung). $\underset{\sim}{\Pi} = \underset{\sim}{\Delta} \cdot \underset{\sim}{\nabla}$. In unserem Fall der symmetrischen Matrize Π ist $\underset{\sim}{\Delta}^T = \underset{\sim}{\nabla}$. Die Elemente von $\underset{\sim}{\Delta}$ lassen sich mit Hilfe des Determinantensatzes: $\det(\underset{\sim}{A}\,\underset{\sim}{B}) = \det\underset{\sim}{A}\cdot\det\underset{\sim}{B}$ einzeln bestimmen.

Zur Vereinfachung der Schreibweise führen wir Abkürzungen ein:

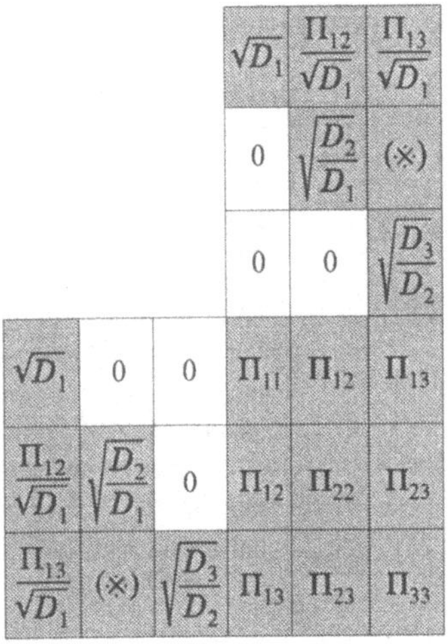

$$D_1 = \det\left\|\Pi_{11}\right\| \qquad D_2 = \det\begin{Vmatrix}\Pi_{11} & \Pi_{12}\\ \Pi_{12} & \Pi_{22}\end{Vmatrix}$$

$$D_3 = \det\begin{Vmatrix}\Pi_{11} & \Pi_{12} & \Pi_{13}\\ \Pi_{12} & \Pi_{22} & \Pi_{23}\\ \Pi_{13} & \Pi_{23} & \Pi_{33}\end{Vmatrix}$$

$$D_1 = \Pi_{11} = \begin{array}{c|c} & 1\\ \hline 1 & \bullet\end{array} \qquad D_2 = \begin{array}{c|cc} & 1 & 2\\ \hline 1 & \bullet & \bullet\\ 2 & \bullet & \bullet\end{array}$$

$$D_3 = \begin{array}{c|ccc} & 1 & 2 & 3\\ \hline 1 & \bullet & \bullet & \bullet\\ 2 & \bullet & \bullet & \bullet\\ 3 & \bullet & \bullet & \bullet\end{array}$$

Als erstes können die Diagonalelemente von $\underset{\sim}{\Delta}$ bzw. $\underset{\sim}{\nabla}$ bestimmt werden:

$$\sqrt{D_1}\,;\ \sqrt{D_2/D_1}\,,\ \sqrt{D_3/D_2} \qquad \text{bzw.}\quad D_1/\sqrt{D_1}\,,\ D_2/\sqrt{D_1D_2}\,,\ D_3/\sqrt{D_2D_3}\,.$$

Damit können dann die erste Zeile von $\boldsymbol{\triangle}$ bzw. die erste Spalte von $\boldsymbol{\triangledown}$ mit dem Determinantensatz ermittelt werden:

$$\Pi_{11}/\sqrt{D_1} \ , \ \Pi_{12}/\sqrt{D_2} \ , \ \Pi_{13}/\sqrt{D_1}$$

So bleibt nur noch das Element ($\divideontimes$) übrig zu bestimmen:

$$
\begin{array}{cccc}
 & & \sqrt{D_1} & \dfrac{\Pi_{13}}{\sqrt{D_1}} \\[1em]
 & & 0 & (\divideontimes) \\[1em]
\sqrt{D_1} & 0 & \Pi_{11} & \Pi_{13} \\[1em]
\dfrac{\Pi_{12}}{\sqrt{D_1}} & \sqrt{\dfrac{D_2}{D_1}} & \Pi_{12} & \Pi_{23}
\end{array}
$$

Aus $\quad \det\left\| \begin{array}{cc} \sqrt{D_1} & 0 \\ \Pi_{12}/\sqrt{D_1} & \sqrt{D_2}/D_1 \end{array} \right\| \cdot \det\left\| \begin{array}{cc} \sqrt{D_1} & \Pi_{13}/\sqrt{D_1} \\ 0 & (\divideontimes) \end{array} \right\| = \det\left\| \begin{array}{cc} \Pi_{11} & \Pi_{13} \\ \Pi_{12} & \Pi_{23} \end{array} \right\|$

folgt: $\quad \sqrt{D_1} \cdot \sqrt{D_2}/D_1 \cdot \sqrt{D_1} \cdot (\divideontimes) = \det\left\| \begin{array}{cc} \Pi_{11} & \Pi_{13} \\ \Pi_{12} & \Pi_{23} \end{array} \right\| = \begin{array}{c|cc} & 1 & 3 \\ \hline 1 & \bullet & \bullet \\ 2 & \bullet & \bullet \end{array} \ \Rightarrow \ (\divideontimes) = \dfrac{\begin{array}{c|cc} & 1 & 3 \\ \hline 1 & \bullet & \bullet \\ 2 & \bullet & \bullet \end{array}}{\sqrt{D_1} \cdot \sqrt{D_2}}.$

Damit sind alle Elemente von $\boldsymbol{\triangle}$ bestimmt und es ist wohl erkennbar geworden, wie die Dreieckzerlegung im allgemeinen Fall von n Freiheitsgraden durchzuführen sein würde.

Aufgrund der Dreieckszerlegung können wir jetzt schreiben:

$$2\delta^2\Pi = \delta q^{\mathrm{T}} \, \boldsymbol{\triangle} \, \boldsymbol{\triangledown} \, \delta q = \left(\boldsymbol{\triangledown}\, \delta q \right)^{\mathrm{T}} \cdot \left(\boldsymbol{\triangledown}\, \delta q \right) = \delta p^{\mathrm{T}} \delta p$$

$$= \frac{1}{D_1}\left(\Pi_{11}\delta q_1 + \Pi_{12}\delta q_2 + \Pi_{13}\delta q_3 \right)^2 + \frac{1}{D_1 D_2}\left(\begin{array}{c|cc} & 1 & 2 \\ \hline 1 & \bullet & \bullet \\ 2 & \bullet & \bullet \end{array}\, \delta q_2 + \begin{array}{c|cc} & 1 & 3 \\ \hline 1 & \bullet & \bullet \\ 2 & \bullet & \bullet \end{array}\, \delta q_3 \right)^2 + $$

$$+ \frac{1}{D_2\, D_3}\left(\begin{array}{c|ccc} & 1 & 2 & 3 \\ \hline 1 & \bullet & \bullet & \bullet \\ 2 & \bullet & \bullet & \bullet \\ 3 & \bullet & \bullet & \bullet \end{array}\, \delta q_3 \right)^2$$

150

Daraus ist abzulesen, daß

$$\left(\delta^2\Pi > 0\right) \iff (D_1 > 0)\wedge(D_2 > 0)\wedge(D_3 > 0)$$

Die Stabilität entscheiden also die Hauptabschnittsdeterminanten der $\underset{\sim}{\Pi}$ -Matrize:

Sind sie sämtlich größer als Null, dann ist die untersuchte Gleichgewichtslage stabil.

$$\begin{array}{|c|c|c|}\hline \Pi_{11} & \Pi_{12} & \Pi_{13} \\ \hline \Pi_{12} & \Pi_{22} & \Pi_{23} \\ \hline \Pi_{13} & \Pi_{23} & \Pi_{33} \\ \hline \end{array}$$

10.1.2.4 Systeme mit n Freiheitsgraden

Wiederholen wir schnell:

Ein Freiheitsgrad:
$$2\delta^2\Pi = \frac{1}{D_1}\left(\begin{array}{c|c} & 1 \\ \hline 1 & \bullet \end{array}\,\delta q_1\right)^2$$

Zwei Freiheitsgrade:
$$2\delta^2\Pi = \frac{1}{D_1}\left(\begin{array}{c|c}&1\\\hline 1&\bullet\end{array}\delta q_1 + \begin{array}{c|c}&2\\\hline 1&\bullet\end{array}\delta q_2\right)^2 + \frac{1}{D_1 D_2}\left(\begin{array}{c|cc}&1&2\\\hline 1&\bullet&\bullet\\2&\bullet&\bullet\end{array}\delta q_2\right)^2$$

Drei Freiheitsgrade:
$$2\delta^2\Pi = \frac{1}{D_1}\left(\begin{array}{c|c}&1\\\hline 1&\bullet\end{array}\delta q_1 + \begin{array}{c|c}&2\\\hline 1&\bullet\end{array}\delta q_2 + \begin{array}{c|c}&3\\\hline 1&\bullet\end{array}\delta q_3\right)^2 +$$

$$+ \frac{1}{D_1 D_2}\left(\begin{array}{c|cc}&1&2\\\hline 1&\bullet&\bullet\\2&\bullet&\bullet\end{array}\delta q_2 + \begin{array}{c|cc}&1&3\\\hline 1&\bullet&\bullet\\2&\bullet&\bullet\end{array}\delta q_3\right)^2 +$$

$$+ \frac{1}{D_1 D_2 D_3}\left(\begin{array}{c|ccc}&1&2&3\\\hline 1&\bullet&\bullet&\bullet\\2&\bullet&\bullet&\bullet\\3&\bullet&\bullet&\bullet\end{array}\delta q_3\right)^2$$

allgemein daher – n Freiheitsgrade:

$$2\delta^2\Pi = \frac{1}{D_1}\left(\left.\frac{1}{1\bullet}\right.\delta q_1 + \left.\frac{2}{1\bullet}\right.\delta q_2 + \left.\frac{3}{1\bullet}\right.\delta q_3 + \ldots\ldots \left.\frac{n}{1\bullet}\right.\cdot\delta q_n\right)^2 +$$

$$+ \frac{1}{D_1 D_2}\left(\begin{array}{c|cc} & 1 & 2 \\ \hline 1 & \bullet & \bullet \\ 2 & \bullet & \bullet \end{array}\,\delta q_2 + \begin{array}{c|cc} & 1 & 3 \\ \hline 1 & \bullet & \bullet \\ 2 & \bullet & \bullet \end{array}\,\delta q_3 + \ldots\ldots \begin{array}{c|cc} & 1 & n \\ \hline 1 & \bullet & \bullet \\ 2 & \bullet & \bullet \end{array}\,\delta q_n\right)^2 +$$

$$+ \frac{1}{D_2 D_3}\left(\begin{array}{c|ccc} & 1 & 2 & 3 \\ \hline 1 & \bullet & \bullet & \bullet \\ 2 & \bullet & \bullet & \bullet \\ 3 & \bullet & \bullet & \bullet \end{array}\,\delta q_3 + \ldots\ldots \begin{array}{c|ccc} & 1 & 2 & n \\ \hline 1 & \bullet & \bullet & \bullet \\ 2 & \bullet & \bullet & \bullet \\ 3 & \bullet & \bullet & \bullet \end{array}\,\delta q_n\right)^2 +$$

$$+ \frac{1}{D_3 D_4}\left(\begin{array}{c|cccc} & 1 & 2 & 3 & 4 \\ \hline 1 & \bullet & \bullet & \bullet & \bullet \\ 2 & \bullet & \bullet & \bullet & \bullet \\ 3 & \bullet & \bullet & \bullet & \bullet \\ 4 & \bullet & \bullet & \bullet & \bullet \end{array}\,\delta q_4 + \ldots\ldots\right)^2 + \frac{1}{D_{n-1} D_n}\left(\begin{array}{c|cccccc} & 1 & 2 & 3 & \ldots & n \\ \hline 1 & \bullet & \bullet & \bullet & \bullet & \bullet \\ 2 & \bullet & \bullet & \bullet & \bullet & \bullet \\ 3 & \bullet & \bullet & \bullet & \bullet & \bullet \\ \vdots & \bullet & \bullet & \bullet & \bullet & \bullet \\ n & \bullet & \bullet & \bullet & \bullet & \bullet \end{array}\,\delta q_n\right)^2$$

Die Gleichgewichtslage eines Systems mit n Freiheitsgraden ist stabil, wenn

$$D_1 = \begin{array}{c|c} & 1 \\ \hline 1 & \bullet \end{array} = \det\|\Pi_{11}\| = \Pi_{11} = \frac{\partial^2\Pi}{\partial q_1{}^2} > 0 \quad \text{und}$$

$$D_2 = \begin{array}{c|cc} & 1 & 2 \\ \hline 1 & \bullet & \bullet \\ 2 & \bullet & \bullet \end{array} = \det\left\|\begin{array}{cc} \Pi_{11} & \Pi_{12} \\ \Pi_{12} & \Pi_{22} \end{array}\right\| = \left(\Pi_{11}\Pi_{22} - \Pi_{12}^2\right) = \frac{\partial^2\Pi}{\partial q_1{}^2}\cdot\frac{\partial^2\Pi}{\partial q_2{}^2} - \left(\frac{\partial^2\Pi}{\partial q_1\partial q_2}\right)^2 > 0$$

$$D_3 = \begin{array}{c|ccc} & 1 & 2 & 3 \\ \hline 1 & \bullet & \bullet & \bullet \\ 2 & \bullet & \bullet & \bullet \\ 3 & \bullet & \bullet & \bullet \end{array} = \det\left\|\begin{array}{ccc} \Pi_{11} & \Pi_{12} & \Pi_{13} \\ \Pi_{12} & \Pi_{22} & \Pi_{23} \\ \Pi_{13} & \Pi_{23} & \Pi_{33} \end{array}\right\| =$$

$$= \Pi_{11}\Pi_{12}\Pi_{13} + 2\Pi_{12}\Pi_{23}\Pi_{13} - \Pi_{13}^2\Pi_{22} - \Pi_{23}^2\Pi_{11} - \Pi_{12}^2\Pi_{33} =$$

$$= \frac{\partial^2\Pi}{\partial q_1{}^2}\cdot\frac{\partial^2\Pi}{\partial q_2{}^2}\cdot\frac{\partial^2\Pi}{\partial q_3{}^2} + 2\frac{\partial^2\Pi}{\partial q_1\partial q_2}\cdot\frac{\partial^2\Pi}{\partial q_2\partial q_3}\cdot\frac{\partial^2\Pi}{\partial q_1\partial q_3} -$$

$$- \left(\frac{\partial^2\Pi}{\partial q_1\partial q_2}\right)^2\frac{\partial^2\Pi}{\partial q_3{}^2} - \left(\frac{\partial^2\Pi}{\partial q_2\partial q_3}\right)^2\frac{\partial^2\Pi}{\partial q_1{}^2} - \left(\frac{\partial^2\Pi}{\partial q_1\partial q_3}\right)^2\frac{\partial^2\Pi}{\partial q_3{}^2} > 0$$

$$D_4 = \begin{array}{c|cccc} & 1 & 2 & 3 & 4 \\ \hline 1 & \bullet & \bullet & \bullet & \bullet \\ 2 & \bullet & \bullet & \bullet & \bullet \\ 3 & \bullet & \bullet & \bullet & \bullet \\ 4 & \bullet & \bullet & \bullet & \bullet \end{array} > 0$$

$$D_n = \begin{array}{c|ccccc} & 1 & 2 & 3 & \ldots & n \\ \hline 1 & \bullet & \bullet & \bullet & \bullet & \bullet \\ 2 & \bullet & \bullet & \bullet & \bullet & \bullet \\ 3 & \bullet & \bullet & \bullet & \bullet & \bullet \\ \vdots & \bullet & \bullet & \bullet & \bullet & \bullet \\ n & \bullet & \bullet & \bullet & \bullet & \bullet \end{array} > 0$$

$$\Rightarrow \qquad \boxed{\;\delta^2 \Pi(q_1, q_2, \ldots, q_n) > 0 \quad \Longleftrightarrow \quad (D_1 > 0) \wedge (D_2 > 0) \wedge \ldots (D_n > 0)\;}$$

10.2 Mathematik Minimum

10.2.1 Trigonometrie

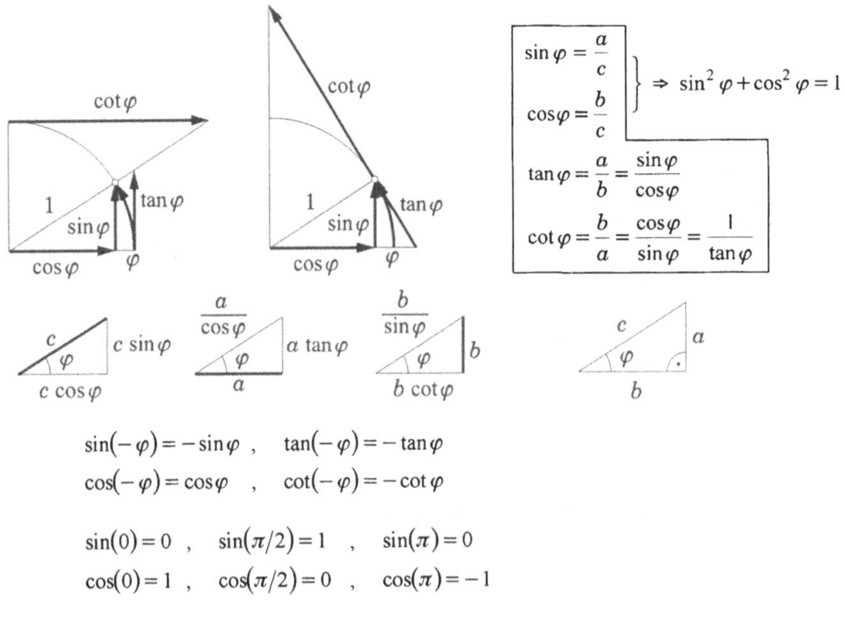

$$\left. \begin{array}{l} \sin\varphi = \dfrac{a}{c} \\[2mm] \cos\varphi = \dfrac{b}{c} \end{array} \right\} \Rightarrow \sin^2\varphi + \cos^2\varphi = 1$$

$$\tan\varphi = \frac{a}{b} = \frac{\sin\varphi}{\cos\varphi}$$

$$\cot\varphi = \frac{b}{a} = \frac{\cos\varphi}{\sin\varphi} = \frac{1}{\tan\varphi}$$

$$\sin(-\varphi) = -\sin\varphi \;, \quad \tan(-\varphi) = -\tan\varphi$$
$$\cos(-\varphi) = \cos\varphi \;, \quad \cot(-\varphi) = -\cot\varphi$$

$$\sin(0) = 0 \;, \quad \sin(\pi/2) = 1 \;, \quad \sin(\pi) = 0$$
$$\cos(0) = 1 \;, \quad \cos(\pi/2) = 0 \;, \quad \cos(\pi) = -1$$

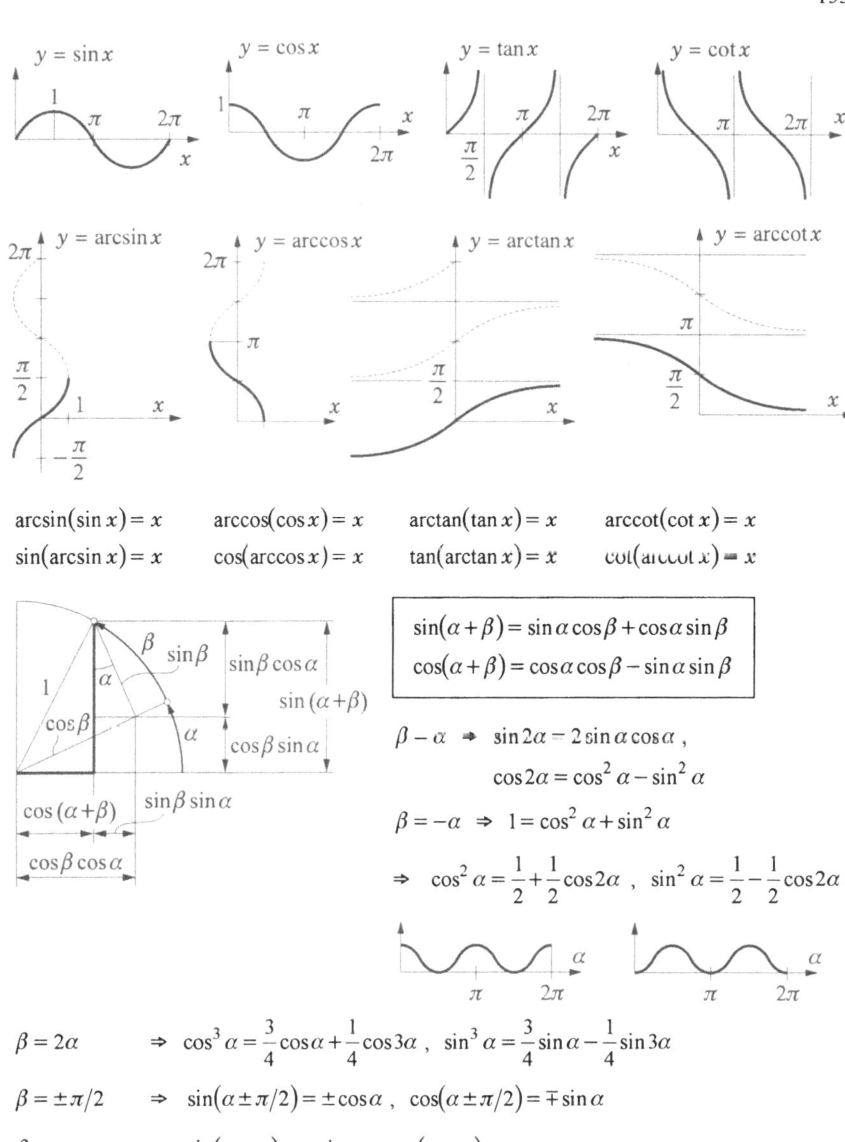

$$\arcsin(\sin x) = x \qquad \arccos(\cos x) = x \qquad \arctan(\tan x) = x \qquad \operatorname{arccot}(\cot x) = x$$
$$\sin(\arcsin x) = x \qquad \cos(\arccos x) = x \qquad \tan(\arctan x) = x \qquad \cot(\operatorname{arccot} x) = x$$

$$\boxed{\begin{aligned} \sin(\alpha+\beta) &= \sin\alpha\cos\beta + \cos\alpha\sin\beta \\ \cos(\alpha+\beta) &= \cos\alpha\cos\beta - \sin\alpha\sin\beta \end{aligned}}$$

$$\beta = \alpha \;\Rightarrow\; \sin 2\alpha = 2\sin\alpha\cos\alpha \,, $$
$$\cos 2\alpha = \cos^2\alpha - \sin^2\alpha$$

$$\beta = -\alpha \;\Rightarrow\; 1 = \cos^2\alpha + \sin^2\alpha$$

$$\Rightarrow\; \cos^2\alpha = \frac{1}{2} + \frac{1}{2}\cos 2\alpha \,, \quad \sin^2\alpha = \frac{1}{2} - \frac{1}{2}\cos 2\alpha$$

$$\beta = 2\alpha \qquad \Rightarrow\; \cos^3\alpha = \frac{3}{4}\cos\alpha + \frac{1}{4}\cos 3\alpha \,, \quad \sin^3\alpha = \frac{3}{4}\sin\alpha - \frac{1}{4}\sin 3\alpha$$

$$\beta = \pm\pi/2 \qquad \Rightarrow\; \sin(\alpha\pm\pi/2) = \pm\cos\alpha \,, \quad \cos(\alpha\pm\pi/2) = \mp\sin\alpha$$

$$\beta = \pm\pi \qquad \Rightarrow\; \sin(\alpha\pm\pi) = -\sin\alpha \,, \quad \cos(\alpha\pm\pi) = -\cos\alpha$$

$$\beta = \pm 2\pi \qquad \Rightarrow\; \sin(\alpha\pm 2\pi) = \sin\alpha \,, \quad \cos(\alpha\pm 2\pi) = \cos\alpha$$

154

10.2.2 Reihen

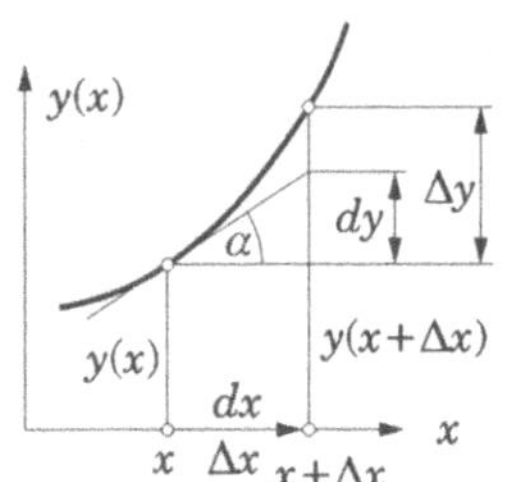

Ableitung von $y(x)$:

$$y'(x) = \frac{dy}{dx} = \lim_{\Delta x \to 0} \frac{y(x+\Delta x) - y(x)}{\Delta x} = \tan \alpha$$

<u>Taylor-Reihe</u> mit $n! = (1 \cdot 2 \cdot 3 \ldots n)$, $0 \le \Theta \le 1$

$$y(x+\Delta x) = y(x) + \frac{\Delta x}{1!} y'(x) + \frac{(\Delta x)^2}{2!} y''(x) \ldots \frac{(\Delta x)^n}{n!} y^{(n)}(x + \Theta \cdot \Delta x)$$

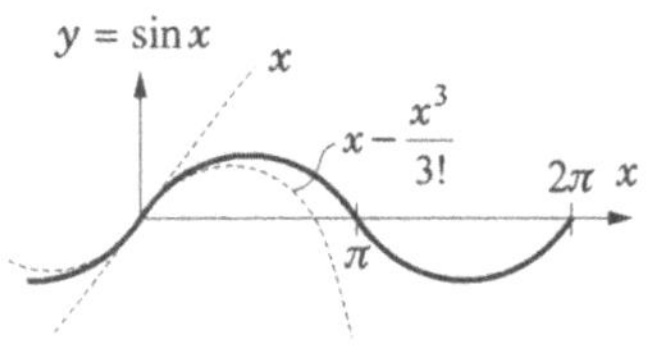

$$y(x) = \sin x = x - \frac{x^3}{3!} + \frac{x^5}{5!} - \frac{x^4}{7!} + \ldots\ldots$$

für $\quad x \ll 1 \quad \Rightarrow \quad \sin x \approx x$

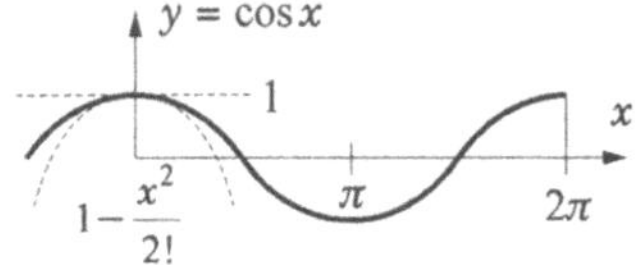

$$y(x) = \cos x = 1 - \frac{x^2}{2!} + \frac{x^4}{4!} - \frac{x^6}{6!} + \ldots\ldots$$

für $\quad x \ll 1 \quad \Rightarrow \quad \cos x \approx 1$

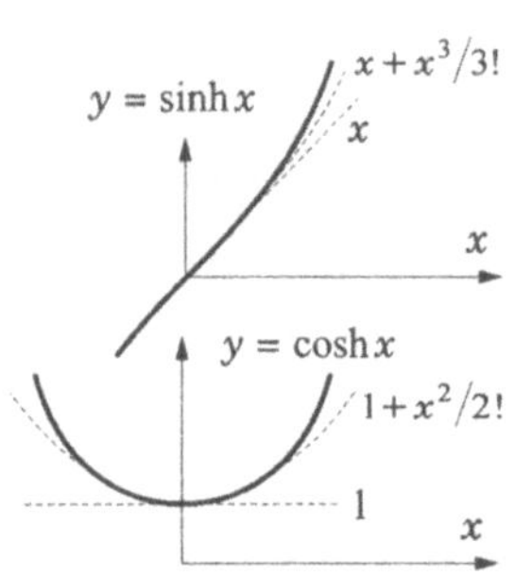

$$y(x) = \sinh x = x + \frac{x^3}{3!} + \frac{x^5}{5!} + \frac{x^7}{7!} + \ldots\ldots$$

für $\quad x \ll 1 \quad \Rightarrow \quad \sinh x \approx x$

$$y(x) = \cosh x = 1 + \frac{x^2}{2!} + \frac{x^4}{4!} + \frac{x^6}{6!} + \ldots\ldots$$

für $\quad x \ll 1 \quad \Rightarrow \quad \cosh x \approx 1$

Setzt man anstelle von $x \to ix$ mit $i = \sqrt{-1}$, so erhält man:

$$\sin(ix) = i \sinh x \quad , \quad \cos(ix) = \cosh x$$
$$\sinh(ix) = i \sin x \quad , \quad \cosh(ix) = \cos x$$

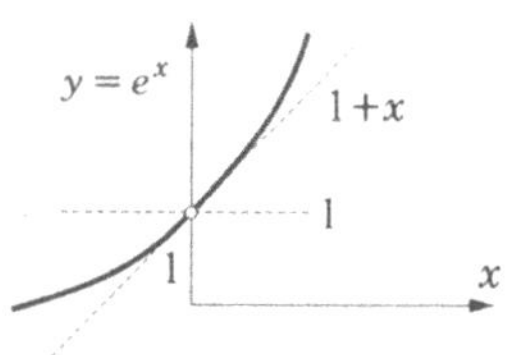

$$y(x) = e^x = 1 + x + \frac{x^2}{2!} + \frac{x^3}{3!} + \frac{x^4}{4!} + \frac{x^5}{5!} + \ldots\ldots$$

für $\qquad x \ll 1 \quad \Rightarrow \quad e^x \approx 1 + x$

Offensichtlich gilt: $\qquad e^x = \cosh x + \sinh x$

Ersetzt man x durch ix, so erhält man daraus die EULER-MOIVREsche Formel:

$$e^{ix} = \cos x + i \sin x$$

$$y(x) = (1+x)^n \quad \text{mit} \quad \binom{n}{1} = n \, , \quad \binom{n}{2} = \frac{n(n-1)}{1 \cdot 2} \quad \text{usw.}$$

$$(1+x)^n = 1 + \binom{n}{1}x + \binom{n}{2}x^2 + \binom{n}{3}x^3 + \binom{n}{4}x^4 + \ldots\ldots$$

für $\qquad x \ll 1 \quad \Rightarrow \quad (1+x)^n \approx 1 + nx$

Diese Binominal-Reihe ist für positive ganze Zahlen n endlich – andernfalls eine unendliche Reihe, die nur für $|x| < 1$ konvergiert.

10.2.3 Differenzieren

Aus der Definition: $\quad y'(x) = \dfrac{dy(x)}{dx} = \lim\limits_{\Delta x \to 0} \dfrac{y(x + \Delta x) - y(x)}{\Delta x} \quad$ ergeben sich die folgenden sechs <u>Ableitungsregeln</u>

$$\left[\lambda u(x)\right]' = \lambda u'(x) \qquad\qquad\qquad \left[u(x) + v(x)\right]' = u'(x) + v'(x)$$

$$\left[u(x) \cdot v(x)\right]' = u'(x) \cdot v(x) + u(x) \cdot v'(x) \qquad \left[\frac{u(x)}{v(x)}\right]' = \frac{v(x) \cdot u'(x) - u(x) \cdot v'(x)}{v(x)^2}$$

$$\left[u(v(x))\right]' = \frac{du}{dv} v'(x) \qquad\qquad\qquad \frac{dy}{dx} = \frac{1}{\dfrac{dx}{dy}}$$

Ableitungen der elementaren Funktionen

$$(\sin x)' = \cos x \qquad (\cos x)' = -\sin x$$

$$(\tan x)' = \left(\frac{\sin x}{\cos x}\right)' = \frac{\cos x \cos x - \sin x(-\sin x)}{\cos^2 x} = \frac{1}{\cos^2 x}$$

$$(\cot x)' = \left(\frac{\cos x}{\sin x}\right)' = \frac{\sin x(-\sin x) - \cos x \cos x}{\sin^2 x} = -\frac{1}{\sin^2 x}$$

$$y = \arcsin x \;\Rightarrow\; x = \sin y \;\Rightarrow\; \frac{dx}{dy} = \cos y = \sqrt{1-x^2} \;\Rightarrow\; (\arcsin x)' = \frac{1}{\sqrt{1-x^2}}$$

$$y = \arccos x \;\Rightarrow\; x = \cos y \;\Rightarrow\; \frac{dx}{dy} = -\sin y = -\sqrt{1-x^2} \;\Rightarrow\; (\arccos x)' = -\frac{1}{\sqrt{1-x^2}}$$

$$y = \arctan x \;\Rightarrow\; x = \tan y \;\Rightarrow\; \frac{dx}{dy} = \frac{1}{\cos^2 y} = (1+x^2) \;\Rightarrow\; (\arctan x)' = \frac{1}{1+x^2}$$

$$y = \operatorname{arccot} x \;\Rightarrow\; x = \cot y \;\Rightarrow\; \frac{dx}{dy} = -\frac{1}{\sin^2 y} = -(1+x^2) \;\Rightarrow\; (\operatorname{arccot} x)' = -\frac{1}{1+x^2}$$

Ersetzt man in $\cos^2 x + \sin^2 x = 1$ $\;x\;$ durch ix, so erhält man mit $\cos ix = \cosh x$ und $\sin ix / i = \sinh x$

$$\cosh^2 x - \sinh^2 x = 1.$$

Für die Ableitungen der hyperbolischen Funktionen ergibt sich damit auf gleichem Wege wie oben:

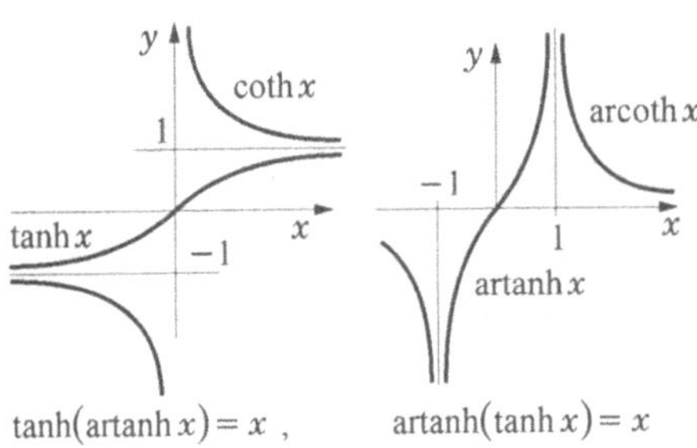

$$\tanh(\operatorname{artanh} x) = x\,, \qquad \operatorname{artanh}(\tanh x) = x$$

$$(\sinh x)' = \left(\frac{\sin ix}{i}\right)' = \frac{i \cos ix}{i} = \cosh x\,, \qquad (\cosh x)' = \sinh x\,,$$

$$(\tanh x)' = \frac{1}{\cosh^2 x}\,, \qquad\qquad (\coth x)' = -\frac{1}{\sinh^2 x}$$

$$(\operatorname{arsinh} x)' = \frac{1}{\sqrt{x^2+1}}\,, \qquad\qquad (\operatorname{arcosh} x)' = \frac{1}{\sqrt{x^2-1}}$$

$$(\operatorname{artanh} x)' = \frac{1}{1-x^2}\,,\; |x|<1\;;\quad (\operatorname{arcoth} x)' = \frac{1}{1-x^2}\,,\; |x|>1$$

$$\left(e^x\right)' = \left(\cosh x + \sinh x\right)' = \left(\sinh x + \cosh x\right)$$

$$\left(e^x\right)' = e^x \quad , \quad \left(a^x\right)' = \left(e^{x\ln a}\right)' = \ln a \cdot a^x$$

$$y = \ln x \;\Rightarrow\; x = e^y \;\Rightarrow\; \frac{dx}{dy} = e^y = x \;\Rightarrow$$

$$(\ln x)' = \frac{1}{x}$$

$$y = x^n \;\Rightarrow\; \left(x^n\right)' = n \cdot x^{n-1} \quad \text{für alle Exponenten } n \quad \text{z. B.:} \quad \left[x^{(\pi+3)}\right]' = (\pi+3)\cdot x^{(\pi+2)}$$

10.2.4 Integration

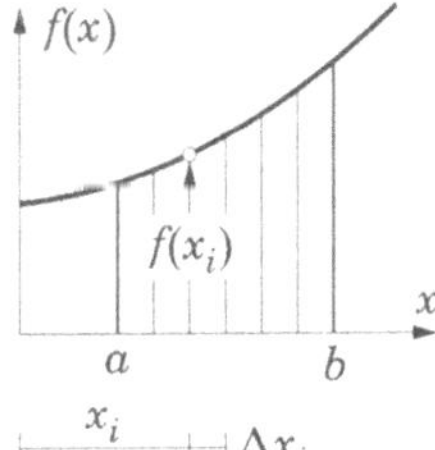

Das bestimmte Integral der Funktion $f(x)$ in den Grenzen von $x = a$ bis $x = b$ ist definiert durch

$$F = \int_a^b f(x)\,dx = \lim_{n\to\infty} \sum_1^n f(x_i)\Delta x_i$$

F ist gleich der Fläche, die die Ordinate f bei der Bewegung von $x = a$ bis $x = b$ überstreicht. Die „Integration" ist die der Differentiation entgegengesetzte Operation, denn es gilt:

$$F(x) = \int_a^x f(\xi)\,d\xi \;\Rightarrow\; \frac{dF(x)}{dx} = F'(x) = f(x)$$

$F(x)$ heißt das unbestimmte Integral der Funktion $f(x)$.

Die Gleichung $F'(x) = f(x)$ erfüllen neben

$$F(x) = \int_a^x f(\xi)\,d\xi \quad \text{auch alle Funktionen} \quad \int_a^x f(\xi)\,d\xi + C\,.$$

Diese Funktionen heißen die *Stammfuktionen* von $f(x)$. Für diese Stammfunktionen schreibt man formal ohne Integrationsgrenzen verkürzt:

$$F(x) = \int f(x)\,dx + C$$

Mit $x = b$ wird $F(b) = \int_a^b f(\xi)\,d\xi + C$ und mit $x = a \;\Rightarrow\; F(a) = \int_a^a f(\xi)\,d\xi + C = C$

Daraus erhält man den Hauptsatz der Integralrechnung:

$$F = \int_a^b f(\xi)\,d\xi = F(b) - F(a)$$

Integrationsregeln

$$\int (\lambda u(x))dx = \lambda \int u(x)dx \qquad\qquad \int [u(x)+v(x)]dx = \int u(x)dx + \int v(x)dx$$

$$\int u(x)v'(x)dx = u(x)v(x) - \int u'(x)v(x)dx \qquad \int f(u)u'(x)dx = \int f(u)du = F(u(x))$$

Aus den Ableitungen der elementaren Funktionen folgen (ohne C):

$$\int \cos x\,dx = \sin x \qquad\qquad \int \frac{1}{\cos^2 x}dx = \tan x$$

$$\int \frac{1}{\sqrt{1-x^2}}dx = \arcsin x \qquad\qquad \int \frac{1}{1+x^2}dx = \arctan x$$

$$\int \sin x\,dx = -\cos x \qquad\qquad \int \frac{1}{\sin^2 x}dx = -\cot x$$

$$\int \frac{1}{\sqrt{1-x^2}}dx = -\arccos x \qquad\qquad \int \frac{1}{1+x^2}dx = -\text{arccot}\,x$$

$$\int \cosh x\,dx = \sinh x \qquad\qquad \int \frac{1}{\cosh^2 x}dx = \tanh x$$

$$\int \frac{1}{\sqrt{1+x^2}}dx = \text{arsinh}\,x \qquad\qquad \int \frac{1}{1-x^2}dx = \text{artanh}\,x \qquad |x|<1$$

$$\int \sinh x\,dx = \cosh x \qquad\qquad \int \frac{1}{\sinh^2 x}dx = -\coth x$$

$$\int \frac{1}{\sqrt{x^2-1}}dx = \text{arcosh}\,x \qquad\qquad \int \frac{1}{1-x^2}dx = \text{arcoth}\,x \qquad |x|>1$$

$$\int e^x dx = e^x \qquad\qquad \int x^n dx = \frac{x^{n+1}}{n+1} \qquad (n \neq -1)$$

<u>*Beispiele*</u>

$$\int \sin(\lambda x)dx = \int \sin u \frac{du}{\lambda} = -\frac{1}{\lambda}\cos \lambda x$$

$$\int \tan x\,dx = \int \frac{\sin x\,dx}{\cos x} = -\int \frac{d(\cos x)}{\cos x} = -\ln(\cos x)$$

$$\int \frac{dx}{\sin x} = \int \frac{d(2u)}{\sin 2u} = \int \frac{du}{\sin u \cos u} = \int \frac{1}{\tan u}\cdot\frac{1}{\cos^2 u}du = \int \frac{d(\tan u)}{\tan u} = \ln \tan u = \ln \tan\left(\frac{x}{2}\right)$$

$$\int \ln x\,dx = \int 1 \cdot \ln x\,dx = x\ln x - \int x\frac{1}{x}dx = x(\ln x - 1)$$
$$\underset{x\quad 1/x}{\uparrow\quad\downarrow}$$

$$\int \frac{1}{\sqrt{1-x^2}}dx = \int \frac{1}{\sqrt{1-(\cos u)^2}}d(\cos u) = \int -\frac{\sin u\,du}{\sin u} = -u = -\arccos x$$

Stichwortverzeichnis

A

Ableitungen der elementaren Funktionen 156
actio = reactio 9
Addition zweier Vektoren 2
Aktionskräfte 131
analytische Statik 141
angelehnte Leiter 72
Angriffspunkt der Einzelkraft 6
Anheben einer schweren Kette, Beispiel zur
    Reibung 75
äquivalent 7
Äquivalenz 139
Arbeit einer Kraft 128
äußere Belastung 48
äußerer Antrieb 101
äußeres Produkt zweier Vektoren 3
Axiome
    Axiome der Statik 6
    Befreiungsaxiom 9
    Entfernen einer Zweikräfte-
        Gleichgewichtsgruppe 7
    Erstarrungsaxiom 9
    Hinzufügen einer Zweikräfte-
        Gleichgewichtsgruppe 7
    Parallelogrammaxiom 8
    Trägheitsaxiom 7
    Wechselwirkung der Kräfte 9
    Zwei-Kräfte-Gleichgewichtsaxiom 7

B

Balken 47
    Ableitungsformeln 55
    äußere Belastung 48
    Biegemomente, Querkräfte 52
    gerader Balken 47; 50
    Gerberträger 56
    Gleichgewichtsbedingungen 47
    Kennfaser 48
    Kreisbogenbalken 50
    Lageplan 52
    Lastgrößen 49
    Momentensprünge 53
    Normalkraft 48
    Polpunkt 52
    Querkraft 48

Radstand bei Eisenbahnlastwaggons 56
    Schlußlinie 52
    Schnittgrößen 48; 49
    Schnittufer 48
    Seileckmethode 51
    Seilstrahlen 52
    verteilte Lasten 54
    Vorzeichenfestlegung 48
Bandbremse 84
Basisvektoren 2
Befestigungsschrauben 78
Befreiungsaxiom 9
Begriff der Arbeit einer Kraft 128
Bewegungsschrauben 78
Biegebeanspruchung 47
Biegemomente am Balken 52
Bindungen 10

C

Choleskyzerlegung 148
Cosinushyperbolicusfläche 39
Cosinushyperbolicus-Linie
    Linienschwerpunkt 33
Coulombsche Grenzreibungskraft 131
Coulombscher Haftreibungskoeffizient 69
Coulombscher Haftreibungswinkel 69
Coulombscher Reibungsansatz 69
Cremona-Kraftplan 44
Cremonaplan 45
Culmann-Geraden 15
Culmannsche Methode 15
Cykloidenfläche 38

D

Dampfwalze 89
Dezimalwaage 134
Differential-Flaschenzug 98
Differentialgleichung, Seilstatik 59
Differenzieren 155
Distributionsgesetz 4
Drehmoment eines Kraftpaares 13
Drehsinn 12
drei Kräfte am starren Körper 14
Dreiecksfläche 35
Dreiecksmatrizen 148

Dreigelenkbogen 21
   kritischer Fall 24
   Sonderfälle, kritische Lagerungen 23
   symmetrischer.................................23
Dreistäbeschnitt (Ritterschnitt) 45
Drillbeanspruchung................................47
Druckbeanspruchung...............................47
Dyade................................... 107; 108
Dyname....................................108

E

ebene Fachwerke 40
ebenes Kraftbüschel..............................11
ebenes Kraftsystem...............................11
Eigenschaften des Kraftpaares.....................103
eingeprägte Kräfte..............................131
Einzelkräfte......................................6
   Angriffspunkt, Wirkungslinie, Intensität.........6
elastisches Stabwerk 46
elementare Funktionen, Ableitungen 156
Ersatzgelenke...................................24
Erstarrungsaxiom..................................9
erste GULDINsche Regel 34
Evolvente der Kettenlinie 64

F

Fachwerke.....................................40
   infinitesimal bewegliche 41; 43
   Knotengleichgewichtsbedingungen...............42
   kritischer Fall 41; 43
   statisch bestimmte..........................40
   statisch unbestimmte.........................40
Fahrrad, Beispiel zur Reibung 73
Falltüre.......................................125
Fernkräfte......................................9
feste Rolle 90
feste Rolle, reibungsbehaftete 91
feste Rolle, reibungsfreie 90
Flächenbindung.................................10
Flächenschwerpunkt
   Cosinushyperbolicusfläche.....................39
   Cykloidenfläche.............................38
   Dreiecksfläche..............................35
   Kreisabschnittschwerpunkt 36
   Kreissektor................................36
   Parabelfläche...............................37
   Trapezfläche...............................36
   Viereckfläche..............................36
Flachgewinde 78
Flaschenzug 96
Formeln der Seilstatik 60
Freiheitsgrade
   Systeme mit drei Freiheitsgraden 148
   Systeme mit einem Freiheitsgrad 144
   Systeme mit n Freiheitsgraden 150
   Systeme mit zwei Freiheitsgraden 146
Freiheitsgrade eines Systems......................128
Funktionen, Ableitungen 156

G

Gelenkkette 58
gemischte Reibung...............................71
geometrische Bindungen..........................9; 10
gerader Balken 50
Gerberträger....................................56
Gesamtschwerpunkt aus Teilschwerpunkten 35
Gleichgewichtsbedingungen 14
   am unverformten Balken.......................47
   analytische Formulierung......................21
   Gleichwertigkeit............................137
   Raumkraftsystem, starrer Körper...............111
Gleichgewichtsform, Gleichung der schweren
   Kette.....................................59
Gleichgewichtslage, Stabilität.....................143
Gleichwertigkeit................................137
Gleitreibungskraft................................70
Grenztangentialkraft..............................69

H

Haftbedingung..................................79
Haftreibungskraft................................69
Haltekraft 84
Haltemoment...................................79
Hebelgesetz....................................132
Hinzufügen einer Zweikräfte-
   Gleichgewichtsgruppe 7
homogener Kegel...............................117
homogener Rotationsvollkörper 118
homogenes Prisma..............................116
homogenes Tetraeder............................116
Hubkraft 84
Hubmoment...................................78
Hundekurve...................................64

I

ideale Bindung 10
Indizesschreibweise 1; 2
infinitesimal beweglich...........................122
infinitesimal bewegliche, Fachwerke............41; 43
infinitesimale Knotenverschiebungen 43
infinitesimale Verschiebungen.....................130
inneres Antriebs- bzw. Bremsmoment...............99
inneres Produkt zweier Vektoren 2
Integration....................................157
Integrationsregeln...............................158
Intensität der Einzelkraft 6
Invarianten des Raumkraftsystems.................110

K

kartesische Vektorbasis ... 1
Kennfaser ... 48
Kettenlinie ... 58
Knotengleichgewichtsbedingungen ... 42
Knotenverschiebungen, infinitesimale ... 43
Kraftmaßstab ... 52
Kraftpaar ... 12
   Betrag der Kraft ... 12
   Drehmoment ... 13
   Eigenschaften ... 103
   Moment des Kraftpaares ... 12
   Momentenvektor ... 106
   Öffnung des Kraftpaares ... 12
   Vektor eines Kraftpaares ... 106
   Zusammensetzung zweier Kraftpaare
      in der gleichen Ebene ... 104
      in verschiedenen Ebenen ... 105
Kraftplan, reziproker ... 45
Kraftschraube ... 108
Kraftsschraube des Raumkraftsystems ... 109
Kraftsysteme ... 10
   ebenes Kraftsystem ... 11
      ebenes Kraftbüschel ... 11
      Parallelkraftsystem ... 11
      Raumkraftsystem ... 11
Kreisabschnittschwerpunkt ... 36
Kreisbogen
   Linienschwerpunkt ... 30
   symmetrischer Dreigelenkbogen ... 31
Kreisbogenbalken ... 50
Kreissäge ... 87
Kreissektor ... 36
Kreuzprodukt zweier Vektoren ... 3
kritischer Lagerungsfall ... 17; 122
Kronecker-Delta ... 2
Kugeloberfläche ... 34
Kugelsektor ... 119
Kugelvolumen ... 39

L

Lageplan ... 52
Lagerreibung, trockene ... 90
Längenmaßstab ... 52
Laplace-Transformation ... 83
Lastgrößen ... 49
Linienbindung ... 10
Linienschwerpunkt ... 30
   aus Teilschwerpunkten ... 33
   Cosinushyperbolicus-Linie ... 33
   gerade Linie ... 30
   Kreisbogen ... 30
      symmetrischer Dreigelenkbogen ... 31
   Parabelbogen ... 32
   Zykloidenbogen ... 31

Linksschraube ... 78
lose Rolle ... 94
lose Rolle, reibungsbehaftete ... 95
lose Rolle, reibungsfreie ... 94

M

Massenmittelpunkt ... 28; 114
Massenzentrum ... 26; 28; 114
   homogener Kegel ... 117
   homogener Rotationsvollkörper ... 118
   homogenes Prisma ... 116
   homogenes Tetraeder ... 116
   Kugelsektor ... 119
   Rotationsschalen ... 118
   Zykloide ... 119
Mathematik Minimum ... 152
Matrizendifferentialgleichung ... 49
Matrizenprodukt ... 3
Mittelpunkt
   eines ebenen Kraftsystems ... 26
   rechnerische Ermittlung ... 27
   zeichnerische Ermittlung ... 26
Mittelpunkt des Parallelkraftsystems ... 112
mögliche infinitesimale Verschiebungen ... 130
Moment
   des Kraftpaares ... 12
   einer Einzelkraft ... 13
   rechnerische Bestimmung ... 13
Momentensprünge ... 53
Momentenvektor ... 106
Motor ... 108
Multiplikation eines Vektors mit einem Skalar ... 2

N

Näherungswert ... 30
negative Gewichte ... 36
Newtonsches Näherungsverfahren ... 62
nicht ideale Bindung ... 10
nichtparallele Wirkungsebenen ... 105
Normalkraft ... 48
numerische Lösung der Seildreiecksformel ... 61
Nürnberger Schere ... 133

P

Parabelbogen
   Linienschwerpunkt ... 32
Parabelfläche ... 37
parallele Ebenen ... 105
Parallelkraftsystem ... 11; 27
Parallelogrammaxiom ... 8
Permutationssymbol ... 4
Polpunkt ... 52
positiv definite Matrizen ... 144

Potential der Kräfte 141
Prinzip der virtuellen Verschiebungen 128
Pseudosphäre 64

Q

Quasiaktionskräfte 131
Querkraft 48
Querkräfte am Balken 52

R

Radstand bei Eisenbahnlastwaggons 56
Raumkraftsystem 11; 103
   Dyade 107
   Dyname 108
   Eigenschaften des Kraftpaares 103
   Falltüre 125
   Gleichgewichtsbedingungen, starrer
      Körper 111
   homogener Kegel 117
   homogener Rotationsvollkörper 118
   homogenes Prisma 116
   homogenes Tetraeder 116
   infinitesimal beweglich 122
   infinitesimale Verlagerung,
      Punktverlagerungen 123
   Invarianten 110
   Kraftschraube 108
   kritischer Lagerungsfall 122
   Kugelsektor 119
   Massenmittelpunkt 114
   Massenzentrum 114
   Mittelpunkt des Parallelkraftsystems 112
   Motor 108
   Reduktion 107
   Rotationsschalen 118
   Schwerpunkt 114
   Sonderfall des ebenen Kraftsystems 110
   statisch bestimmte Lagerung, starrer
      Körper 120
   wackelig 122
   Zentralachse 108
   Zusammensetzung zweier Kraftpaare
      in der gleichen Ebene 104
      in verschiedenen Ebenen 105
   Zykloide 119
Raumprodukt 5
Reaktionskräfte 131
Reaktionskräfte, Bestimmung mit $\delta W = 0$ 140
Rechtsschraube 78
Reduktion 11
Reduktion des Raumkraftsystems 107
Reibung 68
   angelehnte Leiter 72
   Anheben einer schweren Kette 75
   Befestigungsschrauben 78

Bewegungsschrauben 78
Coulombscher Haftreibungskoeffizient 69
Coulombscher Haftreibungswinkel 69
Coulombscher Reibungsansatz 69
Fahrrad 73
Flachgewinde 78
Flaschenzug 96
gemischte Reibung 71
Gleitreibungskraft 70
Grenztangentialkraft 69
Haftreibungskraft 69
Laplace-Transformation 83
Linksschraube 78
Rechtsschraube 78
Rollreibung 99
Schleppen auf der schiefen Ebene 76
Schmiermittelreibung 70
Schraube 77
Seilreibung 81
   Bandbremse 84
   Haltekraft 84
   Hubkraft 84
   Riementrieb 85
Spielzeugauto 74
Spurzapfenreibung 86
   Dampfwalze 89
   Kreissäge 87
   Schleifscheibe 88
Steigeisen 75
Stromzuführungskabel 76
Trapezgewinde 78
trockene Lagerreibung 90
trockene Reibung 70; 71
vollkommen elastisches Band 92
vollkommen plastisches Band 94
reibungsbehaftete feste Rolle 91
reibungsbehaftete lose Rolle 95
reibungsfreie feste Rolle 90
reibungsfreie lose Rolle 94
Reibungskegel 71
Reibungskreis 91
Reihen 154
Reihenentwicklung des Potentials 142
Resubstitutionsmethode 62
Resultierende des Kraftsystems 19
reziproker Kraftplan 45
Riementrieb 85
Ritterschnitt 45
Robervalsche Waage 132
Rolle, feste 90
Rolle, lose 94
Rollreibung 99
   Transport auf Rädern
      äußerer Antrieb 101
      inneres Antriebs- bzw. Bremsmoment 99
Rotationsschalen 118

S

Satz von Varignon 13
Schalen 47
Scheibe auf drei Pendelstützen 16
Scherbeanspruchung 47
Schleifscheibe 88
Schleppen auf der schiefen Ebene, Beispiel
   zur Reibung 76
Schleppkurve 64
Schlußlinie 52
Schmiermittlereibung 70
Schnittgrößen 47; 48
   Ermittlung 51
   zeichnerische Ermittlung 54
   Zusammenhang mit Lastgrößen 49
Schnittufer 48
Schraube 77
   Flachgewinde 78
   Haftbedingung 79
   Haltemoment 79
   Hubmoment 78
   Schraubenwirkungsgrad 79
   Selbsthemmung 79
   Selbsthemmungsgrenze 80
   Spitzgewinde 80
   Trapezgewinde 80
Schraube mit Flachgewinde 78
Schraubenwirkungsgrad 79
Schubbeanspruchung 47
Schwerpunkt 26, 114
   Flächenschwerpunkt 35
   Linienschwerpunkt 30
Seildreieck 60
Seileck 20
Seileckmethode 18; 51
Seilparameter a 59
Seilreibung 81
   Bandbremse 84
   Haltekraft 84
   Hubkraft 84
   Riementrieb 85
Seilstatik 58
   Bestimmung von s_1, s_2, x_1, x_2, y_1, y_2, S_1, S_2 63
   Differentialgleichung 59
   Evolvente der Kettenlinie 64
   Formeln 60
   Gleichgewichtsform 59
   Grundaufgabe 60
   Newtonsches Näherungsverfahren 62
   numerische Lösung der Seildreiecksformel 61
   Pseudosphäre 64
   Resubstitutionsmethode 62
   Seildreieck 60
   Seilparameter a 59
Seilstrahlen 52
Selbsthemmung 79
Selbsthemmungsgrenze 80

skalares Produkt zweier Vektoren 2
Skalarprodukt 3
Sonderfall des ebenen Kraftsystems 110
Spielzeugauto, Beispiel zur Reibung 74
Spitzgewinde 80
Spurzapfenreibung 86
Stabilität einer Gleichgewichtslage 143
Stabwerk, elastisches 46
starrer Körper 7
   beliebig viele Kräfte 18
   drei Kräfte am starren Körper 14
   vier Kräfte am starren Körper 15
   zwei Kräfte am starren Körper 14
starrer Körper auf sechs Pendelstützen 139
statisch bestimmte Lagerung, starrer Körper 120
Statische Bestimmtheit eines Gelenksystems 25
Stauchung 47
Stehaufmännchen 144
Steigeisen, Beispiel zur Reibung 75
Streckung 47
Stromzuführungskabel, Beispiel zur Reibung 76
Subtraktion zweier Vektoren 2
Symmetrielinie 29
Systeme mit drei Freiheitsgraden 148
Systeme mit einem Freiheitsgrad 144
Systeme mit mehreren Freiheitsgraden 128–29
Systeme mit n Freiheitsgraden 150
Systeme mit zwei Freiheitsgraden 146

T

Torricellische Prinzip 136
Torsionsbeanspruchung 47
Torusoberfläche 34
Torusvolumen 39
Träger 47
Trägheitsaxiom 7
Traktrix 64
Trapezfläche 36
Trapezgewinde 78; 80
Tribologie 68
Trigonometrie 152
trockene Lagerreibung 90
trockene Reibung 70; 71

V

Vektor eines Kraftpaares 106
Vektoralgebra 1
Vektorbasis 1
   Darstellung des Vektors a 1
   kartesische 1
Vektoren 1
   äußeres Produkt 3
   inneres Produkt 2
   Kreuzprodukt 3
   Raumprodukt 5

skalares Produkt ... 2
Vektorprodukt ... 3
zugeordnete Matrix ... 4
Vektorlänge ... 1
Vektorprodukt zweier Vektoren ... 3
Verschiebungen, virtuelle ... 128
Verschiebungssatz ... 8
vier Kräfte am starren Körper ... 15
Viereckfläche ... 36
virtuelle infinitesimale Verschiebungen ... 130
virtuelle Verschiebungen ... 128
vollkommen elastisches Band ... 92
vollkommen plastisches Band ... 94
Vollkörper ... 47
Vollzylinder ... 47
Vorzeichenfestlegung ... 48

W

wackelig ... 122
wackelig, Fachwerke ... 41; 43
Wechselwirkung der Kräfte ... 9
wirkliche infinitesimale Verschiebungen ... 130

Wirkungslinie der Einzelkraft ... 6

Z

Zeichenbrett ... 135
Zeichenmaschine ... 136
zeichnerische Ermittlung der Schnittgrößen ... 54
Zentralachse ... 108
zentrische Symmetrie ... 29
Zugbeanspruchung ... 47
Zusammensetzung zweier Kraftpaare
    in der gleichen Ebene ... 104
    in verschiedenen Ebenen ... 105
Zwangskräfte ... 131
zwei Kräfte am starren Körper ... 14
Zwei-Kräfte-Gleichgewichtsaxiom ... 7
zweite Guldinsche Regel ... 39
Zykloide ... 119
Zykloidenbogen
    Linienschwerpunkt ... 31
Zykloidenkorbfläche ... 35
Zykloidenkorbvolumen ... 39
Zylinderschale ... 47

Technische Mechanik für Ingenieure 3

Dynamik

von Joachim Berger

1998. Ca. 350 S.
(Viewegs Fachbücher der Technik)
Kart. ca. DM 52,–
ISBN 3-528-04931-6

Aus dem Inhalt: Kinematik - Kinetik - Relativbewegungen - Drehung um eine feste Achse - Schwingungslehre - Rotordynamik

Die Beschreibung von Gesetzen der Dynamik
mit Vektoren und Matrizen ermöglicht die Lösung
von Aufgabenstellungen mit Hilfe computerorientierter
Rechenverfahren. Dieses moderne Lehrbuch liefert
die Grundlagen hierzu.

Über den Autor:
Prof. Dipl.-Ing. Joachim Berger lehrt Technische Mechanik
und Maschinendynamik an der FH Düsseldorf.